用于国家职业技能鉴定

国家职业资格培训教程

YONGYU GUOJIA ZHIYE JINENG JIANDING

GUOJIA ZHIYE ZIGE PEIXUN JIAOCHENG

车工

（基础知识）

第2版

编审委员会

主　任　刘　康

副主任　张亚男

委　员　韩英树　张　琦　肖有才　顾　闯　韩　宁　陈　虹　李丹娜　赵东旭　林　征　陈　蕾　张　伟

编写人员

主　编　顾　闯　韩英树

编　者　韩　宁　张　琦　肖有才　王成宽　金　秋

中国劳动社会保障出版社

图书在版编目(CIP)数据

车工：基础知识/中国就业培训技术指导中心组织编写. —2 版. —北京：中国劳动社会保障出版社，2012

国家职业资格培训教程

ISBN 978-7-5045-9979-7

Ⅰ.①车… Ⅱ.①中… Ⅲ.①车削-技术培训-教材 Ⅳ.①TG51

中国版本图书馆 CIP 数据核字(2012)第 245278 号

中国劳动社会保障出版社出版发行

（北京市惠新东街1号 邮政编码：100029）

出版人：张梦欣

*

北京市艺辉印刷有限公司印刷装订 新华书店经销

787毫米×1092毫米 16开本 17.5印张 305千字

2012年10月第2版 2022年8月第3次印刷

定价：32.00元

读者服务部电话：（010）64929211/84209101/64921644

营销中心电话：（010）64962347

出版社网址：http://www.class.com.cn

前　言

为推动车工职业培训和职业技能鉴定工作的开展，在车工从业人员中推行国家职业资格证书制度，中国就业培训技术指导中心在完成《国家职业技能标准·车工》(2009 年修订)(以下简称《标准》) 制定工作的基础上，组织参加《标准》编写和审定的专家及其他有关专家，编写了车工国家职业资格培训系列教程（第 2 版）。

车工国家职业资格培训系列教程（第 2 版）紧贴《标准》要求，内容上体现“以职业活动为导向、以职业能力为核心”的指导思想，突出职业资格培训特色；结构上针对车工职业活动领域，按照职业功能模块分级别编写。

车工国家职业资格培训系列教程（第 2 版）共包括《车工（基础知识)》《车工（初级)》《车工（中级)》《车工（高级)》《车工（技师　高级技师)》5 本。《车工（基础知识)》内容涵盖《标准》的“基本要求”，是各级别车工均需掌握的基础知识；其他各级别教程的章对应于《标准》的“职业功能”，节对应于《标准》的“工作内容”，节中阐述的内容对应于《标准》的“技能要求”和“相关知识”。

本书是车工国家职业资格培训系列教程中的一本，适用于对各级别车工的职业资格培训，是国家职业技能鉴定推荐辅导用书，也是各级别车工职业技能鉴定国家题库命题的直接依据。

本书在编写过程中得到辽宁省人力资源和社会保障厅职业技能鉴定中心、沈阳职业技师学院等单位的大力支持与协助，在此一并表示衷心的感谢。

中国就业培训技术指导中心

目　录

CONTENTS　国家职业资格培训教程

第1章 职业道德基本要求

第1节 职业道德基本知识

职业道德是指从业人员从事具体职业活动所应遵循的道德规范，工人职业道德是社会道德在工人职业上的体现。

工人职业道德是在长期工业生产实践中形成的。工人阶级是先进生产力的代表，最有远见，大公无私，最有组织性、纪律性和革命彻底性。工人阶级的先进性决定了工人职业道德的先进性。在社会主义社会，工人不仅是工业生产资料的主人，而且是国家的主人。因此，职业道德具有主人翁的责任感，具有时代的特征。

一、职业道德的基本特征

1. 范围上的有限性和针对性

范围上的有限性是指职业道德不像公德，不是对社会全体成员的共同要求。它只适用于从事职业的人，对于没有职业的儿童、学生及其他没有工作的人都是不适用的。针对性是指不同行业的职业道德要求只针对本行业发挥作用，不同行业的职业道德一般不能互相通用。

2. 内容上的连续性和稳定性

内容上的连续性是指职业道德基本内容可以世代相传，形成传统。只要某种职业存在，与之相适应的职业道德就是不可缺少的。稳定性是指从事同一职业的人，由于长期的职业生活，往往会形成一些共同的比较稳定的职业心理、职业习惯和职业品德。

3. 形式上的多样性和适应性

形式上的多样性是指职业道德的表达形式灵活多样，不拘一格。常见的形式有制度、章程、守则、公约、须知、誓词和条例等，甚至可以采取更为简单的标语、口号、标牌、对联等形式。适应性是指由于职业道德采取了灵活多样的形式，既能适应各行各业的特点，又易于从业人员开展职业活动时所掌握和实行，同时还有利于社会检查和监督，实用性很强。

二、职业道德的作用及基本原则

1. 职业道德的作用

（1）调节职业交往中的矛盾

职业道德的基本职能是调节职业交往中的矛盾。工作者在职业活动中要直接或间接地与服务对象、其他行业和行业内部其他部门之间进行交往，在交往过程中势必存在着一些矛盾，这些矛盾有的要通过经济法律手段去调整，有的则要靠道德去协调。如教师要关心学生，操作工人要对用户负责，服务人员要尊重顾客等。如果教师、工人、服务人员达不到这些要求，势必要在师生之间、企业与客户之间、服务人员与顾客之间产生矛盾，这些矛盾都是由职业道德问题引起的，所以只能通过道德手段来解决。

（2）促进行业发展，维护行业名誉

职业道德水平的提高可以直接促进各行各业的发展，对推动社会主义物质文明建设起到巨大的作用。同时，一个行业、企业、厂家的名誉要依靠本行业、本企业从业人员的职业道德来维护。从业人员的职业道德水平越高，行业或企业就越能满足社会的需要，因而就越能获得社会的信任；反之，则会信誉扫地。

（3）融洽人际关系，提高社会道德素质

社会是各行各业有机结合的统一体。在社会主义社会中，大家都是国家、社会的主人，都在为国家的繁荣昌盛、人民的幸福生活而劳动。劳动既是为自己，也是为社会、为他人。因此，每个人都树立全新的职业道德，整个社会就会形成互相关心、团结一致的和谐发展的局面。如果各行各业都有良好的职业道德，就会形成良好的社会风气，社会就必然会呈现出一派和谐融洽的气氛；反之，社会的歪风邪气就会泛滥。

2. 职业道德的基本原则

职业道德不是离开社会而独立存在的道德类型。职业道德与社会道德的关系是特殊与一般、个性与共性的关系。社会主义的职业道德是在社会主义道德原则的指导下发展起来的，它继承了历史上优秀的职业传统，是人类历史上最进步的职业道德。在社会主义社会，各行各业的职业道德内容虽有不同，但都有一些共同的基本原则。

（1）爱岗敬业

爱岗与敬业是相互联系的，不爱岗就很难做到敬业，不敬业也很难说是真正的爱岗。提倡爱岗敬业就是提倡“干一行，爱一行”的精神，实质上就是提倡为人民服务的精神，提倡爱集体、爱社会、爱国家的精神。如果每个人都能做到爱岗敬业，尽职尽责，每个岗位上的事都将办得更好、更出色，社会主义事业就会欣欣向荣。只要认真做好本职工作，敬业精神就会发扬光大，就会得到社会的尊重和赞扬。相反，那种对工作不负责、不认真，这山望着那山高的人是不道德的。

在工作中做到乐业、精业和勤业：乐业就是从内心里热爱并热心于自己所从事的职业和岗位；精业是指对本职工作业务纯熟、精益求精，力求使自己的技能不断提高；勤业是指忠于职守，认真负责，刻苦勤奋，不懈努力。持久的、良好的服务质量依靠良好的职业道德。

（2）诚实守信

诚实守信尽管自古以来就存在，但是今天对这一内容的需要尤为突出和迫切。对于企业、公司、集团来说，诚实守信的基本作用是树立自己的信誉，树立值得他人信赖的道德形象。改革开放以来，社会生活发生了前所未有的变化，这些变化使得交往双方都把对方的信誉看得很高。谁的信誉高，谁就能在竞争中占据优势的地位。信誉视为企业的生命所在，对从业者个人来说也具有同样的道理。因此，诚实守信作为职业道德规范是与职业良心连在一起的，做人要讲良心，职业道德中要有职业良心。要做到诚实守信，从职业道德角度来说就是靠职业良心来监督工作。

（3）办事公道

办事是否公道，主要与品德有关。坚持原则，不徇私情，不谋私利，不计个人得失，不惧怕权势，就是为了维护国家、人民的利益，为了维护社会主义事业的利益。办事公道作为职业道德从利益关系的角度来说，就是以国家、人民的利益为最高原则，以社会主义事业为最高原则。

（4）服务群众

在社会主义社会，每个人都有权利享受他人的职业服务，每个人也承担着为他人提供职业服务的职责，这就指出了职业与人民群众的关系，指出了每个人心里都应当装着人民群众，应当真心对待群众，尊重群众，方便群众。这就是全心全意为人民服务，为社会作贡献。有这种精神境界的人，从事工作的目的不仅是为了个人、为了家庭，更是为了有益于他人，有利于社会公众，有利于民族与国家。

第2节　职业守则

一、职业守则的意义

职业守则一般是约定俗成的职业章程规则。职业道德是通过职业守则等对职业生活中的某些方面加以规范，职业守则也称为职业道德守则。

遵守职业守则，不仅对提高自身道德素质有很重要的意义，对社会主义物质文明和精神文明建设都有很重要的意义。

1. 职业守则是建设社会主义物质文明的需要

遵守职业守则是建设社会主义物质文明的需要。就企业而言，要想真正搞活企业，提高经济利益，除了要充分发挥各级管理人员的核心作用外，最主要的是依靠广大职工，发挥他们在企业中的主力军作用，加强对工人的职业道德教育。只要广大职工真正提高了职业道德觉悟，把职业守则变成自己的自觉行为，就会产生巨大的凝聚力和推动力，从而满腔热情地投入到企业的活动中去，制造出更好、更多的产品。

就职工而言，职业工作是一个人一生的重要发展内容，是人们谋生的手段。如何对待自己从事的职业，是一个人的生活态度以及人生价值观念、道德观念的具体表现。只有树立良好的职业道德，遵守职业规范，不断钻研业务，才能获得谋求的机会和岗位。作为一名技术工人，只有树立良好的职业道德，提高职业技能，才能在人才市场的竞争中取得立足之地，发挥自己的能力。

2. 职业守则是建设社会主义精神文明的需要

每一个成年人在社会生活中，在各种职业的岗位上，都尽职尽责更好地为他人、为社会服务，满足社会需要，就会使整个社会形成团结互助、平等友爱、共同进步的人际关系，社会风气就会更好，社会主义精神文明的整体水平就会进步提高。在各种职业中，强调责任观念，努力为人民服务，为社会主义服务，为经济建设和经济发展服务。强调效益观念，应当具有强烈的历史使命感和社会责任感，把社会效益放在首位，力求实现社会效益与经济效益的最佳结合。强调质量观念，树立精品意识，保证和提高产品质量，把好质量关。强调敬业精神，应当爱岗敬业，忠于职守，应当具备应有的谨慎态度和专业胜任能力，有责任不断学习新法规和新技术，以确保履行工作所必需的职业知识水平和技能。强调保密责任，对职业工作中的机密信息应当保密。强调职业行为，与良好的职业声誉保持一致，不得有损职业形象。强调职业纪律，应遵守相关的法律、法规和专业标准。强调技术创新，职业技术工作上有所创新、勇于探索。

二、车工职业守则

1. 钻研技术，树立高度的社会责任感

钻研技术、精通业务，不只是对劳动者自身的要求，也是社会发展的必然要求。现代科学技术成果在生产上的大量应用，先进设备和现代化管理思想、管理方法广泛应用，要求劳动者必须努力学习，不断提高业务水平。因此，必须认真钻研技术，树立高度的社会责任感，力争高速度、高质量、高效率地完成各项工作任务，把掌握专业技能看成向社会负责的一个具体表现。

2. 遵守劳动纪律，服从生产指挥

劳动纪律是为生产过程的顺利进行而制定的。这对保证正常生产秩序、提高劳动生产率有着不容忽视的作用。现代化大生产具有高度的集中性和统一性，严格遵守规定的劳动纪律，服从统一的生产指挥和调配，是协调整个生产的必要条件。每一个劳动者都应努力培养高度的组织性和纪律性，在工作时间内把全部的精力用于生产中。遵守劳动纪律、听从生产指挥必须一丝不苟、不折不扣，不能有侥幸心理。凡是有责任感的人，都会把遵守劳动纪律看成自己的道德义务，无论有没有外部监督都能自觉这样做。任何违反操作规程、不重视安全生产的行为，轻则出现次品、废品，影响下一道工序的生产和产品的最终质量；重则给国家财产和人民的生命安全造成严重损失，这类教训很多，大家要引以为戒。

3. 尊重同行，团结协作

尊重同行、团结协作是社会主义职业道德调整职业内容关系的基本要求。社会主义建设是伟大而艰巨的事业，没有亿万人民的共同奋斗就会一事无成。即便要做好一个部门、一个班组、一个企业的工作，也要依靠集体的力量，单凭个人或少数人的奋斗努力是不行的。尊重同行、团结协作就是要做到：同行业之间要互相学习，互相尊重；行业内部须尊师爱徒，团结协作、互助；在各行业之间要相互尊重，团结协作，坚决反对互相拆台、同行是冤家等不道德的行为。

4. 质量第一，客户至上

车工的劳动目的是为社会提供物质产品，因此就必须保证这些物质产品是合格品。因为质量是产品进入市场的通行证，企业只有占有质量优势，才能使自己的产

品转化为商品，使自己的服务成为有效的投入，从而在市场上赢得竞争力；否则，其劳动就打了折扣，就是浪费财力、物力和人力，就是对用户的不负责任。因此，保证产品质量便成为车工职业道德的基本要求。

思 考 题

1. 什么是职业守则？职业守则的意义是什么？
2. 车工职业守则的内容是什么？
3. 职业道德的基本特征包括哪些内容？
4. 职业道德的作用是什么？
5. 职业道德的基本原则是什么？

第2章 机械制图与识图知识

第1节 机械零件制图

正投影法能准确表达物体的形状，度量性好，作图方便，在工程上得到广泛应用。机械图样主要是用正投影法绘制的。

一、机械图样投影方法和三视图

物体在光线照射下，在地面或墙面上会产生影子，人们对这种自然现象加以抽象研究，总结其中的规律，创造了投影法。

1. 投影法分类

（1）中心投影法

投射线汇交于投射中心的投影方法称为中心投影法。

如图2—1所示，设S为投射中心，SA、SB、SC为投射线，平面P为投影面。延长SA、SB、SC与投影面P相交，交点a、b、c即为三角形顶点A、B、C在P面上的投影。日常生活中的照相、放映电影都是中心投影法的实例。透视图就是用中心投影原理绘制的，与人的视觉习惯相符，能体现近大远小的效果，形象逼真，具有强烈的立体感，广泛用于绘制建筑、机械产品等效果图。

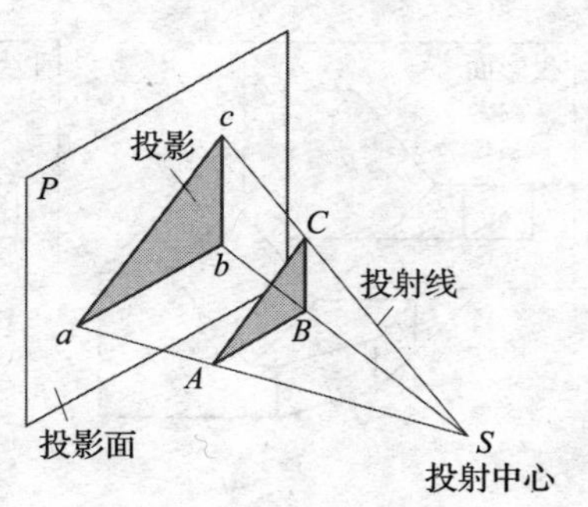

图2—1　中心投影法

（2）平行投影法

投射线互相平行的投影方法称为平行投影法。根据投射线与投影面倾斜或垂直，平行投影法又分为斜投影法和正投影法两种。

1）斜投影法。是指投射线与投影面倾斜的平行投影法，如图2—2a所示。斜二轴测图就是采用斜投影法绘制的。

2）正投影法。是指投射线与投影面垂直的平行投影法，如图2—2b所示。由于机械图样主要是用正投影法绘制的，为叙述方便，本章将“正投影”简称为“投影”。在工程图样中，根据有关标准绘制的多面正投影图也称为“视图”。

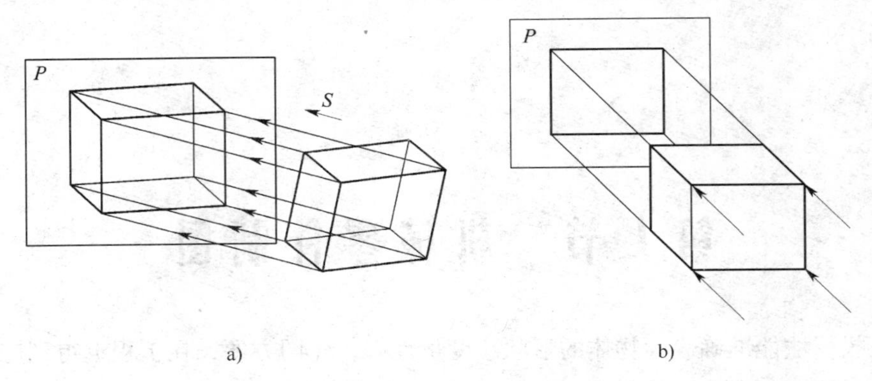

图2—2　平行投影法

a）斜投影法　b）正投影法

2. 正投影法的基本特性

（1）实形性

物体上平行于投影面的平面（P），其投影反映实形；平行于投影面的直线（AB）的投影反映实长，如图2—3a所示。

（2）积聚性

物体上垂直于投影面的平面（Q），其投影积聚成一条直线；垂直于投影面的直线（CD）的投影积聚成一点，如图2—3b所示。

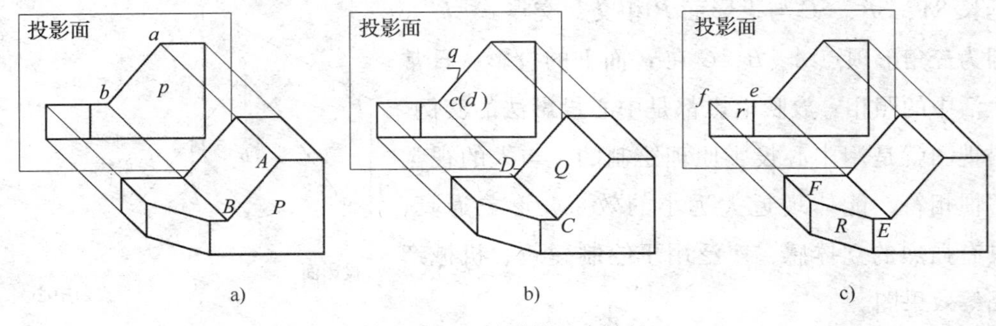

图2—3　正投影的基本特性

（3）类似性

物体上倾斜于投影面的平面（R），其投影是原图形的类似形（类似形是指两图形相应线段间保持定比关系，即边数、平行关系、凹凸关系不变）；倾斜于投影面的直线（EF）的投影比实长短，如图 2—3c 所示。

3. 三视图

用正投影法在一个投影面上得到的一个视图只能反映物体一个方向的形状，不能完整反映物体的形状。如图 2—4 所示垫块在投影面上的投影只能反映其前面的形状，而顶面和侧面的形状无法反映出来。因此，要表示垫块完整的形状，就必须从几个方向进行投射，画出几个视图（通常用三个视图表示）。

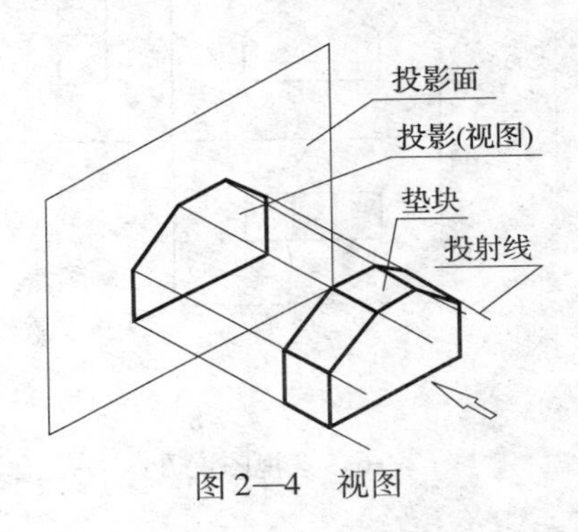

图 2—4　视图

如图 2—5a 所示，首先将垫块由前向后向正立投影面（简称正面，用 V 表示）投射，在正面上得到一个视图，称为主视图；然后再加一个与正面垂直的水平投影面（简称水平面，用 H 表示），由垫块的上方向下投射，在水平面上得到第二个视图，称为俯视图（见图 2—5b）；最后再加一个与正面和水平面均垂直的侧立投影面（简称侧面，用 W 表示），由垫块的左方向右投射，在侧面上得到第三个视图，称为左视图（见图 2—5c）。显然，垫块的三个视图从三个不同方向反映了垫块的形状。

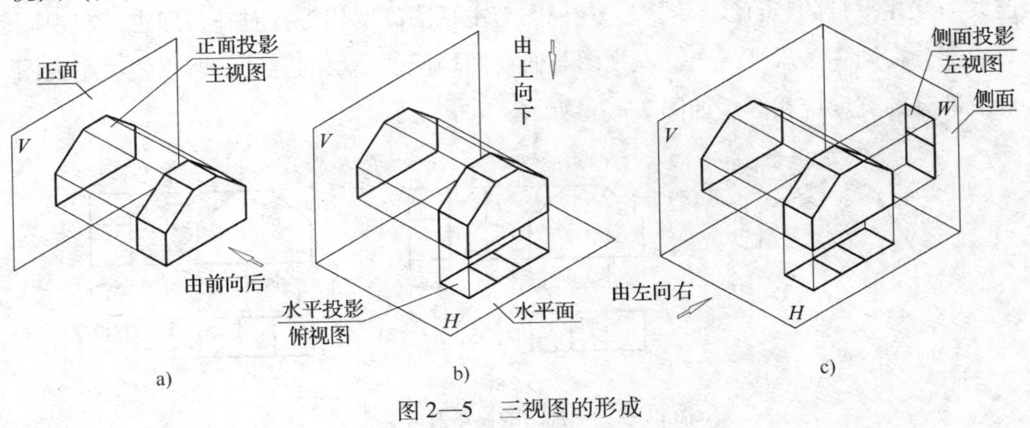

图 2—5　三视图的形成

三个互相垂直的投影面构成三投影面体系，投影面的交线 OX、OY、OZ 称为投影轴，三个投影轴交于一点 O，称为原点。为了将垫块的三个视图画在一张图纸上，须将三个投影面展开到一个平面上。如图 2—6a 所示，规定正面不动，将水平面和侧面沿 OY 轴分开，并将水平面绕 OX 轴向下旋转 90°（随水平面旋转的 OY 轴用 OY_H表示）；将侧面绕 OZ 轴向右旋转 90°（随侧面旋转的 OY 轴用 OY_W表示）。旋转后，俯视图在主视图的下方，左视图在主视图的右方（见图 2—6b）。画三视图时不必画出投影面的边框，所以去掉边框后得到图 2—6c 所示的三视图。

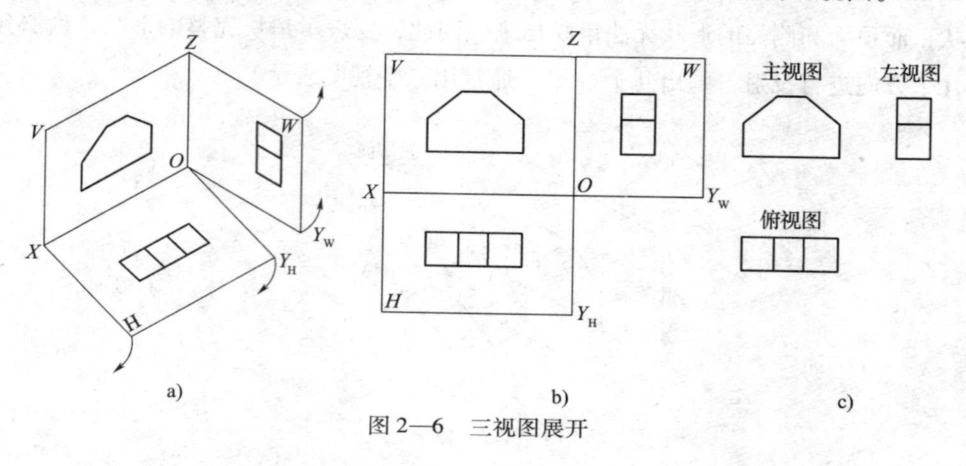

图 2—6　三视图展开

（1）三视图的投影关系

物体有长、宽、高三个方向上的大小。通常规定：物体左右之间的距离为长，前后之间的距离为宽，上下之间的距离为高（见图 2—7a）。从图 2—7b 可以看出，一个视图只能反映物体两个方向的大小，如主视图反映垫块的长和高，俯视图反映垫块的长和宽，左视图反映垫块的宽和高。由上述三个投影面展开过程可知，俯视图在主视图的下方，对应的长度相等，且左右两端对正，即主、俯视图对应部分的连线为互相平行的竖直线。同理，左视图与主视图高度相等且对齐，即主、左视图对应部分在同一条水平线上。左视图与俯视图均反映垫块的宽度，所以俯、左视图对应部分的宽度应相等。如图 2—7c 所示。

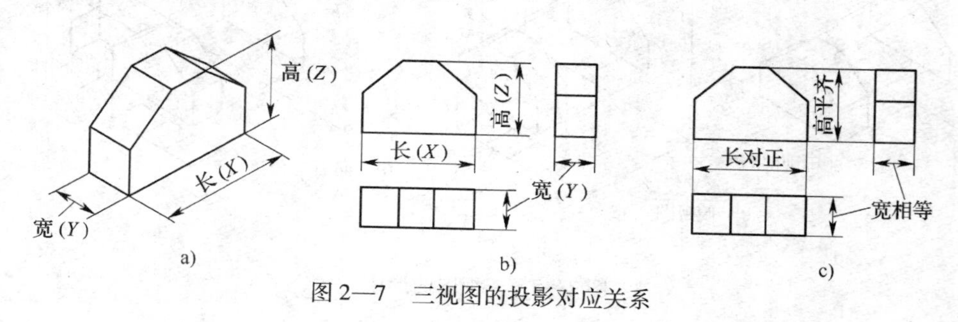

图 2—7　三视图的投影对应关系

上述三视图之间的投影对应关系可归纳为以下三条投影规律（三等规律）：

1）主视图与俯视图反映物体的长度——长对正。

2）主视图与左视图反映物体的高度——高平齐。

3）俯视图与左视图反映物体的宽度——宽相等。

“长对正、高平齐、宽相等”的投影对应关系是三视图的重要特性，也是画图与读图的依据。

（2）三视图与物体方位的对应关系

如图 2—8 所示，物体有上、下、左、右、前、后六个方位，其中：

主视图反映物体的上、下和左、右的相对位置关系。

俯视图反映物体的前、后和左、右的相对位置关系。

左视图反映物体的前、后和上、下的相对位置关系。

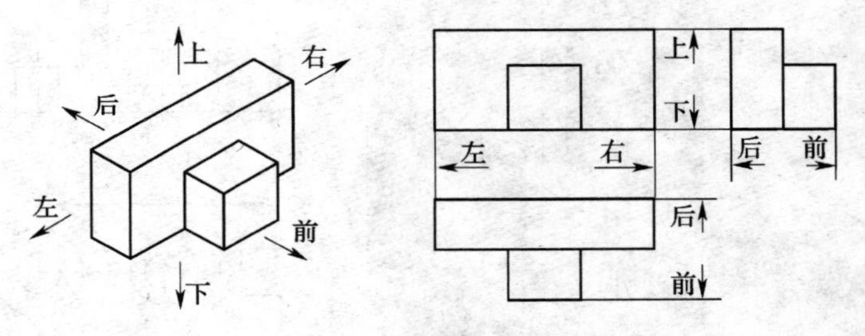

图 2—8　三视图的方位对应关系

画图和读图时，要特别注意俯视图与左视图的前、后对应关系。在三个投影面展开过程中，水平面向下旋转，原来向前的 OY 轴成为向下的 OY_H，即俯视图的下方实际上表示物体的前方，俯视图的上方则表示物体的后方。而侧面向右旋转时，原来向前的 OY 轴成为向右的 OY_W，即左视图的右方实际上表示物体的前方，左视图的左方则表示物体的后方。所以，物体俯视图、左视图不仅宽度相等，还应保持前、后位置的对应关系。

二、剖视图和局部视图

视图主要用来表达机件的外部形状。如图 2—9a 所示支座的内部结构比较复杂，视图上会出现较多虚线而使图形不清晰，不便于看图和标注尺寸。为了清晰地表达它的内部结构，常采用剖视图的画法。

1. 剖视图

（1）剖视图的形成

假想用剖切面剖开机件，将处在观察者与剖切面之间的部分移去，将其余部分向投影面投射所得的图形称为剖视图，简称剖视。剖视图的形成过程如图2—9b、c所示，图2—9d中的主视图即为机件的剖视图。

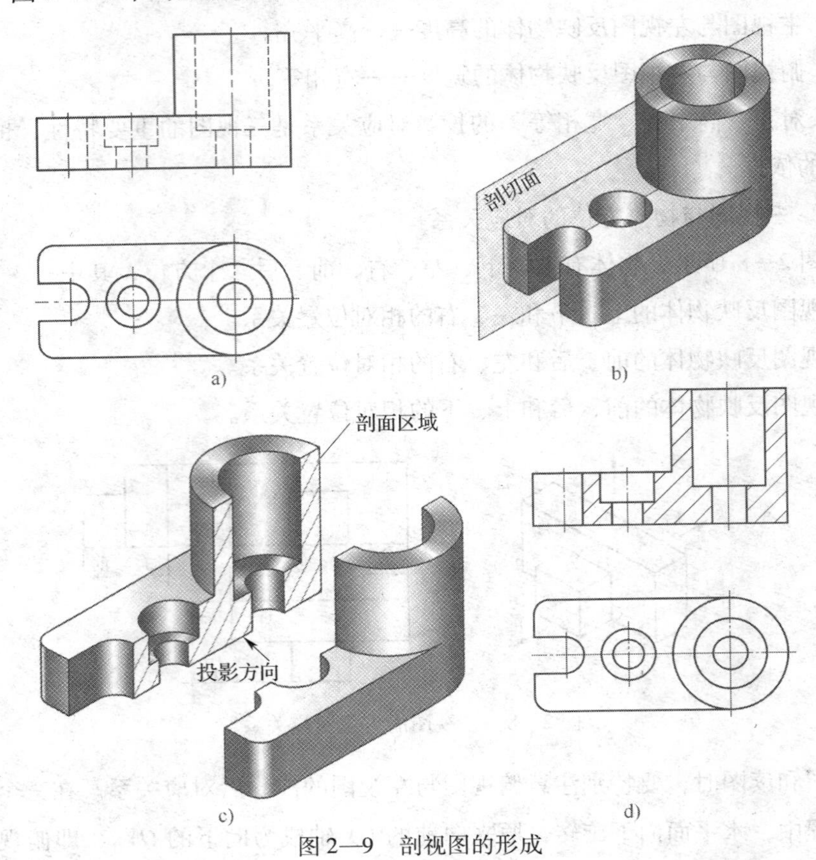

图2—9 剖视图的形成

（2）剖面图的表示

机件被假想剖切后，在剖视图中，剖切面与机件接触部分称为剖面区域。为使具有材料实体的切断面（即剖面区域）与其余部分（含剖切面后面的可见轮廓线及原中空部分）明显地加以区别，应在剖面区域内画出剖面符号，如图2—9d主视图所示。国家标准规定了各种材料的剖面符号，见表2—1。

表2—1 剖面符号

材料名称	剖面符号	材料名称	剖面符号
金属材料		线圈绕组元件	
非金属材料		转子、变压器等叠钢片	

续表

材料名称	剖面符号	材料名称	剖面符号
型砂、粉末冶金、陶瓷、硬质合金等		玻璃及其他透明材料	
木质胶合板		格网（筛网、过滤网等）	
木材（纵剖面）		液体	
木材（横剖面）			

在机械设计中，金属材料使用最多，为此，国家标准规定用简明易画的平行细实线作为剖面符号，称为剖面线。绘制剖面线时，同一机械图样中同一零件的剖面线应方向相同、间隔相等。剖面线的间隔应按剖面区域的大小确定。剖面线的方向一般与主要轮廓或剖面区域的对称线成 45°角，如图 2—10 所示。

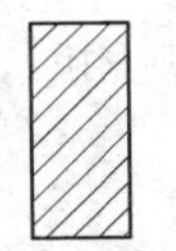
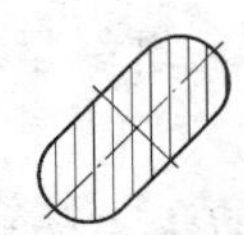
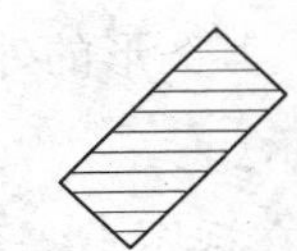
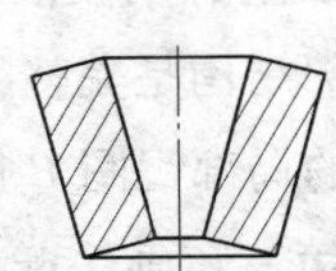

图 2—10　剖面线的方向

2．局部视图

局部视图是指将机件的某一部分向基本投影面投射所得的视图。如图 2—11 所示的机件，用主、俯两个基本视图表达了主体形状，但左、右两边凸缘形状如用左视图和右视图表达，则显得烦琐和重复。采用 A 和 B 两个局部视图来表达这两个凸缘形状，既简练，又突出重点。

局部视图的配置、标注及画法如下：

（1）如图 2—11 中的局部视图 A、B，局部视图用带字母的箭头标明所表达的部位和投射方向，并且在局部视图的上方标注相应的字母。

（2）局部视图按基本视图位置配置，中间若没有其他图形隔开时，则不必标注，如图 2—11 中的局部视图 A，图中的字母 A 和相应的箭头可省略标注。

（3）局部视图也可按向视图的配置形式配置在适当位置，如图 2—11 中的局部视图 B 所示。

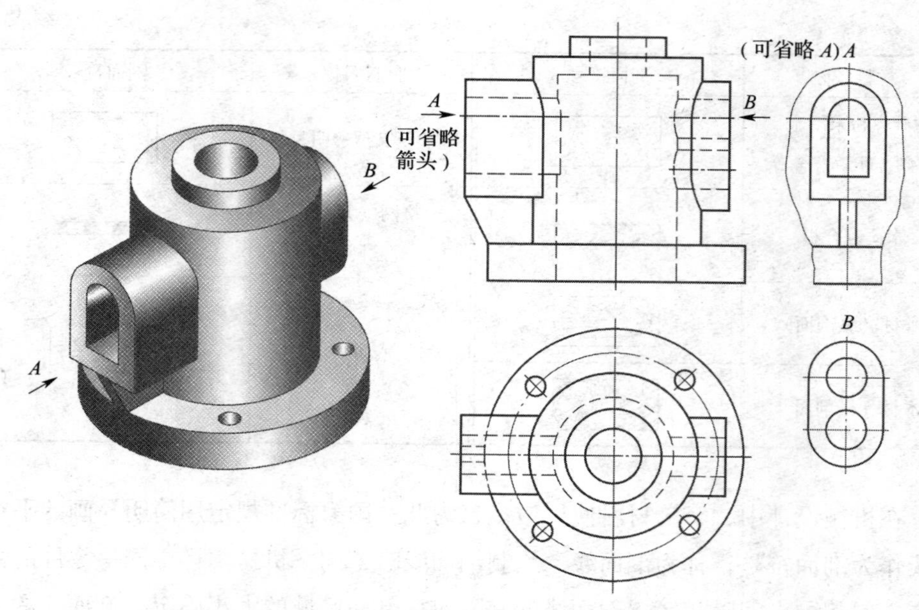

图 2—11　局部视图

（4）局部视图的断裂边界用波浪线或双折线表示，如图 2—11 中的局部视图 *A* 所示。但当所表示的局部结构是完整的，其图形的外轮廓线呈封闭时，波浪线可省略不画，如图 2—11 中的局部视图 *B* 所示。

（5）局部视图可按第三角画法配置在视图上需要表示的局部结构附近，并用细点画线连接两图形，此时不需另行标注，如图 2—12 所示。

（6）对称机件的视图可只画一半或 1/4，并在对称中心线的两端画两条与其垂直的平行细实线，如图 2—13 所示。这种简化画法（用细点画线代替波浪线作为断裂边界线）是局部视图的一种特殊画法。

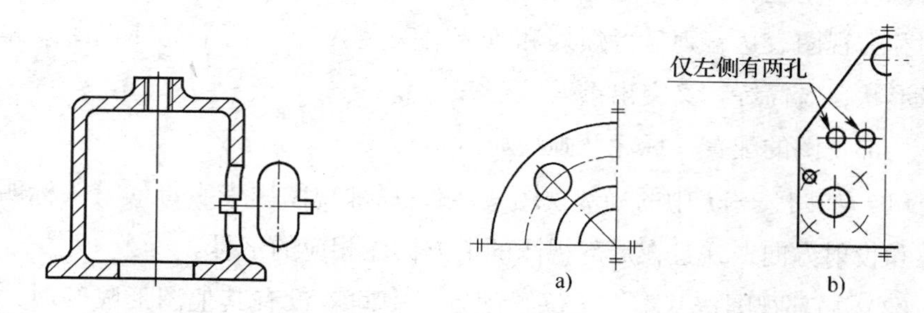

图 2—12　局部视图按第三角画法配置　　图 2—13　对称机件的局部视图

三、机械图样中符号的含义

图形只能表示物体的形状，而其大小由标注的尺寸确定。尺寸是图样中的重要内容之一，是制造机件的直接依据。因此，在标注尺寸时必须严格遵守国家标准中的有关规定，做到正确、齐全、清晰和合理。尺寸注法的依据是国家标准《机械制图　尺寸注法》（GB/T 4458. 4—2003）和《技术制图　简化表示法　第 2 部分：尺寸注法》（GB/T 16675. 2—1996）。

1．常用符号的表示和含义

常用符号的含义和缩写词，见表 2—2。

表 2—2　　常用符号的含义和缩写词

含义	符号或缩写词	含义	符号或缩写词
直径	ϕ	深度	↧
半径	R	沉孔或锪平	⌴
球直径	$S\phi$	埋头孔	∨
球半径	SR	弧长	⌒
厚度	t	斜度	◺
均布	EQS	锥度	◁
45°倒角	C	展开长	○→
正方形	□	型材截面形状	按 GB/T 4656. 1—2000

2．标注尺寸

（1）标注尺寸的规则

1）机件的真实大小应以图样上标注的尺寸数值为依据，与图形的大小及绘图的准确度无关。

2）图样中的尺寸以 mm 为单位时，不必标注计量单位的符号（或名称）。如采用其他单位，则应注明相应的单位符号。

3）图样中所标注的尺寸为该图样所示机件的最后完工尺寸，否则应另加说明。

4）机件上的每一尺寸一般只标注一次，并应标注在表示该结构最清晰的图形上。

5）标注尺寸时，应尽可能使用符号或缩写词。

（2）标注尺寸的要素

标注尺寸由尺寸界线、尺寸线和尺寸数字三个要素组成，如图 2—14 所示。

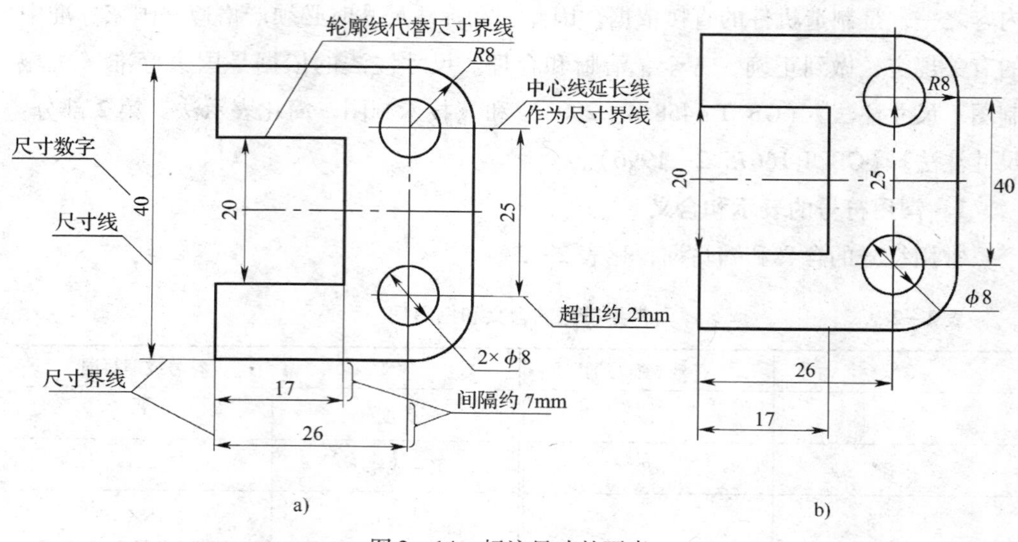

图2—14　标注尺寸的要素

a）正确注法　b）错误注法

1）尺寸界线。尺寸界线表示所注尺寸的起始和终止位置，用细实线绘制，并应从图形的轮廓线、轴线或对称中心线引出；也可以直接利用轮廓线、轴线或对称中心线作为尺寸界线。尺寸界线一般应与尺寸线垂直，并超出尺寸线约2 mm。

2）尺寸线。尺寸线用细实线绘制，应平行于被标注的线段，相同方向的各尺寸线之间的间隔约为7 mm。尺寸线一般不能用图形上的其他图线代替，也不能与其他图线重合或画在其延长线上，并应尽量避免与其他尺寸线或尺寸界线相交。

尺寸线终端有箭头（见图2—15a）和斜线（见图2—15b）两种形式。通常，机械图样的尺寸线终端画箭头，土木建筑图的直线尺寸线终端画斜线。当没有足够的位置画箭头时，可用小圆点（见图2—15c）或斜线代替（见图2—15d）。

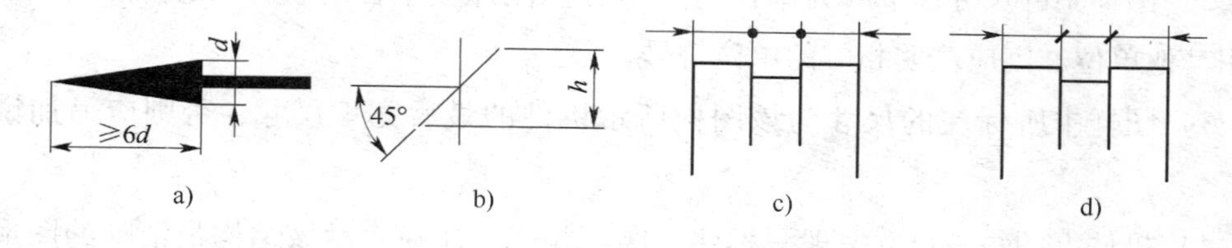

图2—15　尺寸线终端

3）尺寸数字。线性尺寸数字一般应注写在尺寸线的上方或左方，也允许注写在尺寸线的中断处。注写线性尺寸数字，如尺寸线为水平方向时，尺寸数字规定由左向右书写，字头向上；如尺寸线为竖直方向时，尺寸数字由下向上书写，字头朝左；在倾斜的尺寸线上注写尺寸数字时，必须使字头方向有向上的趋势。

常见的图样标注方法如图 2—16 所示。

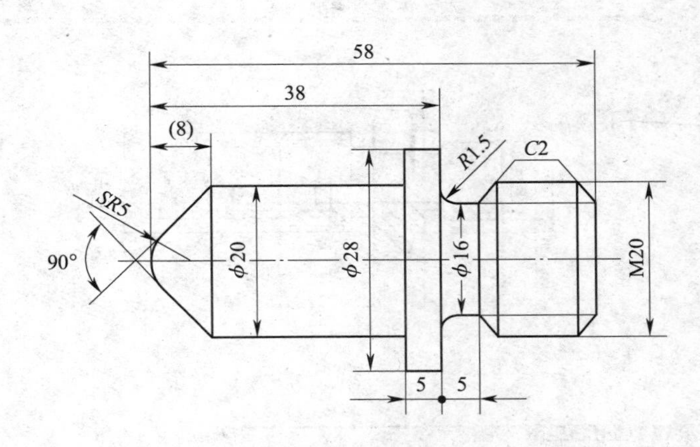

图 2—16　常见的图样标注方法

四、AutoCAD 画图

1. AutoCAD 概述

AutoCAD 是由美国 AutoDesk 公司开发的专门用于计算机辅助绘图和设计的软件，属于应用软件。由于该软件具有简单易学、使用方便、精确快捷等优点，因此，自 20 世纪 80 年代推出以来一直受到广大工程设计人员的青睐。现在 AutoCAD 已经广泛应用于机械、建筑、电子、航天和水利等工程领域。

AutoCAD 是代替绘图仪绘制工程图样的高级工具，它可以方便、快捷、准确地绘制各种工程图样。

（1）程序运行

Windows 中应用程序的启动方法介绍如下：

1）桌面上有图标时：双击图标；或右击图标，在快捷菜单中单击【开始】选项。

2）桌面上没有图标时：单击窗口中的【开始】按钮，弹出【开始】菜单→光标指向【程序】选项，弹出子菜单→光标指向子菜单中的【AutoCAD】选项，弹出二级子菜单→单击二级子菜单中的【AutoCAD】选项。

（2）画图工作界面

启动程序完成后，屏幕上出现如图 2—17 所示的 AutoCAD 工作界面，即可准备绘图。

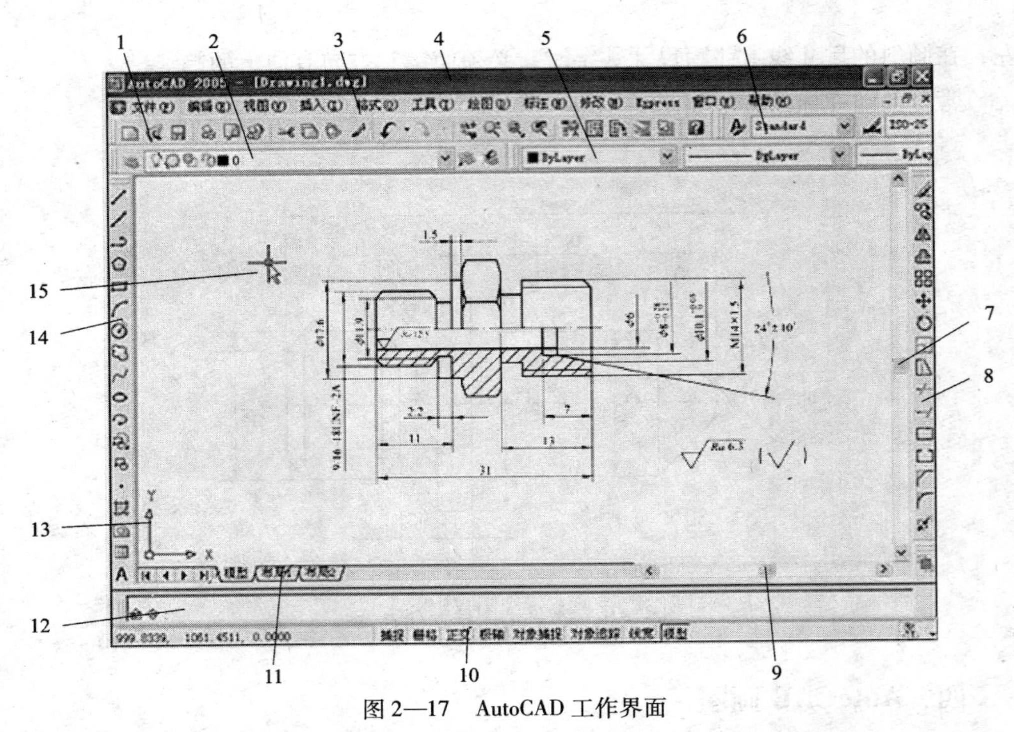

图 2—17　AutoCAD 工作界面

1—标准工具栏　2—图层工具栏　3—下拉菜单栏　4—标题栏　5—对象特性工具栏　6—样式工具栏
7—垂直滚动条　8—修改工具栏　9—水平滚动条　10—状态栏　11—布局标签
12—命令提示行　13—坐标系图标　14—绘图工具栏　15—光标

界面中默认的单元（即开发商预先设置的单元）有以下几项：

1）【标题栏】（任务栏）。【标题栏】如图 2—18 所示。

与多数 Windows 应用程序窗口一样，AutoCAD 的标题栏处于界面的顶端，显示软件的名称和图标及图形文件的名称。标题栏亮显时表示窗口处于激活状态，可进行绘图或编辑。

图 2—18　标题栏

2）【下拉菜单】（菜单）。【下拉菜单】如图 2—19 所示。

【下拉菜单】是发出命令的一个途径，由此进入可执行某项命令的操作或进行某种工作条件的设置。此栏共含有 11 个选项。

文件(F)　编辑(E)　视图(V)　插入(I)　格式(O)　工具(T)　绘图(D)　标注(N)　修改(M)　窗口(W)　帮助(H)

图 2—19　下拉菜单

3）工具栏。在 AutoCAD 中，工具栏是发出命令的另一个途径，通过点击图标按钮执行某项命令的操作更加直接、简便。每个工具栏分别包含数量不等的工具。每个工具栏可根据需要将其调出摆放在界面上，也可隐藏。在默认的界面上摆放有 5 种工具栏，分别为【标准】、【图层】、【对象特性】（在 AutoCAD 2000 中，【图层】和【对象特性】为一个工具栏）、【绘图】和【修改】工具栏。

①【标准】工具栏。位于菜单下方，其中，前 12 种工具的应用与 Word 中的同类工具相同，如图 2—20 所示。

图 2—20　【标准】工具栏

②【图层】工具栏。位于【标准】工具栏下方，如图 2—21 所示。

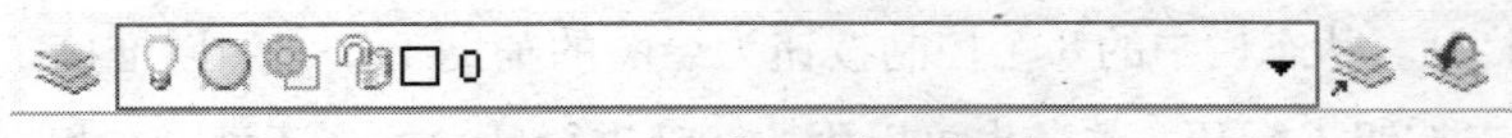

图 2—21　【图层】工具栏

③【对象特性】工具栏。与【图层】工具栏并排，如图 2—22 所示。

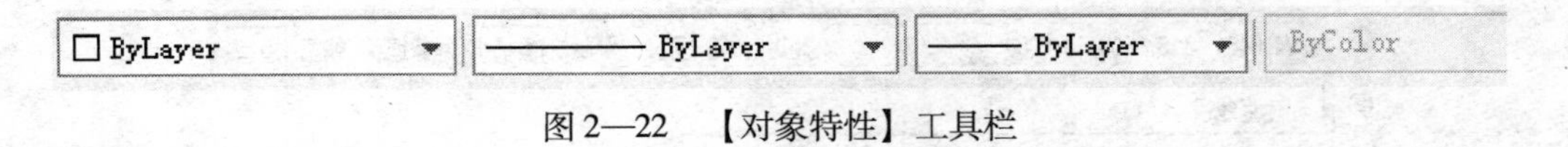

图 2—22　【对象特性】工具栏

④【绘图】工具栏。一般位于窗口的左侧，竖向排列，如图 2—23 所示为横向排列。

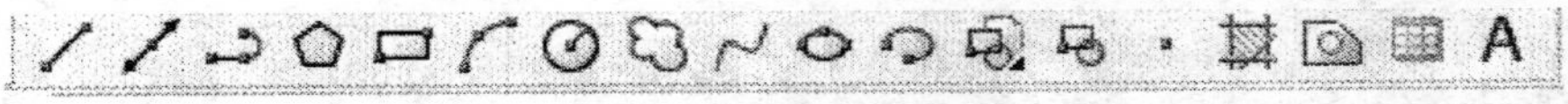

图 2—23　【绘图】工具栏

⑤【修改】（编辑）工具栏。一般竖向排列在窗口的左侧或右侧，如图 2—24 所示为横向排列。

图 2—24　【修改】工具栏

4）绘图窗口。绘图窗口用于绘图和编辑，其中有坐标系、十字光标、布局模型按钮和滚动条等单元。

①窗口的颜色可以自行设置。

②十字光标的大小可以进行调节。

③坐标系图标随时显示所用坐标系的形式，也可以隐藏不显示。

④布局模型按钮可以在布局和模型之间进行切换。

⑤滚动条不需要时也可以隐藏。

5）命令提示行（见图2—25）。命令提示行用于显示操作信息，默认设置为3行，还可自行设置。命令提示行中的字体、字号也可以进行设置变换。

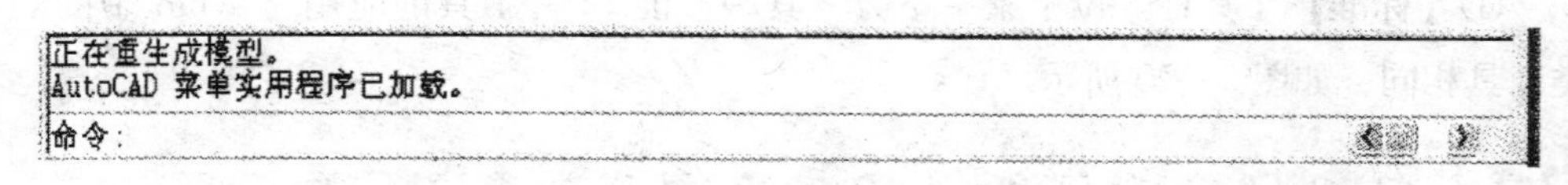

图2—25　命令提示行

6）状态栏（见图2—26）。状态栏左侧显示：当光标在窗口中移动时，显示其所在位置的坐标（状态①）；当光标指向某工具按钮（如直线工具）时，显示该按钮的作用（状态②）。状态栏中的8个控制按钮为绘图的辅助工具，用以准确、快捷地绘图，通过单击按钮进行开、关，也可以用快捷键进行开、关，还可以在相应的对话框中进行开、关设置。状态栏中各控制按钮的作用及快捷键见表2—3。

辅助工具按钮

① 394.8484, 115.9503, 0.0000　捕捉　栅格　正交　极轴　对象捕捉　对象追踪　线宽　模型

② 创建直线段:　LINE

图2—26　状态栏的两种状态

表2—3　　状态栏中各控制按钮的作用及快捷键

名称	作　用	快捷键
【捕捉】	打开该设置后，光标只能在 X、Y 轴或极轴方向移动固定的距离（即精确移动）	F9
【栅格】	用于辅助定位，打开栅格时屏幕上布满小点，小点的间距可进行设置	F7
【正交】	打开正交模式时，只能绘制垂直线和水平线	F8
【极轴】	打开【极轴】按钮，用户可按照事先设置好的角度，沿追踪线移动光标，精确地绘制角度线	F10
【对象捕捉】	打开【对象捕捉】按钮，用户可移动光标，准确地捕捉到预先设置好的特殊点（如圆心、端点和中心点等）	F3
【对象追踪】	若打开此按钮，用户可通过捕捉关键点，沿正交或极轴方向追踪到符合要求的点	F11
【线宽】	打开【线宽】按钮，可在屏幕上直接显示出具有不同线宽对象之间的区别	—
【模型】	此控制按钮可使绘图窗口在模型空间和图纸空间之间进行切换	—

2. 画图方法及步骤

(1) 画平面图形

例 2—1　画密封板（见图 2—27）的平面图形。

绘图步骤如下：

1）设置细点画线，用【直线】和【偏移】工具绘制中心线，操作步骤略。

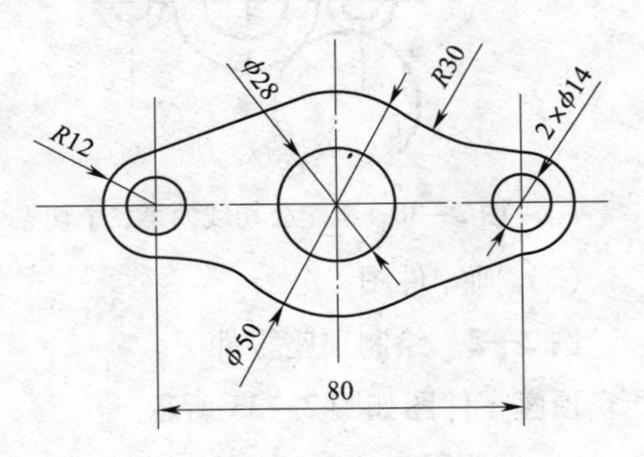

图 2—27　密封板

2）设置粗实线，用【圆】工具绘制 $\phi 50$ mm、$R12$ mm、$\phi 28$ mm、$\phi 14$ mm 及 $R30$ mm 共 8 个圆或圆弧，如图 2—28 所示，操作步骤略。

3）用【直线】工具绘制两条公切线，具体操作步骤如下：

①显示【对象捕捉】工具栏，使用即点即用捕捉方式。将光标移到任意一个工具图标上，单击鼠标右键→在快捷菜单中单击【对象捕捉】选项，使该选项前有“√”符号，弹出【对象捕捉】工具栏→拖动并将其固定在绘图窗口周边。

②输入直线命令→单击【对象捕捉】工具栏中的切点图标→在 $R12$ mm 圆周上捕捉到切点后，单击（确定直线的第一点，见图 2—29）→单击【对象捕捉】工具栏中的切点图标→在 $\phi 50$ mm 圆周上捕捉到切点后，单击（确定直线的第二点，见图 2—30）→单击鼠标右键，结束直线命令。用同样的方法，绘制另一条公切线，如图 2—31 所示。

4）用【修剪】工具修剪不需要的线段，如图 2—32 所示。

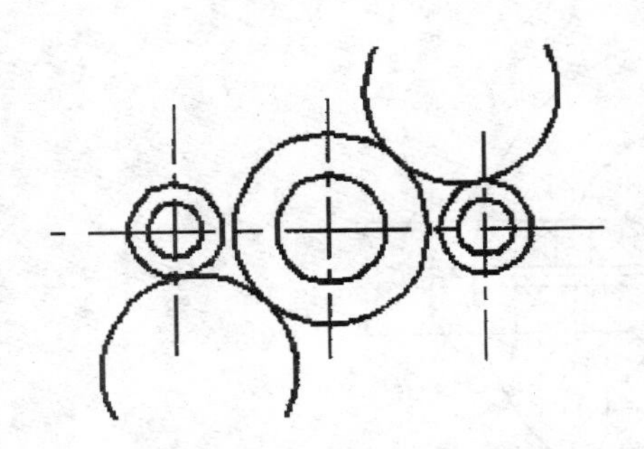

图 2—28　绘制圆及圆心线

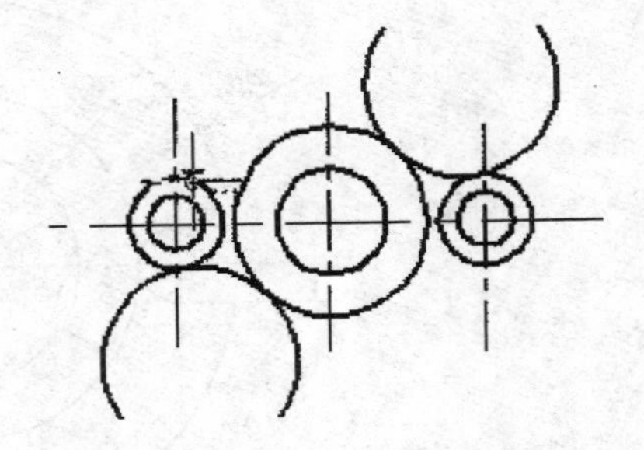

图 2—29　捕捉并确定公切线的第一个切点

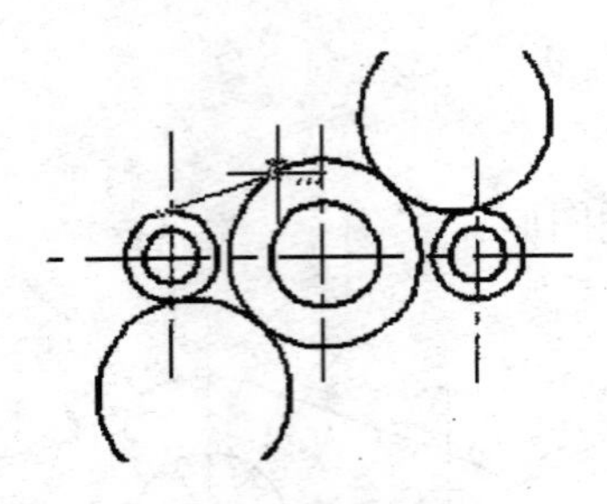

图2—30　确定公切线的第二个切点

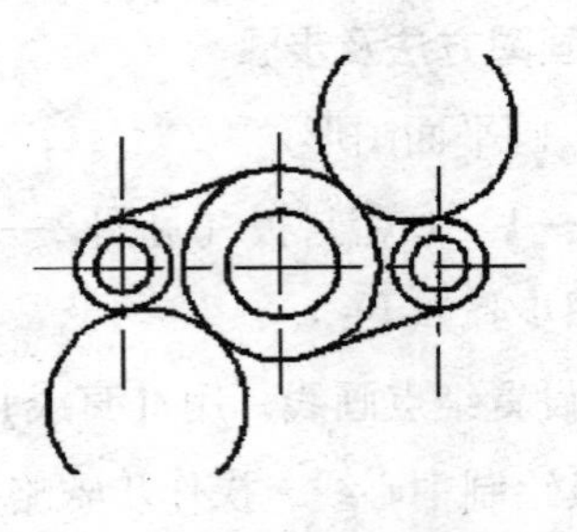

图2—31　绘制另一条公切线

（2）画零件图

例2—2　绘制顶座零件图。

顶座零件图如图2—33所示。

1）调用图纸样板“A4. dwt”。

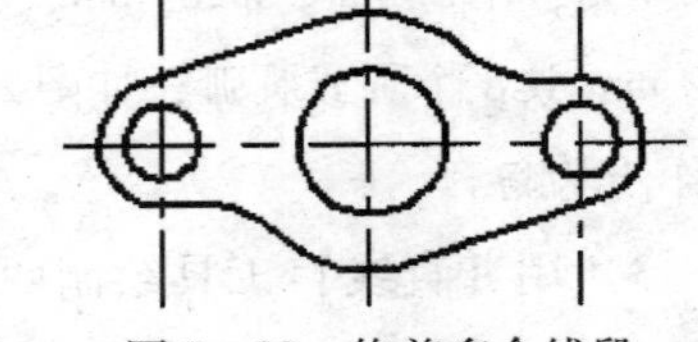

图2—32　修剪多余线段

在【启动】（或者【创建新图形】）对话框中单击【使用样板】选项，在样板列表框中选择以前创建的图纸样板“A4. dwt”选

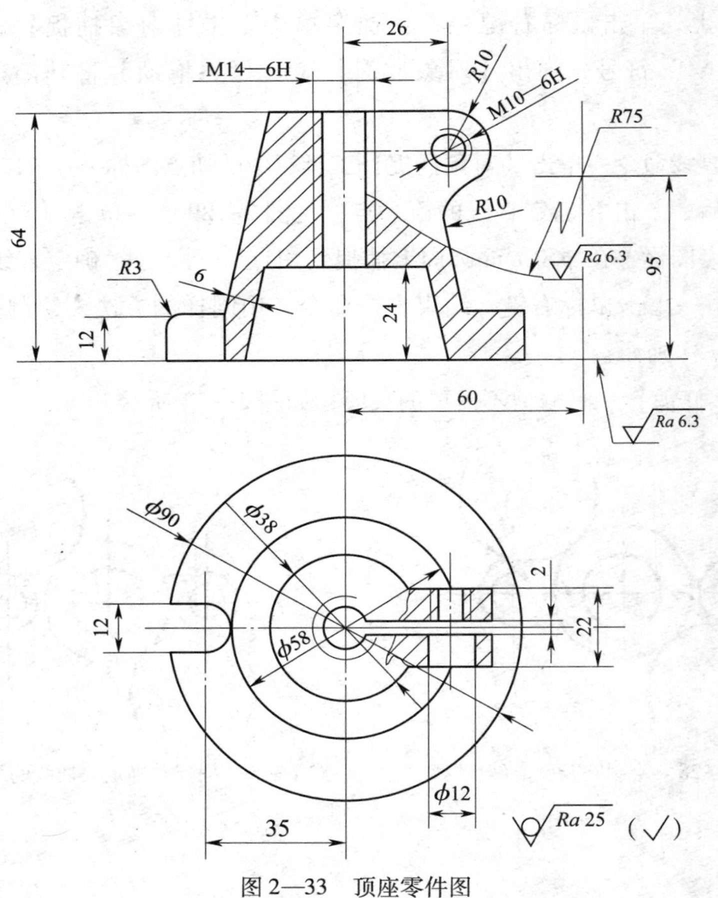

图2—33　顶座零件图

项，单击【确定】按钮。窗口中显示 A4 图纸区间，其中图层、文字样式和标注样式已在样板中设置，可直接应用。

2）绘制顶座的俯视图（回转体应先画圆视图）。

①在粗实线层中，用【圆】工具绘制 ϕ90 mm、ϕ58 mm、ϕ38 mm 和 M14—6H 的圆，如图 2—34a 所示。

②用【多段线】工具绘制宽度为 12 mm 的 U 形槽，并用【直线】工具绘制带槽凸块及 ϕ12 mm 和 M10—6H 的孔（在图形外侧单独画出）；在中心线层绘制圆心线及 U 形槽和凸块的定位线，如图 2—34b 所示。

③用【移动】工具将 U 形槽和凸块定位移动，并进行修剪，如图 2—34c 所示。

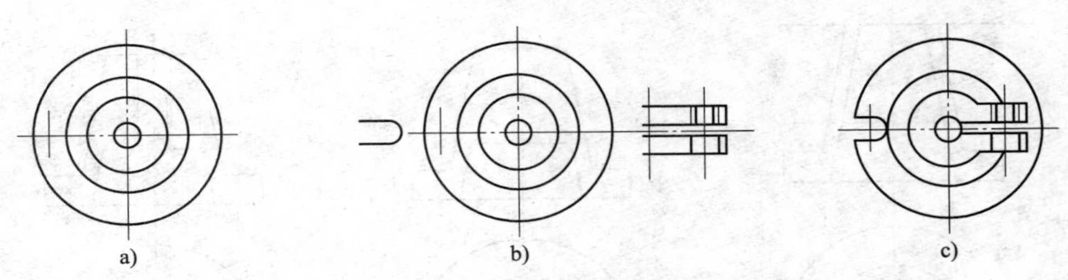

图 2—34　俯视图的绘图步骤

a）绘制圆　b）绘制 U 形槽和凸块　c）移动 U 形槽和凸块，并修剪

3）绘制主视图

①应用对象捕捉、极轴追踪功能，根据主视图与俯视图长对正的关系，绘制外轮廓

a. 绘制底面线和底盘左侧轮廓线，如图 2—35a 所示。

b. 将底面线分别向上偏移 64 mm 和 24 mm，并绘制左侧斜线，如图 2—35b 所示。

c. 将左侧斜线镜像，并绘制底盘右侧轮廓线（注意长对正），如图 2—35c 所示。

d. 将两侧斜线向内侧偏移 6 mm，并延伸到底边处，如图 2—35d 所示。

e. 修剪，如图 2—35e 所示。

②绘制 M14—6H 螺孔，大径为细实线 ϕ14 mm，小径为粗实线 ϕ12 mm，如图 2—35f 所示。

③绘制左侧凸块的定位线和轮廓线并修剪，如图 2—35g 所示。

④倒圆角（R3 mm 和 R10 mm），并绘制螺孔 M10—6H 和 U 形槽轮廓，如图 2—35h 所示。

⑤在细实线层中绘制俯视图中的波浪线，并填充剖面线，如图 2—35i 所示。

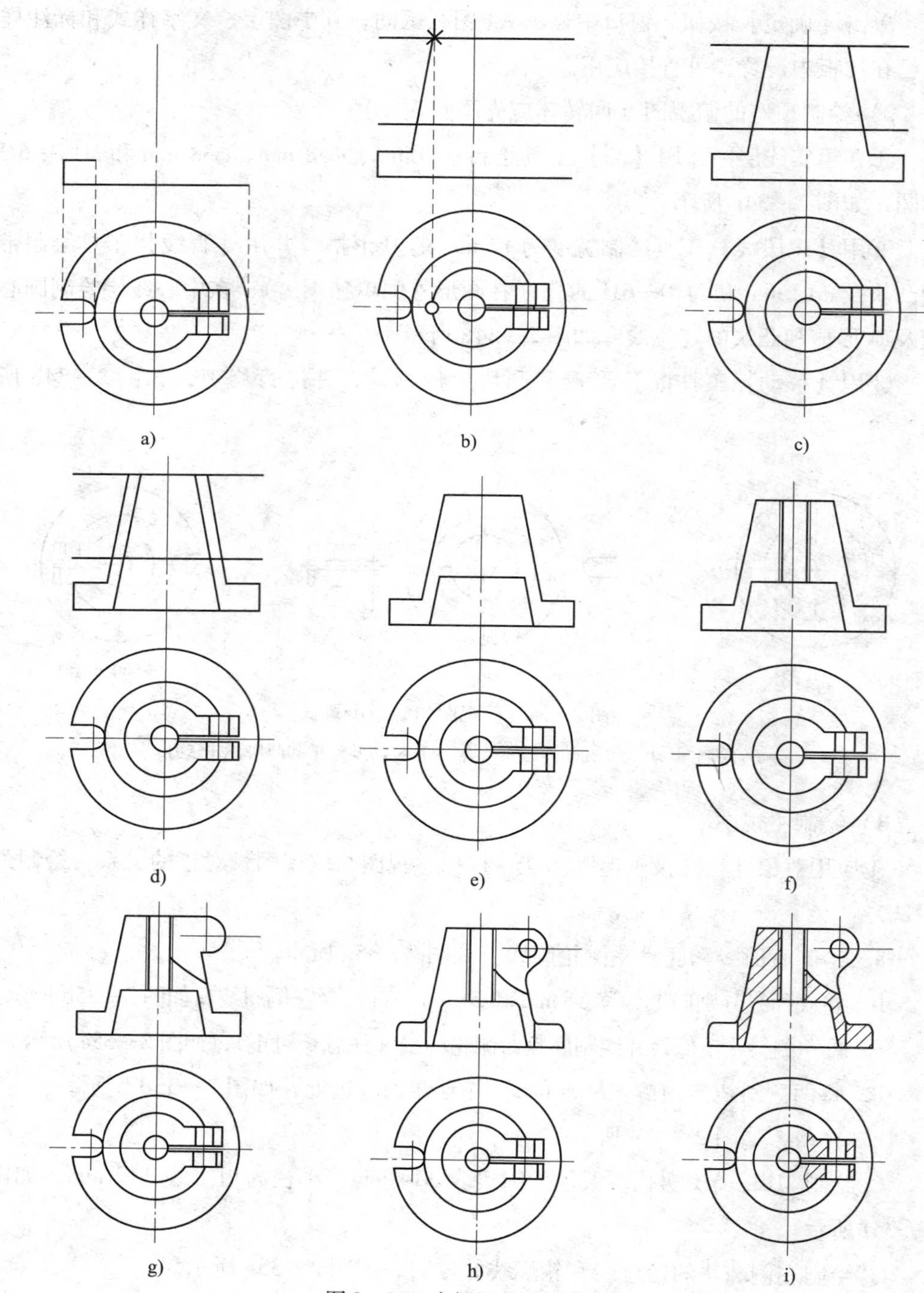

图2—35　主视图的绘图步骤

a）根据长对正绘制底面轮廓　b）偏移底面线，绘制左锥面　c）镜像左锥面，完成圆盘轮廓
d）将两侧锥面线向内偏移6，并延伸　e）修剪　f）绘制M14—6H螺孔
g）按尺寸确定圆心，绘制凸块轮廓并修剪　h）倒圆角，绘制M10—6H螺孔和U形槽　i）填充剖面线

4）将绘制好的图形定义为外部块，以便组画装配图时直接用插入块的方法进行插入

①块名：顶座块。插入点为俯视图的圆心，或者主视图底边中点。

②保存路径：在 D 盘中创建一个文件夹，命名为“顶座零件图文件”。

5）标注尺寸。在标注层中，选用【线性标注样式】，用【线性标注】、【直径标注】、【对齐标注】、【半径标注】和【引线标注】工具完成尺寸标注。

6）用插入块属性的方法标注表面粗糙度。

7）选择文字样式为仿宋字。在 0 层中（图框和标题栏位于 0 层）用细实线按实际情况填写标题栏中的文本及其他文字说明。

8）检查修改后，将其命名保存为 D：\ 顶座零件图。

第 2 节 简单零件图识读

一、轴套类零件图识读

轴套类零件的主要工序是在车床和磨床上进行的。选择主视图时，一般将其轴线水平放置，使其符合加工位置，并将先加工的一端放在右边。

轴套类零件的主要结构是回转体，一般只用一个基本视图来表示其主要结构和形状，常用局部剖视图、移出断面图、局部视图和局部放大图等表示零件的内部结构以及局部结构、形状。对于形状有规律变化且较长的轴套类零件，常采用折断画法。

识读顶杆帽零件图，如图 2—36 所示。

1. 看标题栏

从标题栏中可知，该零件的名称是顶杆帽，采用 2:1 放大的比例绘制，材料为 45 钢。

2. 分析图样

该零件用四个图形来表达。主视图反映了该零件的基本形状，它的主体是 $\phi19$ f7 的空心圆柱，其上有相距 26 mm 的两个键槽形的通孔和一个 $\phi4$ mm 的小圆孔，左端为球形的杆帽。为了表达顶杆帽的内部结构，主视图采用了半剖视。左视图主要反映顶杆帽头部的形状，为一球面并前后对称地切去了一块。*A*—*A* 移出断面图

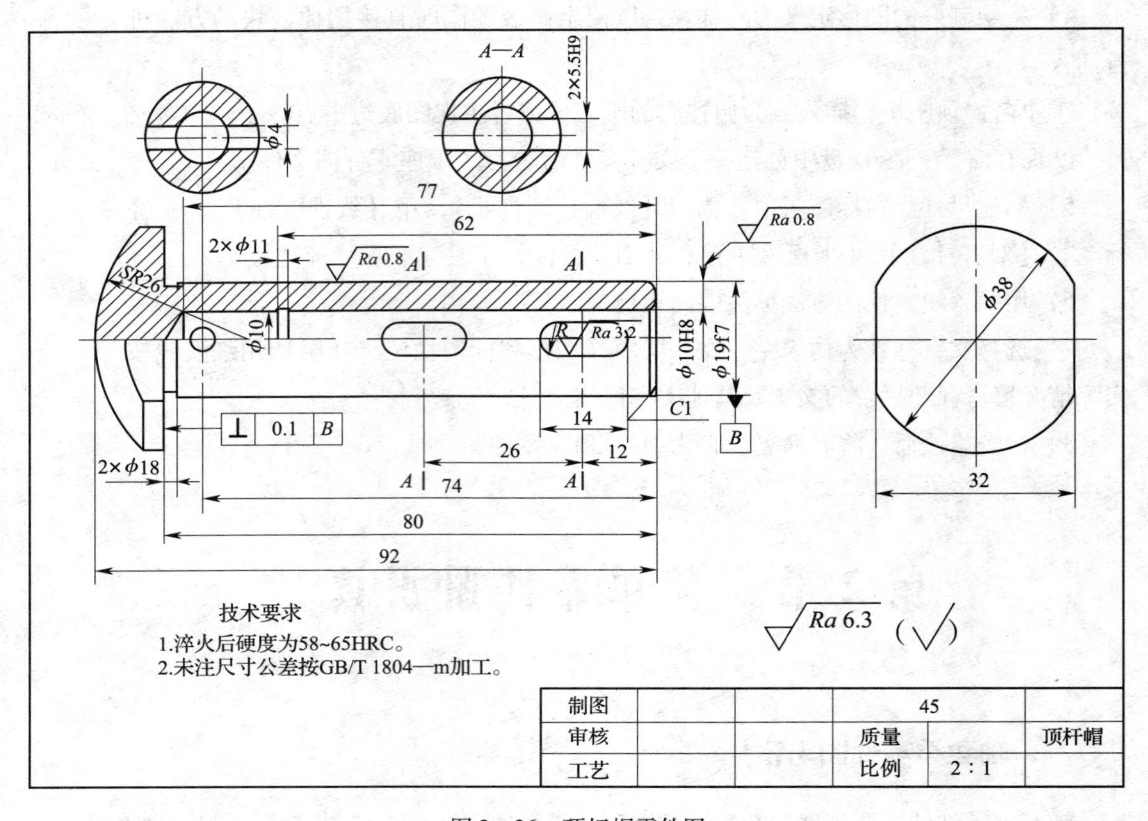

图 2—36　顶杆帽零件图

分别用剖切平面在两处剖开零件，由于得到的断面完全相同，所以只画出一个图形。因为 *A—A* 剖切平面通过非圆孔会导致出现完全分离的两个断面图形，所以断面图按剖视绘制。图样左端移出断面图的剖切平面因为通过回转面形成的孔的轴线，所以该结构也按剖视图绘制。

3．分析尺寸

该零件以右端面为长度方向的尺寸基准，公共轴线为直径方向的尺寸基准。零件总长为 92 mm，总宽为 32 mm，总高为 ϕ38 mm。两键槽形通孔的定位尺寸分别为 12 mm 和 26 mm，孔长为 14 mm，宽为 5.5 H9。当需要指明半径尺寸是由其他尺寸所确定时，用尺寸线和符号“*R*”标出，但不填写尺寸数值。左端圆孔的定位尺寸为 74 mm，直径为 4 mm。顶杆帽是球面，所以应在半径符号“*R*”前加注“*S*”，注写 *SR*26 mm。2 × ϕ11 mm 和 2 × ϕ18 mm 分别表示内、外圆柱面上砂轮越程槽的结构尺寸。

4．看技术要求

图中 ϕ19f7 表示基孔制配合的轴，基本偏差代号为 f，标准公差等级为 IT7 级。

ϕ10H8 中 H 表示基准孔，标准公差等级为 IT8 级。内、外圆柱表面要求较高，其表面粗糙度 Ra 值为 0.8 μm，键槽形孔的表面粗糙度 Ra 值为 3.2 μm，其余表面均为 Ra6.3 μm。在用文字叙述的技术要求中，58～65HRC 表示洛氏硬度；其他未注公差的尺寸按国家标准 GB/T 1804 给出。同时，要求 SR26 mm 的右端面对 ϕ19f7 圆柱轴线的垂直度公差为 0.1 mm。

二、轮盘类零件图识读

轮盘类零件较多的工序是在车床上进行的。选择主视图时，一般多将零件的轴线水平放置，使其符合加工位置或工作位置。

轮盘类零件常由轮辐、辐板、键槽和连接孔等结构组成，一般用两个基本视图表示其主要结构和形状，再选用剖视图、断面图、局部视图和斜视图等表示其内部结构和局部结构。

识读手轮零件图，如图 2—37 所示。

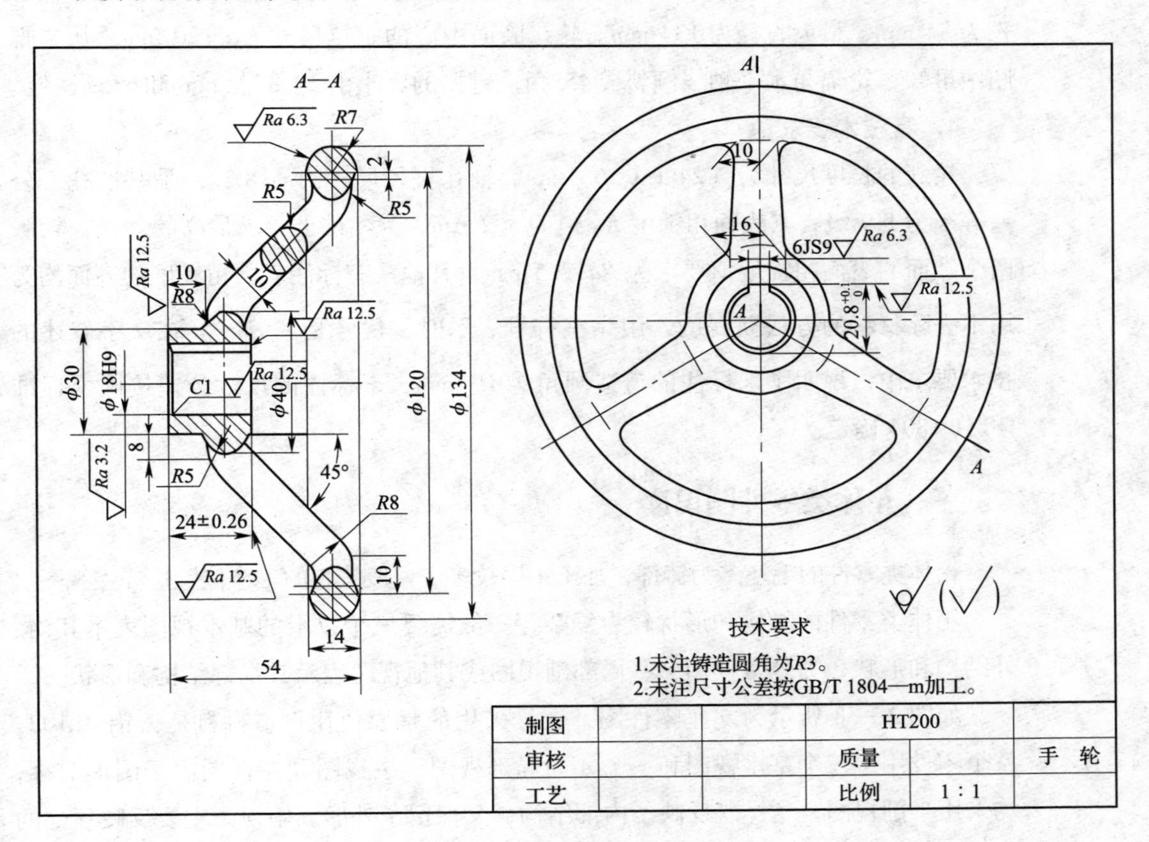

制图			HT200		手　轮
审核			质量		
工艺			比例	1∶1	

图 2—37　手轮零件图

1. 看标题栏

从标题栏中可知，该零件的名称是手轮，图形采用原值比例1∶1，即图形与实物同样大小，材料为铸铁HT200。

2. 分析图样

该零件用两个基本视图来表达，主视图反映沿长度方向的位置关系，并采用由两个相交的剖切平面剖切的全剖视图来表达轮缘的断面形状和轮毂的内部结构。手轮的轮辐在“*A—A*”剖视图中按规定不画剖面符号，而用粗实线将其与邻接部分分开。为了表达轮辐的断面形状，采用了重合断面图，因图形对称省略了标注。又因轮辐的主要轮廓线与水平方向成45°角，故重合断面图的剖面线画成与水平方向成60°角的平行线，并与其他剖面线方向一致。左视图主要反映出手轮的外形以及轮辐的数量和分布情况。

3. 分析尺寸

以手轮左端面为长度方向的尺寸基准，以轴线为直径方向的尺寸基准。零件总长为54 mm，最大直径为134 mm。轮缘断面中心的定位尺寸为ϕ120 mm。从主视图中可知，轮辐与水平轴线倾斜成45°角。键槽的大小由$20.8^{+0.1}_{0}$ mm和6JS9决定。

4. 看技术要求

轮毂的长度尺寸为（24±0.26）mm。轴孔直径尺寸为ϕ18H9，是基准孔，公差等级为IT9级，其表面粗糙度*Ra*值为3.2 μm，为零件上要求最高的表面。轮毂两个端面的表面粗糙度值要求为*Ra*12.5 μm，其他没有标注表面粗糙度的表面均为用不去除材料的方法获得的，用完整符号表示时，代号是“$\not\checkmark$”。在文字叙述的技术要求中，说明了未标注的铸造圆角为*R*3 mm，未标注的尺寸公差按国家标准GB/T 1804确定。

三、箱体类零件图识读

箱体类零件的毛坯多为铸件，加工工序较多，一般按它的工作位置选择主视图。

箱体类零件的结构和形状较为复杂，一般需要三个以上的基本视图表示其内、外结构和形状，另外常选用一些局部剖视图或其他视图表示其局部结构和形状。

如图2—38所示为支座零件图，图样采用的是原值比例，材料是铸铝ZL102。整个零件用了三个基本视图和一个*A*向局部视图。主视图和左视图由于图形对称，均采用半剖视图，这样既反映了内部结构，又保留了外形。俯视图主要反映顶部的凸台和底板的结构及形状。*A*向局部视图主要表达底部凹进去部分的结构和形状。

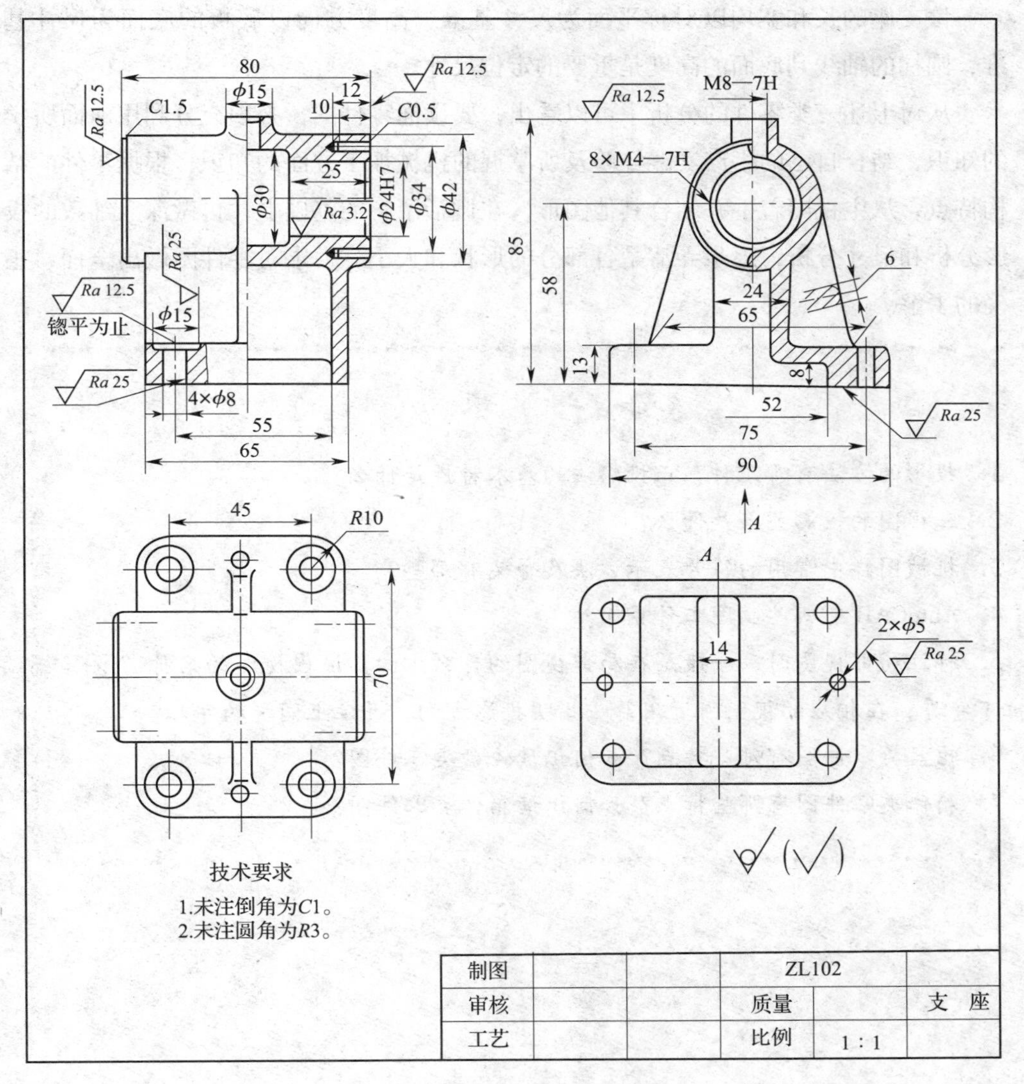

图 2—38 支座零件图

整个零件可以分为四大部分：下方为长方形底板，定形尺寸为 90 mm、65 mm 和 13 mm。上方为一空心圆柱体，圆柱的定形尺寸为 ϕ42 mm 和 80 mm，中间台阶孔的直径尺寸分别为 ϕ24H7 和 ϕ30 mm。底板与空心圆柱体由中间的支撑块连接，从左视图和 *A* 向局部视图可知，支撑块的形状为中间是空腔的长方体，长方体的长为 65 mm，宽为 24 mm，高度由底板和空心圆柱的相对位置确定；空腔的形状也是长方体，长为 55 mm，宽为 14 mm。为加固连接，在底板与空心圆柱的中间有一肋板，从左视图中可知，肋板上部与空心圆柱相切，肋板的厚度为 6 mm。通过综合分析，支座的内、外形状基本都能看懂。

该支座的长和宽均以对称平面为尺寸基准，高度方向以底板的底面为尺寸基准，圆柱的轴线到底面的高度是重要的定位尺寸。

从对上述三类零件的分析中可以看出，要读懂零件图，必须充分利用前面所学的知识，结合自己的生产实践经验及所掌握的机械加工方面的知识，根据零件的结构特点，从主视图着手并结合其他图形，在概括了解的基础上，再做深入细致的投影分析和尺寸分析，逐步弄清楚各部分的形状和大小，力求对零件图做出全面、正确的了解。

思考题

1. 投影的方法有哪几种？正投影法的基本特性是什么？

2. 三视图的投影关系是什么？

3. 机械图样中常用的符号表示方法及含义有哪些？

4. AutoCAD有哪些画图工作界面？

5. 标注局部视图时，一般是在局部视图的什么方向标注出视图的名称“×”等拉丁字母，在相应的视图附近用箭头指明投影方向，并注上同样的字母？

6. 轮盘类零件图有哪些特点？如何识读轮盘类零件图？

7. 箱体类零件图有哪些特点？如何识读箱体类零件图？

第3章

公差配合与技术测量知识

第1节 公差配合基础知识

一、轴与孔的定义

一般情况下，孔和轴是指圆柱形的内、外表面，而在极限与配合的相关标准中，孔和轴的定义更为广泛。

1. 轴的定义

轴——通常指工件的圆柱形外尺寸要素，也包括非圆柱形的外尺寸要素（由二平行平面或切面形成的被包容面）。

2. 孔的定义

孔——通常指工件的圆柱形内尺寸要素，也包括非圆柱形的内尺寸要素（由二平行平面或切面形成的包容面）。

包容与被包容是就零件的装配关系而言的，即在零件装配后形成包容与被包容的关系，凡包容面统称为孔，被包容面统称为轴。如图3—1a所示为由圆柱形的内、外表面所形成的孔和轴，装配后形成包容与被包容的关系；如图3—1b所示为槽的两侧面与键的两侧面装配后形成包容与被包容的关系，因此，前者为孔，后者为轴。

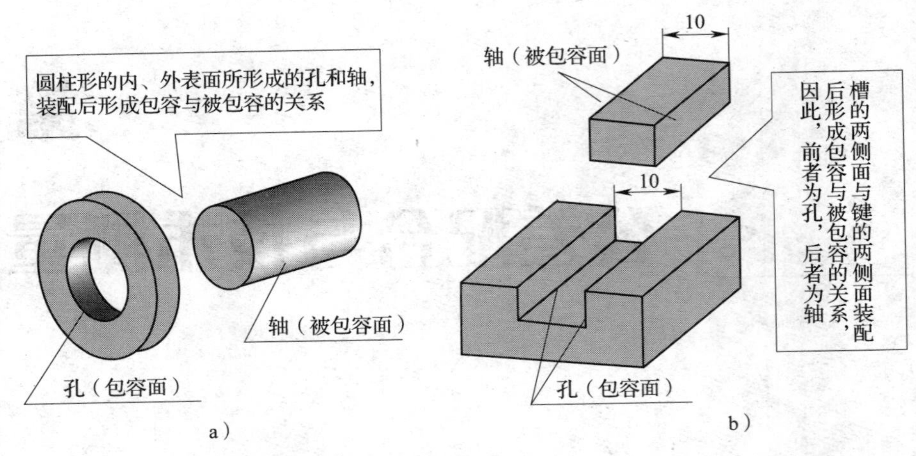

图 3—1　孔与轴

a）圆柱形包容面为孔，被包容面为轴　b）两侧面包容面为孔，被包容面为轴

二、尺寸的定义

1. 尺寸

以特定单位表示线性尺寸值的数值称为尺寸。长度包括直径、半径、宽度、深度、高度和中心距等。尺寸由数值和特定单位两部分组成，如 30 mm（毫米）、60 μm（微米）等。

2. 公称尺寸（*D*，*d*）

公称尺寸由设计给定，设计时可根据零件的使用要求，通过计算、试验或类比的方法，并经过标准化后确定。如图 3—2a 所示，ϕ10 mm 为销轴直径的公称尺寸，35 mm 为其长度的公称尺寸；如图 3—2b 所示，ϕ20 mm 为孔直径的公称尺寸。

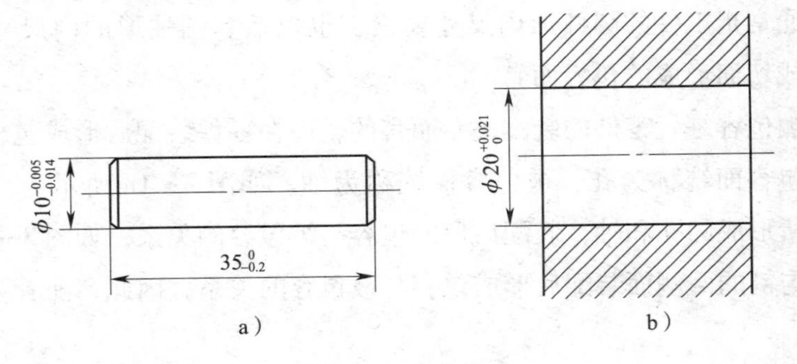

图 3—2　基本尺寸

孔的公称尺寸用“*D*”表示，轴的公称尺寸用“*d*”表示（标准规定：大写字母表示孔的有关代号，小写字母表示轴的有关代号）。

3. 实际尺寸（D_a，d_a）

通过测量获得的尺寸称为实际尺寸。由于存在加工误差，零件同一表面上不同位置的实际尺寸不一定相等，如图 3—3 所示。

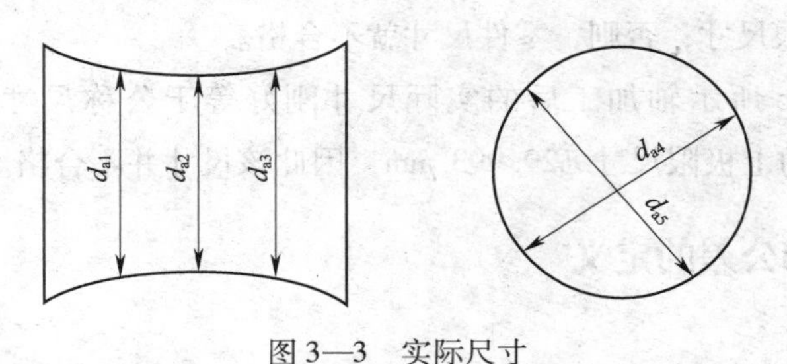

图 3—3　实际尺寸

4. 极限尺寸

允许尺寸变化的两个界限值称为极限尺寸。其中，允许的最大尺寸称为上极限尺寸；允许的最小尺寸称为下极限尺寸。

在机械加工中，由于存在由各种因素形成的加工误差，要把同一规格的零件加工成同一尺寸是不可能的。从使用的角度来讲，也没有必要将同一规格的零件都加工成同一尺寸，只需将零件的实际尺寸控制在一具体范围内，就能满足使用要求。这个范围由上述两个极限尺寸确定。

极限尺寸是以基本尺寸为基数来确定的，它可以大于、小于或等于公称尺寸。公称尺寸可以在极限尺寸所确定的范围内，也可以在极限尺寸所确定的范围外，如图 3—4 所示。

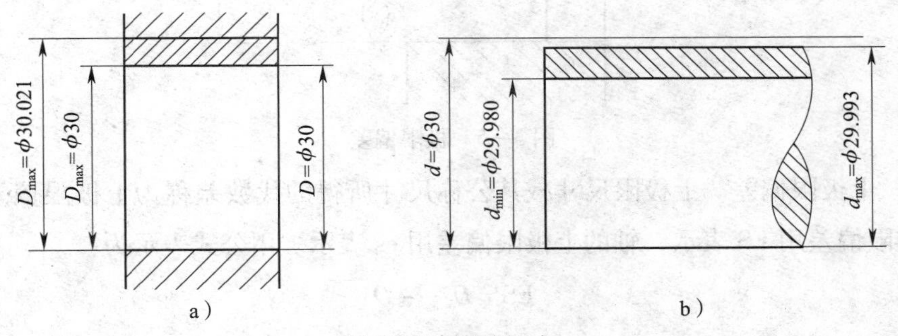

图 3—4　极限尺寸

如图 3—4 所示孔和轴的尺寸确定如下：

孔的公称尺寸（D）$=\phi30$ mm；

孔的上极限尺寸（D_{max}）$=\phi30.021$ mm；

孔的下极限尺寸（D_{min}）$=\phi30$ mm；

轴的公称尺寸（d）$=\phi30$ mm；

轴的上极限尺寸（d_{max}） = ϕ29. 993 mm；

轴的下极限尺寸（d_{min}） = ϕ29. 980 mm。

零件加工后的实际尺寸应介于两极限尺寸之间，既不允许大于上极限尺寸，也不允许小于下极限尺寸；否则，零件尺寸就不合格。

若如图3—4b所示轴加工后的实际尺寸刚好等于公称尺寸 ϕ30 mm，由于 ϕ30 mm 大于轴的上极限尺寸 ϕ29. 993 mm，因此该尺寸并不合格。

三、偏差和公差的定义

1. 偏差

某一尺寸（实际尺寸、极限尺寸等）减其基本尺寸所得的代数差称为偏差。

2. 偏差术语和定义

（1）极限偏差

极限尺寸减其公称尺寸所得的代数差称为极限偏差。由于极限尺寸有上极限尺寸和下极限尺寸之分，对应的极限偏差又分为上极限偏差和下极限偏差，如图3—5所示。

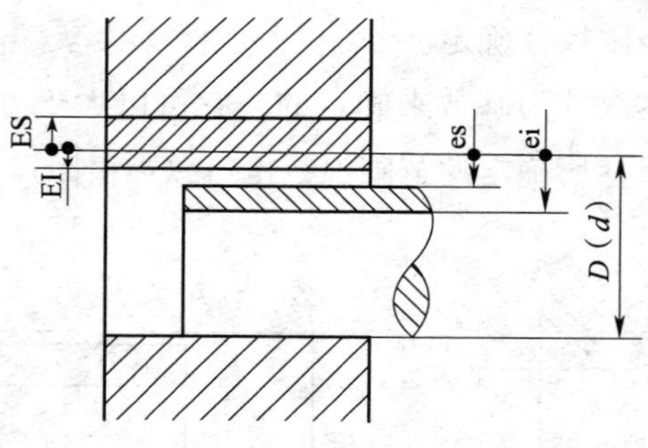

图3—5　极限偏差

1）上极限偏差。上极限尺寸减其公称尺寸所得的代数差称为上极限偏差。孔的上极限偏差用ES表示，轴的上极限偏差用es表示。用公式表示为：

$$ES = D_{max} - D$$
$$es = d_{max} - d \quad (3—1)$$

2）下极限偏差。下极限尺寸减其公称尺寸所得的代数差称为下极限偏差。孔的下极限偏差用EI表示，轴的下极限偏差用ei表示。用公式表示为：

$$EI = D_{min} - D$$
$$ei = d_{min} - d \quad (3—2)$$

国家标准规定：在图样上和技术文件上标注极限偏差数值时，上极限偏差标在公称尺寸的右上角，下极限偏差标在公称尺寸的右下角。特别要注意的是，当偏差为零值时，必须在相应的位置上标注“0”，如图 3—2 中的 $\phi10^{-0.005}_{-0.014}$ mm、$35^{\ 0}_{-0.2}$ mm、$\phi20^{+0.021}_{\ 0}$ mm。当上极限偏差和下极限偏差数值相等而符号相反时，应简化标注，如 ϕ（40 ± 0.008）mm。

（2）实际偏差

实际尺寸减其公称尺寸所得的代数差称为实际偏差。合格零件的实际偏差应在规定的上极限偏差、下极限偏差之间。

例 3—1　某孔直径的公称尺寸为 ϕ50 mm，上极限尺寸为 ϕ50.048 mm，下极限尺寸为 ϕ50.009 mm（见图 3—6），求孔的上极限偏差、下极限偏差。

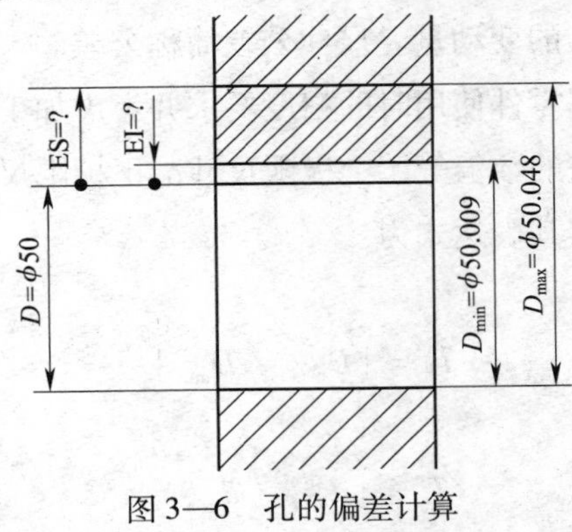

图 3—6　孔的偏差计算

解：由式（3—1）和式（3—2）得：

孔的上极限偏差

$$ES = D_{max} - D = 50.048 - 50 = +0.048\ \text{mm}$$

孔的下极限偏差

$$EI = D_{min} - D = 50.009 - 50 = +0.009\ \text{mm}$$

例 3—2　计算轴 $\phi\,60^{+0.018}_{-0.012}$ mm 的极限尺寸，如图 3—7 所示。若该轴加工后测得实际尺寸为 ϕ60.012 mm，试判断该零件尺寸是否合格。

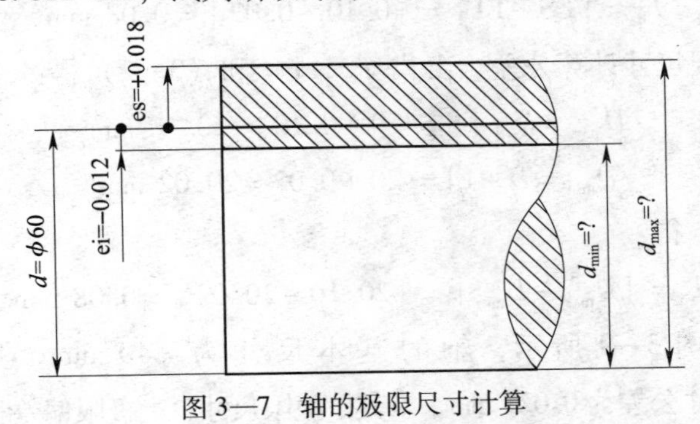

图 3—7　轴的极限尺寸计算

解：由式（3—1）和式（3—2）得：

轴的上极限尺寸

$$d_{max}=d+es=60+0.018=60.018\ mm$$

轴的下极限尺寸

$$d_{min}=d+ei=60+(-0.012)=59.988\ mm$$

方法一：由于 $\phi59.988\ mm<\phi60.012\ mm<\phi60.018\ mm$，因此该零件尺寸合格。

方法二：轴的实际偏差 $=d_a-d=60.012-60=+0.012\ mm$。

由于 $-0.012\ mm<+0.012\ mm<+0.018\ mm$，因此该零件尺寸合格。

3. 尺寸公差（*T*）

尺寸公差是允许尺寸的变动量。尺寸公差简称公差。

公差是设计人员根据零件使用时的精度要求并考虑加工时的经济性，对尺寸变动量给定的允许值。公差的数值等于上极限尺寸减下极限尺寸之差，也等于上极限偏差减下极限偏差之差。其表达式为：

孔的公差

$$T_h=|D_{max}-D_{min}|$$

轴的公差

$$T_s=|d_{max}-d_{min}| \tag{3—3}$$

由式（3—1）和式（3—2）可推导出：

$$\begin{aligned}T_h&=|ES-EI|\\T_s&=|es-ei|\end{aligned} \tag{3—4}$$

从加工的角度看，基本尺寸相同的零件，公差值越大，加工就越容易；公差值越小，加工就越困难。

例3—3 求孔 $\phi20^{+0.10}_{+0.02}$ mm 的尺寸公差，如图3—8所示。

解：由式（3—4）得孔的公差：

$$T_h=|ES-EI|=|0.10-0.02|=0.08\ mm$$

也可利用极限尺寸计算公差，由式（3—1）和（3—2）得：

$$D_{max}=D+ES=20+0.10=20.10\ mm$$

$$D_{min}=D+EI=20+0.02=20.02\ mm$$

由式（3—3）得：

$$T_h=|D_{max}-D_{min}|=|20.10-20.02|=0.08\ mm$$

例3—4 如图3—9所示，轴的基本尺寸为 $\phi40$ mm，上极限尺寸为 $\phi39.991$ mm，尺寸公差为0.025 mm，求其下极限尺寸、上极限偏差和下极限偏差。

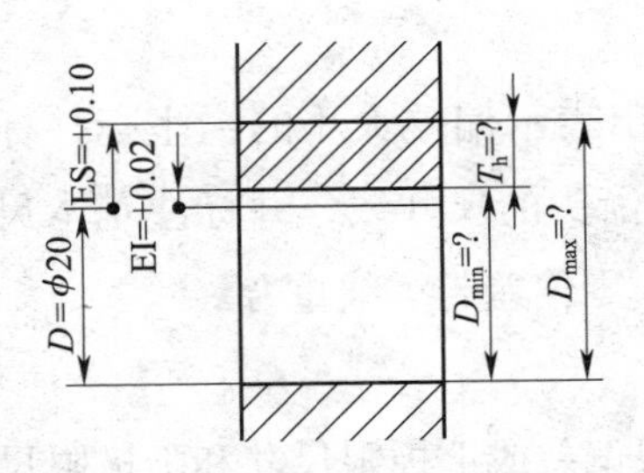

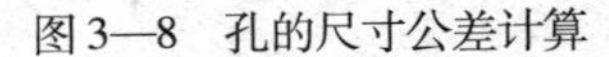
图 3—8 孔的尺寸公差计算

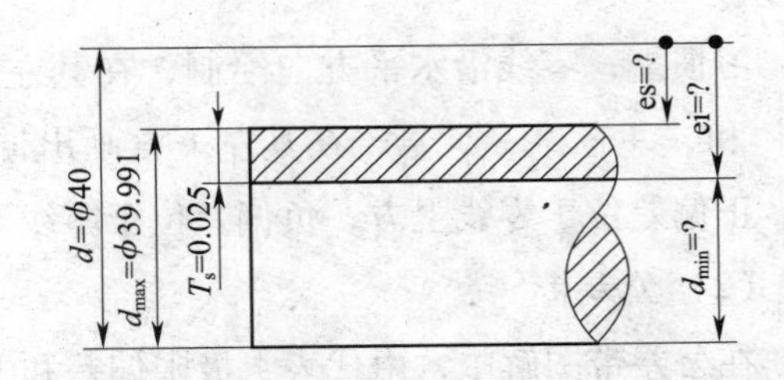

图 3—9 轴的极限尺寸、偏差与公差综合计算

解：由式（3—3）得：

$$d_{min} = d_{max} - T_s = 39.991 - 0.025 = 39.966 \text{ mm}$$

由式（3—1）得：

$$es = d_{max} - d = 39.991 - 40 = -0.009 \text{ mm}$$

由式（3—2）得：

$$ei = d_{min} - d = 39.966 - 40 = -0.034 \text{ mm}$$

4. 零线与尺寸公差带

为了说明尺寸、偏差和公差之间的关系，一般采用极限与配合示意图，如图 3—10 所示。这种示意图是把极限偏差和公差部分放大而尺寸不放大画出来的。从图中可以直观地看出公称尺寸、极限尺寸、极限偏差和公差之间的关系。

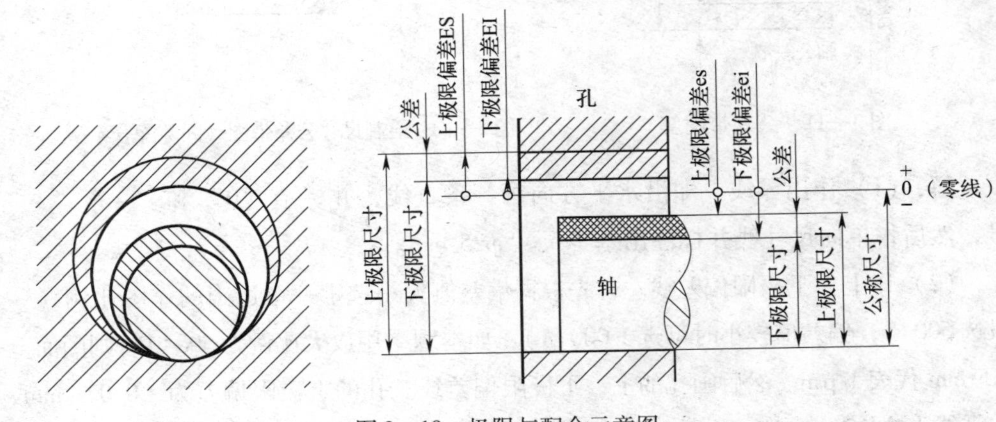

图 3—10 极限与配合示意图

为了简化起见，在实际应用中通常不画出孔和轴的全形，只要按规定将有关公差部分放大画出即可，这种图形称为极限与配合图解，也称公差带图解，如图 3—11 所示。

（1）零线

在公差带图解中，表示基本尺寸的一条直线称为零线。以零线为基准确定偏差。

习惯上，零线沿水平方向绘制，在其左端画出表示偏差大小的纵坐标并标上“0”和“+”“-”号，在其左下方画出带单向箭头的尺寸线，并标注基本尺寸值。正偏差位于零线上方，负偏差位于零线下方，零偏差与零线重合。

（2）公差带

在公差带图解中，由代表上极限偏差和下极限偏差或上极限尺寸和下极限尺寸的两条直线所限定的区域称为公差带。

公差带沿零线方向的长度可以适当选取。为了区别，一般在同一图中，孔和轴的公差带的剖面线的方向应该相反。

尺寸公差带的要素有两个——公差带大小和公差带位置。公差带的大小是指公差带沿垂直于零线方向的宽度，由公差的大小决定。公差带的位置是指公差带相对于零线的位置，由靠近零线的上极限偏差或下极限偏差决定。

例3—5 如图3—12所示，绘出孔 $\phi25^{+0.021}_{0}$ mm 和轴 $\phi25^{-0.020}_{-0.033}$ mm 的公差带图。

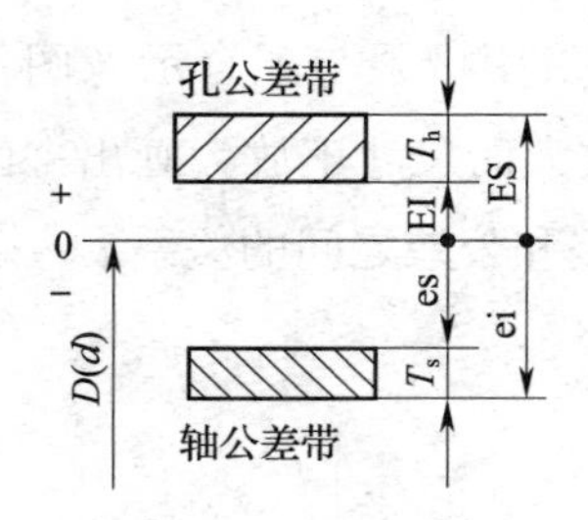

图3—11 公差带图解

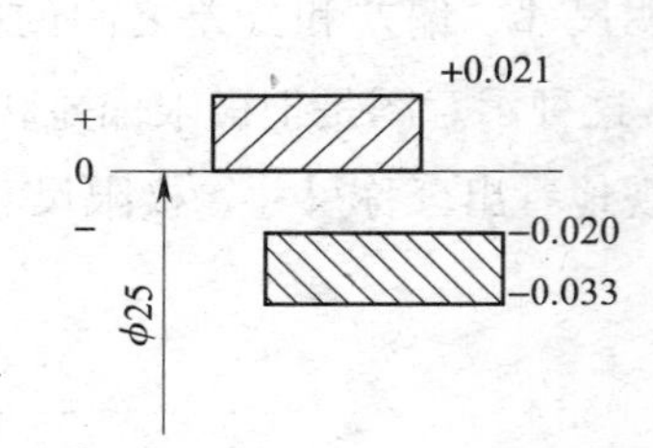

图3—12 绘制尺寸公差带图（间隙配合）

解：（1）作出零线。即沿水平方向画一条直线，并标上“0”和“+”“-”号，然后作单向尺寸线并标注出基本尺寸 $\phi25$ mm。

（2）作上、下极限偏差线。首先根据偏差值大小选定一个适当的作图比例（一般选500∶1，偏差值较小时可选1 000∶1），如本题采用放大比例为500∶1，则图面上0.5 mm代表1 μm。然后画孔的上、下极限偏差线。孔的上极限偏差为+0.021 mm，在零线上方10 mm处画出上极限偏差线；下极限偏差为零，故下极限偏差线与零线重合。再画轴的上、下极限偏差线。轴的上极限偏差为-0.020 mm，在零线下方10 mm处画出上极限偏差线；下极限偏差为-0.033 mm，在零线下方16.5 mm处画出下极限偏差线。

（3）在孔和轴的上、下极限偏差线左右两侧分别画垂直于偏差线的线段，将孔、轴公差带封闭成矩形，这两条垂直线之间的距离没有具体规定，可酌情而定。

然后在孔、轴公差带内分别画出剖面线，并在相应的部位分别标注孔和轴的上、下极限偏差值。

本题作图结果如图 3—12 所示。

四、配合的定义

1. 配合

基本尺寸相同、相互结合的孔和轴公差带之间的关系称为配合。

相互配合的孔和轴，其基本尺寸应该是相同的。孔、轴公差带之间的不同关系决定了孔、轴结合的松紧程度，也就决定了孔、轴的配合性质。

2. 配合的种类

根据形成间隙或过盈的情况，配合分为三类，即间隙配合、过盈配合和过渡配合。

孔的尺寸减去相配合的轴的尺寸为正时是间隙，一般用 X 表示，其数值前应标“+”号；孔的尺寸减去相配合的轴的尺寸为负时是过盈，一般用 Y 表示，其数值前应标“-”号。

（1）间隙配合

总具有间隙（包括最小间隙等于零）的配合称为间隙配合。

间隙配合时，孔的公差带在轴的公差带之上，如图 3—13 所示。

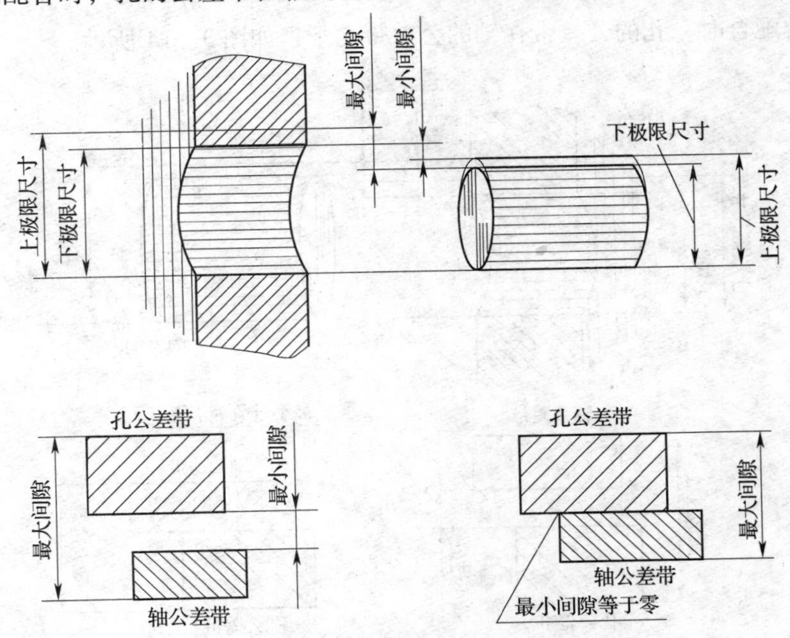

图 3—13　间隙配合的孔、轴公差带

由于孔、轴的实际尺寸允许在其公差带内变动，因而其配合的间隙也是变动的。当孔为上极限尺寸而与其相配的轴为下极限尺寸时，配合处于最松状态，此时的间隙称为最大间隙，用 X_{max} 表示；当孔为下极限尺寸而与其相配的轴为上极限尺寸时，配合处于最紧状态，此时的间隙称为最小间隙，用 X_{min} 表示。即：

$$X_{max} = D_{max} - d_{min} = \mathrm{ES} - \mathrm{ei} \tag{3—5}$$

$$X_{min} = D_{min} - d_{max} = \mathrm{EI} - \mathrm{es} \tag{3—6}$$

最大间隙与最小间隙统称为极限间隙，它们表示间隙配合中允许间隙变动的两个界限值。孔、轴装配后的实际间隙在最大间隙和最小间隙之间。

间隙配合中，当孔的下极限尺寸等于轴的上极限尺寸时，最小间隙等于零，称为零间隙。

例 3—6　$\phi 25^{+0.021}_{0}$ mm 孔与 $\phi 25^{-0.020}_{-0.033}$ mm 轴相配合，试判断配合类型，若为间隙配合，试计算其极限间隙。

解：由图 3—12 可以看出，该组孔、轴为间隙配合。

由式（3—5）和式（3—6）得：

$$X_{max} = \mathrm{ES} - \mathrm{ei} = +0.021 - (-0.033) = +0.054\ \mathrm{mm}$$

$$X_{min} = \mathrm{EI} - \mathrm{es} = 0 - (-0.020) = +0.020\ \mathrm{mm}$$

（2）过盈配合

总具有过盈（包括最小过盈等于零）的配合称为过盈配合。

过盈配合时，孔的公差带在轴的公差带之下，如图 3—14 所示。

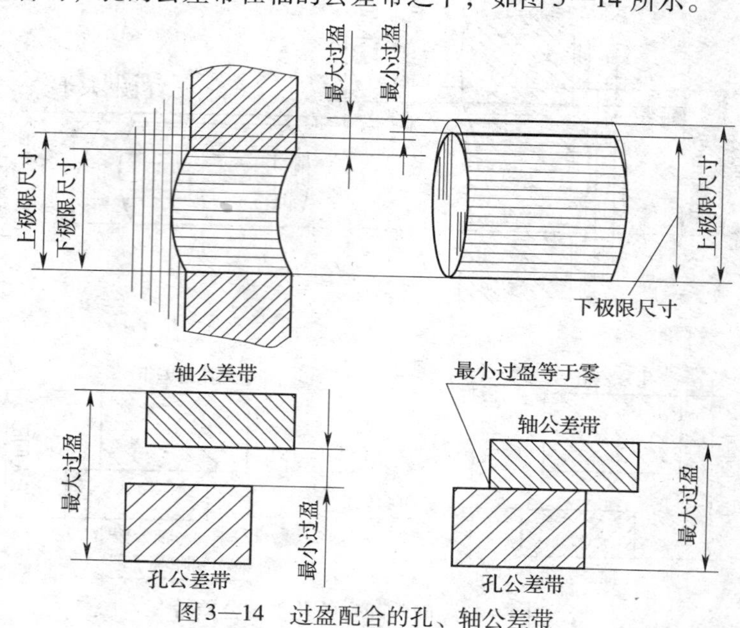

图 3—14　过盈配合的孔、轴公差带

同样，由于孔、轴的实际尺寸允许在其公差带内变动，因而其配合的过盈也是变动的。当孔为下极限尺寸而与其相配的轴为上极限尺寸时，配合处于最紧状态，此时的过盈称为最大过盈，用 Y_{max} 表示；当孔为上极限尺寸而与其相配的轴为下极限尺寸时，配合处于最松状态，此时的过盈称为最小过盈，用 Y_{min} 表示。即：

$$Y_{max} = D_{min} - d_{max} = EI - es \quad (3—7)$$

$$Y_{min} = D_{max} - d_{min} = ES - ei \quad (3—8)$$

最大过盈和最小过盈统称为极限过盈，它们表示过盈配合中允许过盈变动的两个界限值。孔、轴装配后的实际过盈在最小过盈和最大过盈之间。

过盈配合中，当孔的上极限尺寸等于轴的下极限尺寸时，最小过盈等于零，称为零过盈。

例 3—7　孔 $\phi32^{+0.025}_{0}$ mm 和轴 $\phi32^{+0.042}_{+0.026}$ mm 相配合，试判断配合类型，并计算其极限间隙或极限过盈。

解： 作孔、轴公差带图，如图 3—15 所示。由图可知，该组孔、轴为过盈配合。

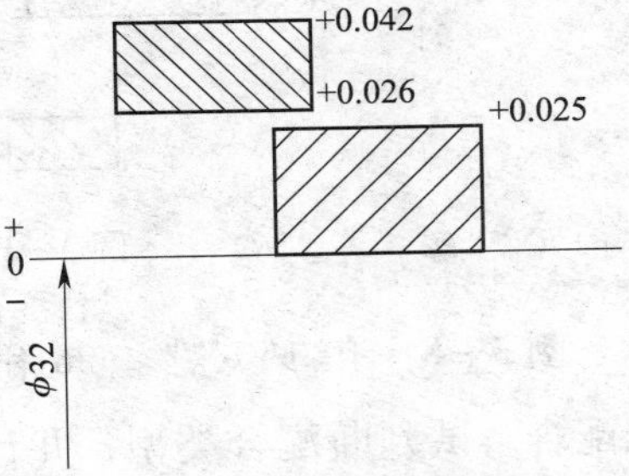

图 3—15　过盈配合示例

由式（3—7）和式（3—8）得：

$$Y_{max} = EI - es = 0 - (+0.042) = -0.042 \text{ mm}$$

$$Y_{min} = ES - ei = +0.025 - (+0.026) = -0.001 \text{ mm}$$

（3）过渡配合

可能具有间隙或过盈的配合称为过渡配合。

过渡配合时，孔的公差带与轴的公差带相互交叠，如图 3—16 所示。

同样，孔、轴的实际尺寸是允许在其公差带内变动的。当孔的尺寸大于轴的尺寸时，具有间隙。当孔为上极限尺寸，而轴为下极限尺寸时，配合处于最松状态，此时的间隙为最大间隙。当孔的尺寸小于轴的尺寸时，具有过盈。当孔为下极限尺寸，而轴为上极限尺寸时，配合处于最紧状态，此时的过盈为最大过盈。即

$$X_{max} = D_{max} - d_{min} = ES - ei$$

$$X_{max} = D_{min} - d_{max} = EI - es$$

过渡配合中也可能出现孔的尺寸减轴的尺寸为零的情况，这个零值可称为零间隙，也可称为零过盈，但它不能代表过渡配合的性质特征，代表过渡配合松紧程度的特征值是最大间隙和最大过盈。

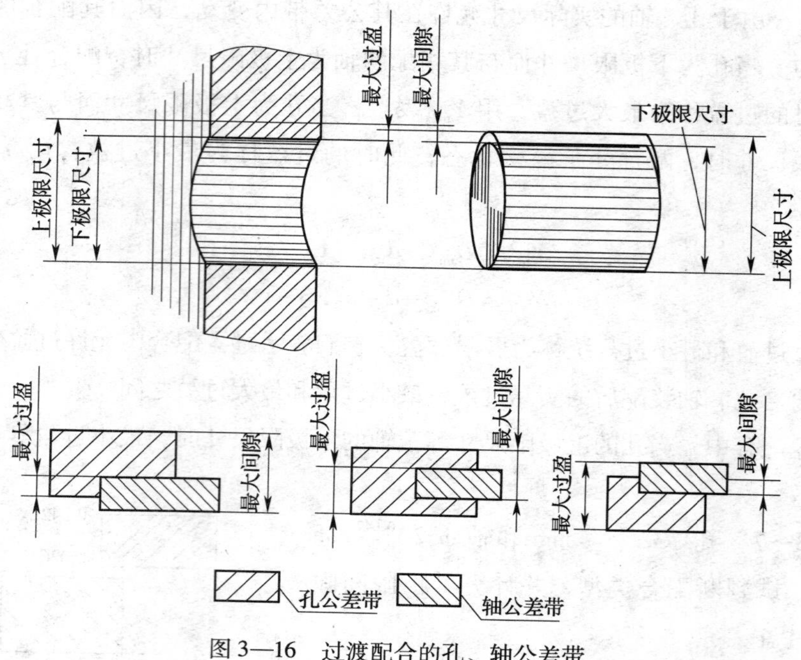

图 3—16　过渡配合的孔、轴公差带

例 3—8　孔 $\phi50^{+0.025}_{0}$ mm 和轴 $\phi50^{+0.018}_{+0.002}$ mm 相配合，试判断配合类型，并计算其极限间隙或极限过盈。

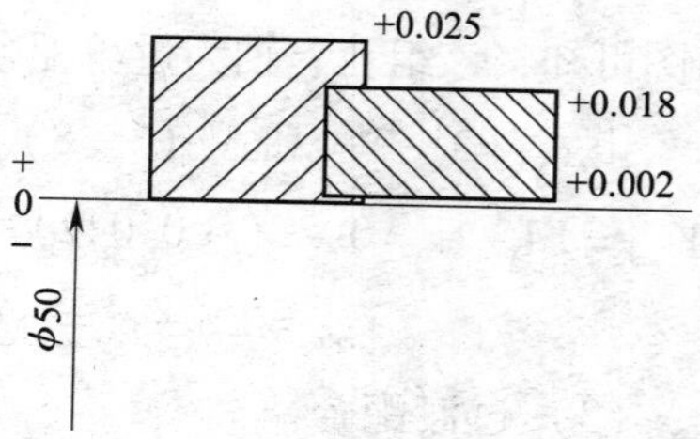

解： 作孔、轴公差带图，如图 3—17 所示。由图可知，该组孔、轴为过渡配合。

+0.025
+0.018
+0.002
+
0
−
$\phi50$

图 3—17　过渡配合示例

由式（3—5）和式（3—7）得：

$$X_{max} = ES - ei = +0.025 - (+0.002) = +0.023 \text{ mm}$$

$$Y_{max} = EI - es = 0 - (+0.018) = -0.018 \text{ mm}$$

3. 配合公差（*T*）

配合公差是允许间隙或过盈的变动量。配合公差用 T_f 表示。

配合公差越大，则配合后的松紧差别越大，即配合的一致性差，配合的精度低；反之，配合公差越小，配合的松紧差别也越小，即配合的一致性好，配合精度高。对于间隙配合，配合公差等于最大间隙减最小间隙之差；对于过盈配合，配合公差等于最小过盈减最大过盈之差；对于过渡配合，配合公差等于最大间隙减最大过盈之差。

间隙配合：

$$T_f = |X_{max} - X_{min}|$$

过盈配合：

$$T_f = |Y_{min} - Y_{max}| \quad (3—9)$$

过渡配合：

$$T_f = |X_{max} - Y_{max}|$$

配合公差等于组成配合的孔和轴的公差之和。

$$T_f = T_h + T_s \quad (3—10)$$

配合精度的高低是由相配合的孔和轴的精度决定的。配合精度要求越高，孔和轴的精度要求也越高，加工成本越高；反之，配合精度要求越低，孔和轴的精度要求也越低，加工成本越低。

4．极限与配合标准的基本规定

（1）标准公差

国家标准《极限与配合》中所规定的任一公差称为标准公差。

标准公差数值见表3—1。从表中可以看出，标准公差的数值与两个因素有关，即标准公差等级和基本尺寸分段。

表3—1　　标准公差数值

基本尺寸（mm）		标注公差等级																	
		IT1	IT2	IT3	IT4	IT5	IT6	IT7	IT8	IT9	IT10	IT11	IT12	IT13	IT14	IT15	IT16	IT17	IT18
大于	至	μm											mm						
0	3	0.8	1.2	2	3	4	6	10	14	25	40	60	0.1	0.14	0.25	0.4	0.6	1	1.4
3	6	1	1.5	2.5	4	5	8	12	18	30	48	75	0.12	0.18	0.3	0.48	0.75	1.2	1.8
6	10	1	1.5	2.5	4	6	9	15	22	36	58	90	0.15	0.22	0.36	0.58	0.9	1.5	2.2
10	18	1.2	2	3	5	8	11	18	27	43	70	110	0.18	0.27	0.43	0.7	1.1	1.8	2.7
18	30	1.5	2.5	4	6	9	13	21	33	52	84	130	0.21	0.33	0.52	0.84	1.3	2.1	3.3
30	50	1.5	2.5	4	7	11	16	25	39	62	100	160	0.25	0.39	0.62	1	1.6	2.5	3.9
50	80	2	3	5	8	13	19	30	46	74	120	190	0.3	0.46	0.74	1.2	1.9	3	4.6
80	120	2.5	4	6	10	15	22	35	54	87	140	220	0.35	0.54	0.87	1.4	2.2	3.5	5.4
120	180	3.5	5	8	12	18	25	40	63	100	160	250	0.4	0.63	1	1.6	2.5	4	6.3
180	250	4.5	7	10	14	20	29	46	72	115	185	290	0.46	0.72	1.15	1.85	2.9	4.6	7.2
250	315	6	8	12	16	23	32	52	81	130	210	320	0.52	0.81	1.3	2.1	3.2	5.2	8.1
315	400	7	9	13	18	25	36	57	89	140	230	360	0.75	0.89	1.4	2.3	3.6	5.7	8.9
400	500	8	10	15	20	27	40	63	97	155	250	400	0.63	0.97	1.55	2.5	4	6.3	9.7
500	630	9	11	16	22	32	44	70	110	175	280	440	0.7	1.1	1.75	2.8	4.4	7	11
630	800	10	13	18	25	36	50	80	125	200	320	500	0.8	1.25	2	3.2	5	8	12.5
800	1000	11	15	21	28	40	56	90	140	230	360	560	0.9	1.4	2.3	3.6	5.6	9	14

续表

基本尺寸（mm）		标注公差等级																	
		IT1	IT2	IT3	IT4	IT5	IT6	IT7	IT8	IT9	IT10	IT11	IT12	IT13	IT14	IT15	IT16	IT17	IT18
大于	至	μm											mm						
1000	1250	13	18	24	33	47	66	105	165	260	420	660	1.05	1.65	2.6	4.2	6.6	10.5	16.5
1250	1600	15	21	29	39	55	78	125	195	310	500	780	1.25	1.95	3.1	5	7.8	12.5	19.5
1600	2000	18	25	35	46	65	92	150	230	370	600	920	1.5	2.3	3.7	6	9.2	15	23
2000	2500	22	30	41	55	78	110	175	280	440	700	1100	1.75	2.8	4.4	7	11	17.5	28
2500	3150	26	36	50	68	96	135	210	330	540	860	1350	2.1	3.3	5.4	8.6	13.5	21	33

注：1. 基本尺寸大于500 mm的IT1至IT5的标准公差数值为试行的。

2. 基本尺寸小于1 mm时，无IT14至IT18。

3. IT01和IT0在工业上很少用到，因此本表中未列出。

1）标准公差等级。确定尺寸精确程度的等级称为公差等级。

各种零件和零件上不同部位的作用不同，要求尺寸的精确程度也就不同，有的尺寸要求必须制造得很精确，有的尺寸则不必那么精确。为了满足生产的需要，国家标准设置了20个公差等级，即IT01，IT0，IT1，IT2，IT3，…，IT18。“IT”表示标准公差，阿拉伯数字表示公差等级。IT01精度最高，其余精度依次降低，IT18精度最低。其关系如下：

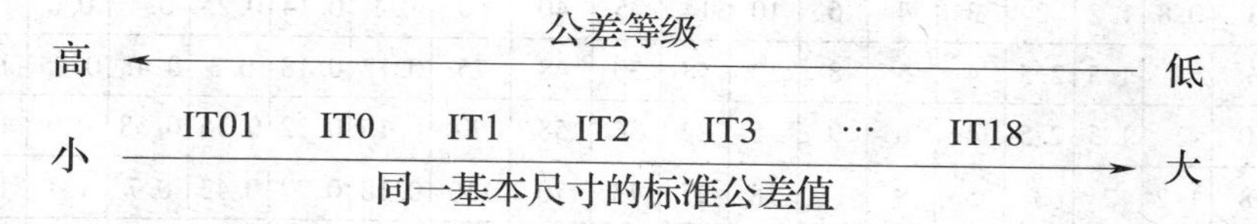

公差等级越高，零件的精度越高，使用性能也越高，但加工难度大，生产成本高；公差等级越低，零件的精度越低，使用性能也越低，但加工难度减小，生产成本降低。因此，要同时考虑零件的使用要求和加工经济性能这两个因素，合理确定公差等级。

2）基本尺寸分段。在相同的加工精度条件下（相同的加工设备及加工技术等），加工误差随着基本尺寸的增大而增大。因此从理论上讲，同一公差等级的标准公差数值也应随基本尺寸的增大而增大。

在实际生产中使用的基本尺寸是很多的，如果每一个基本尺寸都对应一个公差值，就会形成一个庞大的公差数值表，不利于实现标准化，给实际生产带来困难。因此，国家标准对基本尺寸进行了分段。尺寸分段后，同一尺寸段内所有的基本尺寸在相同公差等级的情况下具有相同的公差值。如基本尺寸 40 mm 和 50 mm 都在“大于 30 至 50 mm”尺寸段，两尺寸的 IT7 数值均为 0.025 mm。

（2）基本偏差及其代号

1）基本偏差。国家标准《极限与配合》中所规定的，用以确定公差带相对于零线位置的上极限偏差或下极限偏差称为基本偏差。

基本偏差一般为靠近零线的那个偏差，如图 3—18 所示。当公差带在零线上方时，其基本偏差为下极限偏差，因为下极限偏差靠近零线；当公差带在零线下方时，其基本偏差为上极限偏差，因为上极限偏差靠近零线。当公差带的某一偏差为零时，此偏差自然就是基本偏差。有的公差带相对于零线是完全对称的，则基本偏差可为上极限偏差，也可为下极限偏差。例如，$\phi(40 \pm 0.019)$ mm 的基本偏差可为上极限偏差 +0.019 mm，也可为下极限偏差 −0.019 mm。

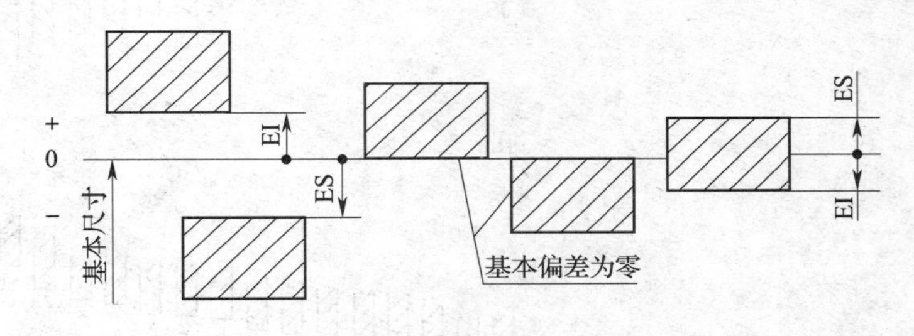

图 3—18　基本偏差

2）基本偏差代号。基本偏差的代号用拉丁字母表示，大写字母表示孔的基本偏差，小写字母表示轴的基本偏差。为了不与其他代号相混淆，在 26 个字母中去掉了 I、L、O、Q、W（i、1、o、q、w）5 个字母，又增加了 7 个双写字母 CD、EF、FG、JS、ZA、ZB、ZC（cd、ef、fg、js、za、zb、zc）。这样，孔和轴各有 28 个基本偏差代号，见表 3—2。

表 3—2　　孔和轴的基本偏差代号

孔	A	B	C	D	E	F	G	H	J	K	M	N	P	R	S	T	U	V	X	Y	Z			
			CD		EF	FG			JS													ZA	ZB	ZC
轴	a	b	c	d	e	f	g	h	j	k	m	n	p	r	s	t	u	v	x	y	z			
			cd		ef	fg			js													za	zb	zc

3）基本偏差系列图及其特征。如图 3—19 所示为基本偏差系列图，它表示基本尺寸相同的 28 种孔、轴的基本偏差相对于零线的位置关系。此图只表示公差带

位置，不表示公差带大小。所以，图中公差带只画了靠近零线的一端，另一端是开口的，开口端的极限偏差由标准公差确定。

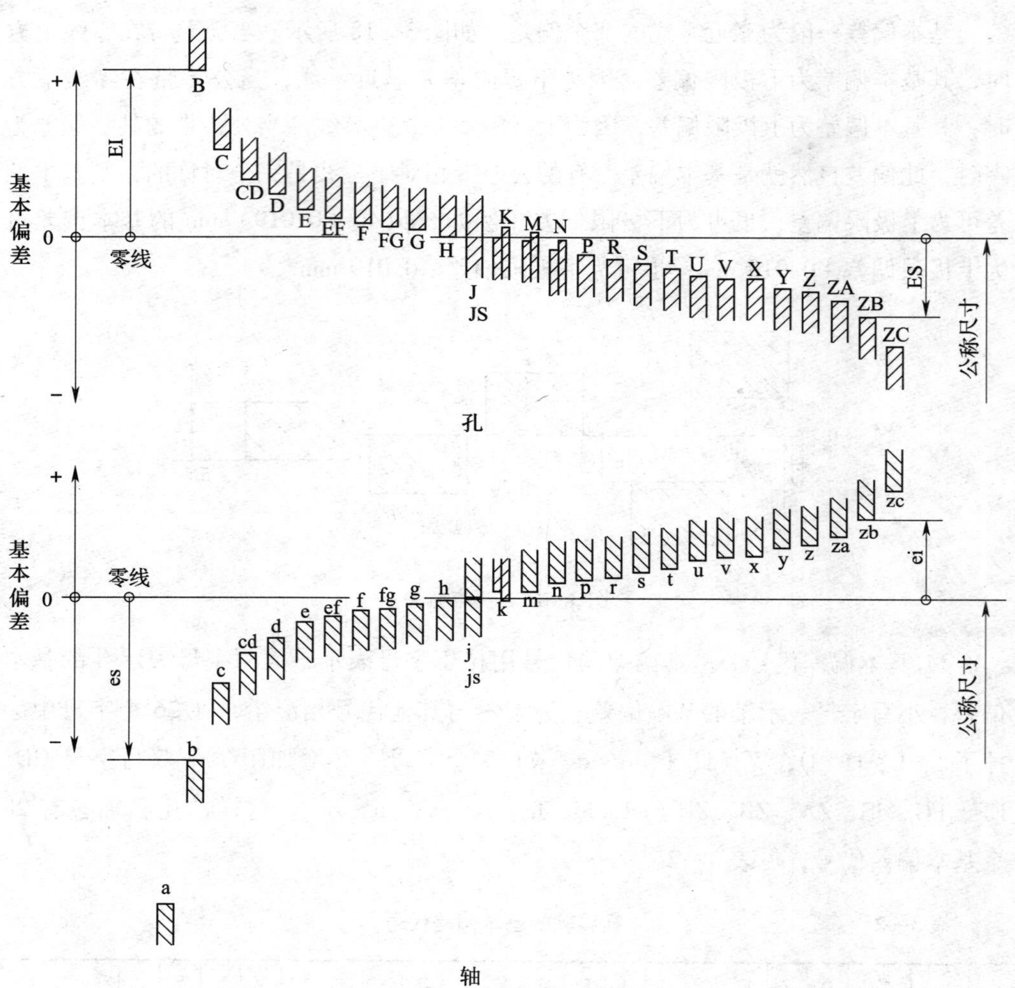

图3—19　基本偏差系列图

从基本偏差系列图可以看出：

①孔和轴同字母的基本偏差相对于零线基本呈对称分布。轴的基本偏差从a～h为上偏差es，h的上偏差为零，其余均为负值，它们的绝对值依次逐渐减小。轴的基本偏差从j至zc为下偏差ei，除j和k的部分外（当代号为k且IT≤3或IT>7时，基本偏差为零）都为正值，其绝对值依次逐渐增大。孔的基本偏差从A～H

为下偏差 EI，J ~ ZC 为上偏差 ES，其正负号情况与轴的基本偏差正负号情况相反。

②基本偏差代号为 JS 和 js 的公差带，在各公差等级中完全对称于零线，因此，按国家标准对基本偏差的定义，其基本偏差可为上极限偏差（数值为 + IT/2），也可为下极限偏差（数值为 - IT/2）。但为统一起见，在基本偏差数值表中将 js 划归为上极限偏差，将 JS 划归为下极限偏差。

③代号为 k、K 和 N 的基本偏差的数值随公差等级的不同而分为两种情况（K、k 可为正值或零值，N 可为负值或零值），而代号为 M 的基本偏差数值随公差等级不同有三种不同的情况（正值、负值或零值）。另外，代号 j、J 及 P ~ ZC 的基本偏差数值也与公差等级有关，图中未表示出来。

（3）公差带

1）公差带代号。孔、轴公差带代号由基本偏差代号和公差等级数字组成。

例如，H9、D9、B11、S7、T7 等为孔公差带代号；h6、d8、k6、s6、u6 等为轴公差带代号。

2）在图样上标注尺寸公差的方法。在图样上标注尺寸公差时，可用公称尺寸与公差带代号表示；也可用公称尺寸与极限偏差表示；还可用公称尺寸与公差带代号、极限偏差共同表示。例如：

轴 ϕ16d9 可用 $\phi 16^{-0.050}_{-0.093}$ 或 ϕ16d9（$^{-0.050}_{-0.093}$）表示；

孔 ϕ40G7 可用 $\phi 40^{+0.034}_{+0.009}$ 或 ϕ40G7（$^{+0.034}_{+0.009}$）表示。

几种标注方法的比较：

ϕ40G7 是只标注公差带代号的方法，它表示：

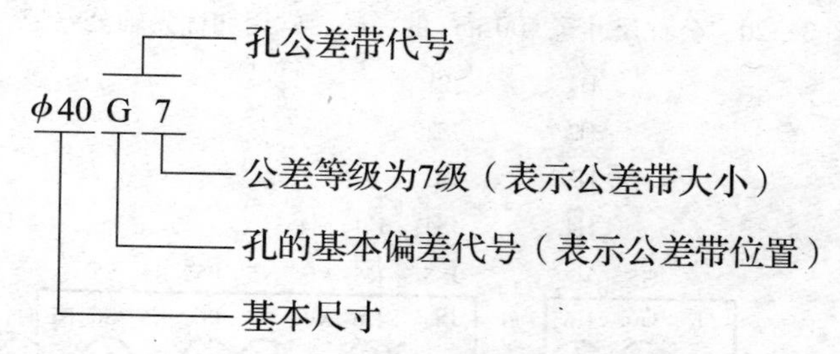

这种方法能清楚地表示公差带的性质，但偏差值要查表得出。

$\phi 40^{+0.034}_{+0.009}$ 是只标注上、下极限偏差数值的方法，对于零件加工较为方便。

ϕ40G7（$^{+0.034}_{+0.009}$）是公差带代号与极限偏差共同标注的方法，兼有上面两种注法的优点，但标注较麻烦。

3）公差带系列。根据国家标准规定，标准公差等级有 20 级，基本偏差有 28 个，由此可组成很多种公差带，孔有 20 × 27 + 3 = 543 种（这里的“ + 3”代表增加 J6、J7、J8 三种），轴有 $20\times27+4=544$ 种（这里的“+4”代表增加 j5、j6、j7、j8 四种），孔和轴公差带又能组成更大数量的配合。但在生产实践中，若使用数量这样多的公差带，既发挥不了标准化应有的作用，也不利于生产。国家标准在满足我国现实需要和考虑生产发展的前提下，为了尽可能减少零件、定值刀具、定值量具和工艺装备的品种、规格，对孔和轴所选用的公差带做了必要的限制。

国家标准对公称尺寸至 500 mm 的孔、轴规定了优先、常用和一般用途三类公差带。轴的一般用途公差带为 116 种（见图 3—20），其中规定了 59 种常用公差带，即图中用线框框住的公差带，在常用公差带中又规定了 13 种优先公差带，即图中用圆圈框住的公差带。同样，对孔公差带规定了 105 种一般用途公差带、44 种常用公差带和 13 种优先公差带，如图 3—21 所示。

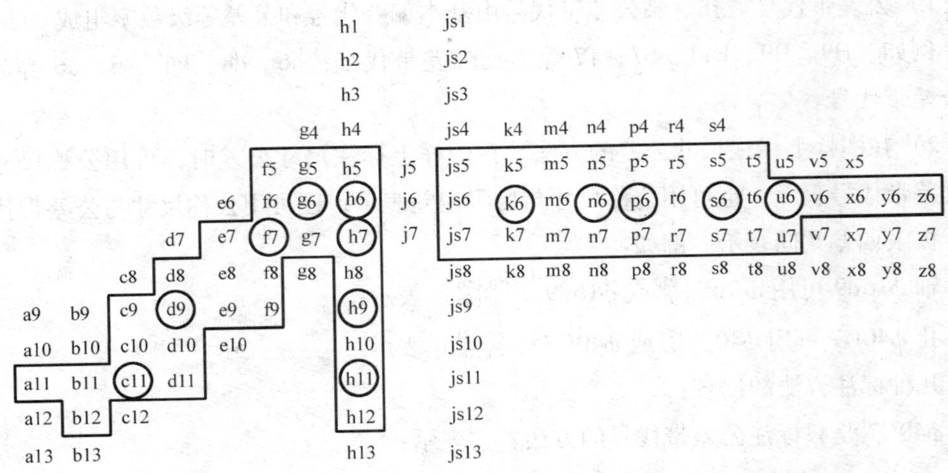

图 3—20　公称尺寸至 500 mm 的一般、常用和优先轴公差带

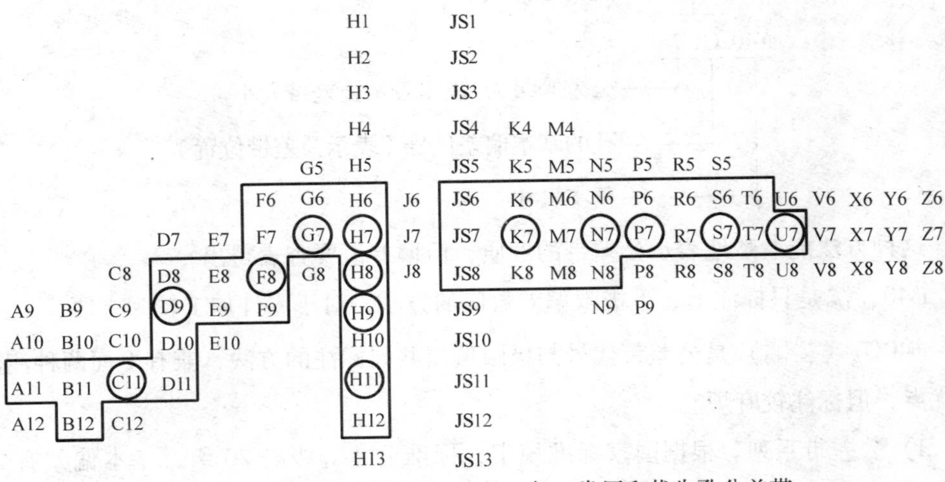

图 3—21　公称尺寸至 500 mm 的一般、常用和优先孔公差带

5. 配合

（1）配合制

配合的性质由相配合的孔、轴公差带的相对位置决定，因而改变孔或轴的公差带位置，就可以得到不同性质的配合。从理论上讲，任何一种孔的公差带和任何一种轴的公差带都可以形成一种配合。但为了便于应用，国家标准对孔与轴公差带之间的相互关系规定了两种基准制，即基孔制和基轴制。

1）基孔制配合。基本偏差为一定的孔的公差带，与不同基本偏差的轴的公差带形成各种配合的一种制度称为基孔制。

基孔制中的孔是配合的基准件，称为基准孔。基准孔的基本偏差代号为“H”，它的基本偏差为下极限偏差，其数值为零，上极限偏差为正值，其公差带位于零线上方并紧邻零线，如图 3—22 所示。图中基准孔的上极限偏差用虚线画出，以表示其公差带大小随不同公差等级变化。

基孔制中的轴是非基准件，由于轴的公差带相对于零线可有各种不同的位置，因而可形成各种不同性质的配合。

2）基轴制配合。基本偏差为一定的轴的公差带，与不同基本偏差的孔的公差带形成各种配合的一种制度称为基轴制。

基轴制中的轴是配合的基准件，称为基准轴。基准轴的基本偏差代号为“h”，它的基本偏差为上极限偏差，其数值为零，下极限偏差为负值，其公差带位于零线下方并紧邻零线，如图 3—23 所示。图中基准轴的下极限偏差用虚线画出，以表示其公差带大小随不同公差等级变化。

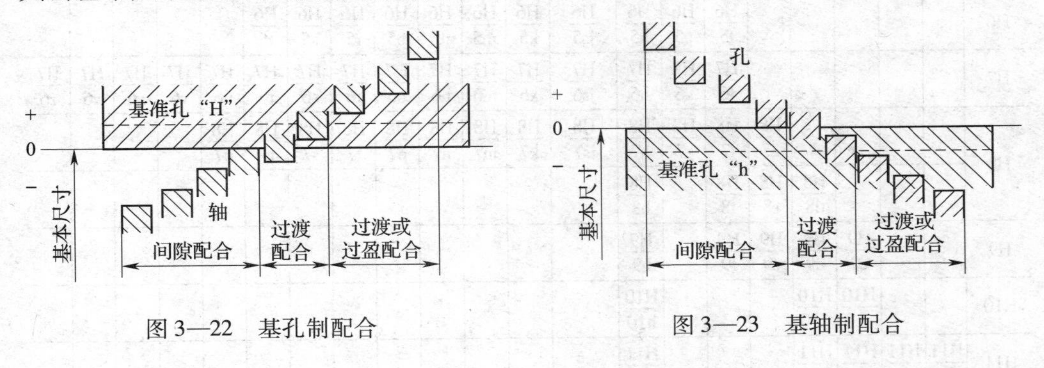

图 3—22　基孔制配合　　图 3—23　基轴制配合

基轴制中的孔是非基准件，由于孔的公差带相对于零线可有各种不同的位置，因而可形成各种不同性质的配合。

3）混合配合。在实际生产中，根据需求有时也采用非基准孔和非基准轴相配合，这种没有基准件的配合称为混合配合。

（2）配合代号

国家标准规定，配合代号用孔、轴公差带代号的组合表示，写成分数形式，分子为孔的公差带代号，分母为轴的公差带代号，如 H8/f7 或$\frac{H8}{f7}$。在图样上标注时，配合代号标注在基本尺寸之后，如 ϕ50H8/f7 或 $\phi 50\ \frac{H8}{f7}$，其含义是：基本尺寸为 ϕ50 mm，孔的公差带代号为 H8，轴的公差带代号为 f7，为基孔制间隙配合。

（3）常用和优先配合

从理论上讲，任意一个孔公差带和任意一个轴公差带都能组成配合，因而 543 种孔公差带和 544 种轴公差带可组成近 30 万种配合。即使是常用孔、轴公差带任意组合也可形成两千多种配合，这么庞大的配合数目远远超出了实际生产的需求。为此，国家标准根据我国的生产实际需求，参照国际标准，对配合数目进行了限制。在基本尺寸至 500 mm 范围内，对基孔制规定了 59 种常用配合，对基轴制规定了 47 种常用配合。这些配合分别由轴、孔的常用公差带和基准孔、基准轴的公差带组合而成。在常用配合中又对基孔制、基轴制各规定了 13 种优先配合，优先配合分别由轴、孔的优先公差带与基准孔和基准轴的公差带组合而成。基孔制优先、常用配合见表 3—3，基轴制优先、常用配合见表 3—4。

表 3—3　　基孔制优先、常用配合

基准孔	轴																				
	a	b	c	d	e	f	g	h	js	k	m	n	p	r	s	t	u	v	x	y	z
	间隙配合								过渡配合			过盈配合									
H6						$\frac{H6}{f5}$	$\frac{H6}{g5}$	$\frac{H6}{h5}$	$\frac{H6}{js5}$	$\frac{H6}{k5}$	$\frac{H6}{m5}$	$\frac{H6}{n5}$	$\frac{H6}{p5}$	$\frac{H6}{r5}$	$\frac{H6}{s5}$	$\frac{H6}{t5}$					
H7						$\frac{H7}{f6}$	$\frac{H7}{g6}$	$\frac{H7}{h6}$	$\frac{H7}{js6}$	$\frac{H7}{k6}$	$\frac{H7}{m6}$	$\frac{H7}{n6}$	$\frac{H7}{p6}$	$\frac{H7}{r6}$	$\frac{H7}{s6}$	$\frac{H7}{t6}$	$\frac{H7}{u6}$	$\frac{H7}{v6}$	$\frac{H7}{x6}$	$\frac{H7}{y6}$	$\frac{H7}{z6}$
H8					$\frac{H8}{e7}$	$\frac{H8}{f7}$	$\frac{H8}{g7}$	$\frac{H8}{h7}$	$\frac{H8}{js7}$	$\frac{H8}{k7}$	$\frac{H8}{m7}$	$\frac{H8}{n7}$	$\frac{H8}{p7}$	$\frac{H8}{r7}$	$\frac{H8}{s7}$	$\frac{H8}{t7}$	$\frac{H8}{u7}$				
				$\frac{H8}{d8}$	$\frac{H8}{e8}$	$\frac{H8}{f8}$		$\frac{H8}{h8}$													
H9			$\frac{H9}{c9}$	$\frac{H9}{d9}$	$\frac{H9}{e9}$	$\frac{H9}{f9}$		$\frac{H9}{h9}$													
H10			$\frac{H10}{c10}$	$\frac{H10}{d10}$				$\frac{H10}{h10}$													
H11	$\frac{H11}{a11}$	$\frac{H11}{b11}$	$\frac{H11}{c11}$	$\frac{H11}{d11}$				$\frac{H11}{h11}$													
H12		$\frac{H12}{b12}$						$\frac{H12}{h12}$													

注：1. $\frac{H6}{n5}$、$\frac{H7}{p6}$在基本尺寸小于或等于 3 mm 和$\frac{H8}{r7}$在基本尺寸小于或等于 100 mm 时为过渡配合。

2. 标注灰色的配合为优先配合。

表 3—4　　　　基轴制优先、常用配合

基准孔	孔																				
	A	B	C	D	E	F	G	H	JS	K	M	N	P	R	S	T	U	V	X	Y	Z
	间隙配合								过渡配合				过盈配合								
h5						F6/h5	G6/h5	H6/h5	JS6/h5	K6/h5	M6/h5	N6/h5	P6/h5	R6/h5	S6/h5	T6/h5					
h6						F7/h6	G7/h6	H7/h6	JS7/h6	K7/h6	M7/h6	N7/h6	P7/h6	R7/h6	S7/h6	T7/h6	U7/h6				
h7					E8/h7	F8/h7		H8/h7	JS8/h7	K8/h7	M8/h7	N8/h7									
h8				D8/h8	E8/h8	F8/h8		H8/h8													
h9				D9/h9	E9/h9	F9/h9		H9/h9													
h10				D10/h10				H10/h10													
h11	A11/h11	B11/h11	C11/h11	D11/h11				H11/h11													
h12		B12/h12						H12/h12													

注：标注灰色的配合为优先配合。

五、线性尺寸未注公差

设计时，对零件上各部位提出的尺寸、形状和位置等精度要求取决于它们的使用功能要求。零件上的某些部位在使用功能上无特殊要求时，则可给出一般公差。

1. 线性尺寸的一般公差的概念

线性尺寸的一般公差是指在车间普通工艺条件下，机床设备一般加工能力可保证的公差。在正常维护和操作情况下，它代表经济加工精度。

国家标准规定，采用一般公差时，在图样上不单独注出公差，而是在图样上、技术文件或技术标准中做出总的说明。

采用一般公差时，在正常的生产条件下，尺寸一般可以不进行检验，而由工艺保证。例如，冲压件的一般公差由模具保证；短轴端面对轴线的垂直度由机床的精度保证。

零件图样上采用一般公差后可带来以下好处：一般零件上的多数尺寸属于一般公差，不予注出，这样可简化制图，使图样清晰、易读；图样上突出了标有公差要求的部位，以便在加工和检测时引起重视，还可简化零件上某些部位的检测。

2. 线性尺寸的一般公差标准

（1）适用范围

线性尺寸的一般公差标准既适合于金属切削加工的尺寸，也适用于一般冲压加工的尺寸，非金属材料和其他工艺方法加工的尺寸也可参照采用。国家标准规定线性尺寸的一般公差适用于非配合尺寸。

（2）公差等级与数值

线性尺寸的一般公差规定了4个等级，即精密f、中等m、粗糙c和最粗v。线性尺寸的极限偏差数值见表3—5，倒圆半径和倒角高度尺寸的极限偏差数值见表3—6。

表3—5　　线性尺寸的极限偏差数值　　mm

公差等级	基本尺寸分段							
	0.5～3	>3～6	>6～30	>30～120	>120～400	>400～1 000	>1 000～2 000	>2 000～4 000
精密f	±0.05	±0.05	±0.1	±0.15	±0.2	±0.3	±0.5	—
中等m	±0.1	±0.1	±0.2	±0.3	±0.5	±0.8	±1.2	±2
粗糙c	±0.2	±0.3	±0.5	±0.8	±1.2	±2	±3	±4
最粗v	—	±0.5	±1	±1.5	±2.5	±4	±6	±8

表3—6　　倒圆半径和倒角高度尺寸的极限偏差数值　　mm

<table>
<tr><th rowspan="2">公差等级</th><th colspan="4">基本尺寸分段</th></tr>
<tr><th>0.5～3</th><th>>3～6</th><th>>6～30</th><th>>30</th></tr>
<tr><td>精密f</td><td rowspan="2">±0.2</td><td rowspan="2">±0.5</td><td rowspan="2">±1</td><td rowspan="2">±2</td></tr>
<tr><td>中等m</td></tr>
<tr><td>粗糙c</td><td rowspan="2">±0.4</td><td rowspan="2">±1</td><td rowspan="2">±2</td><td rowspan="2">±4</td></tr>
<tr><td>最粗v</td></tr>
</table>

在确定图样上线性尺寸的未注公差时，应考虑车间的一般加工精度，选取标准规定的公差等级，在相应的技术文件或技术标准中做出具体规定。

3. 线性尺寸的一般公差的表示方法

可在图样上、技术文件或技术标准中用线性尺寸的一般公差标准号和公差等级符号表示。例如，当一般公差选用中等级时，可在零件图样上（标题栏上方）标明：未注公差尺寸按GB/T 1804—m加工。

六、几何公差

在机械制造中，由于机床精度、工件的装夹精度和加工过程中的变形等多种因素的影响，加工后的零件不仅会产生尺寸误差，还会产生形状、位置等的误差。即零件表面、中心轴线等实际形状、位置、方向等偏离要求的理想形状及位置，从而产生误差。零件的形状、位置等的误差同样会影响零件的使用性能及互换性。如孔、轴配合时，如果轴线存在较大的弯曲，就不可能满足配合要求，甚至无法装配（见图 3—24a）；又如机床导轨面如果不平直，则会直接影响机床的运动精度（见图 3—24b）。因此，零件图样上除了规定尺寸公差来限制尺寸误差外，还规定了几何公差来限制形状、位置等的误差，以满足零件的功能要求。

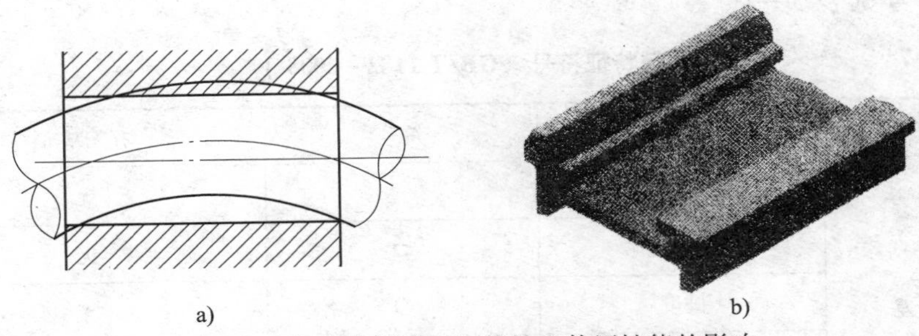

图 3—24　形位误差对互换性和使用性能的影响

零件的形状和结构虽各式各样，但它们都是由一些点、线、面按一定几何关系组合而成的。如图 3—25 所示的顶尖就是由球面、圆锥面、端平面、圆柱面、轴线、球心等构成的。这些构成零件形体的点、线、面称为零件的几何要素。零件的形状、位置等的误差就是关于零件各个几何要素的自身形状及相互位置的误差，几何公差就是对这些几何要素的形状和相互位置所提出的精度要求。

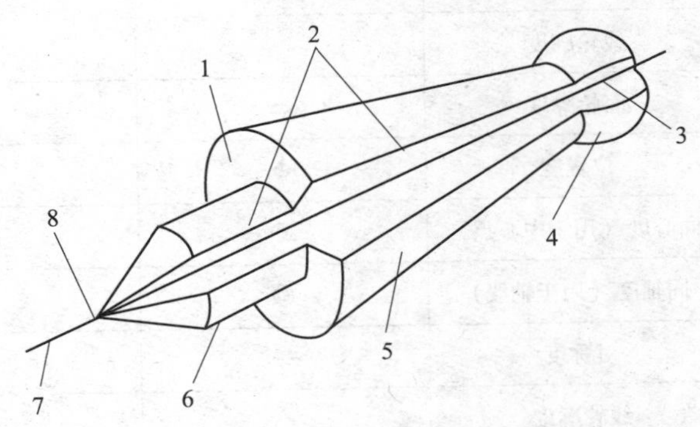

图 3—25　零件的几何要素

1—平面　2—素线　3—球心　4—球面　5—圆锥面　6—圆柱面　7—轴线　8—点（尖）

1. 几何公差的项目及符号

几何公差可分为形状公差、方向公差、位置公差和跳动公差，共十五个项目。

形状公差是被测实际要素的形状相对于其理想形状所允许的变动量。形状公差有直线度、平面度、圆度和圆柱度四项。

方向公差有平行度、垂直度和倾斜度三项，用来控制被测实际要素相对于基准要素的方向精度。位置公差是被测实际要素的位置对基准所允许的变动量。位置公差有位置度、同心度、同轴度和对称度四项，用来控制被测实际要素相对于基准要素的位置精度。跳动公差有圆跳动和全跳动两项，用来控制被测实际要素的形状和相对于基准轴线的位置两方面的综合精度。另外，形状或方向或位置公差（轮廓度公差）有线轮廓度和面轮廓度两项。几何公差的几何特征符号见表3—7。

表3—7　　几何特征符号（GB/T 1182—2008）

公差类型	几何特征	符号	有无基准
形状公差	直线度	—	无
	平面度	▱	无
	圆度	○	无
	圆柱度	⌭	无
	线轮廓度	⌒	无
	面轮廓度	⌓	无
方向公差	平行度	//	有
	垂直度	⊥	有
	倾斜度	∠	有
	线轮廓度	⌒	有
	面轮廓度	⌓	有
位置公差	位置度	⌖	有或无
	同心度（用于中心点）	◎	有
	同轴度（用于轴线）	◎	有
	对称度	⌯	有
	线轮廓度	⌒	有
	面轮廓度	⌓	有

续表

公差类型	几何特征	符号	有无基准
跳动公差	圆跳动	↗	有
	全跳动	⌰	有

2. 几何公差的标注及应用

国家标准规定，零件的几何公差要求在图样上用代号标注，如图 3—26 所示。

（1）几何公差的代号和基准符号

几何公差的代号包括：几何公差框格和指引线；几何公差有关项目的符号；几何公差数值和其他有关符号；基准字母和其他有关符号等。几何公差框格分成两格或多格式，框格内从左到右填写以下内容（见图 3—27）。

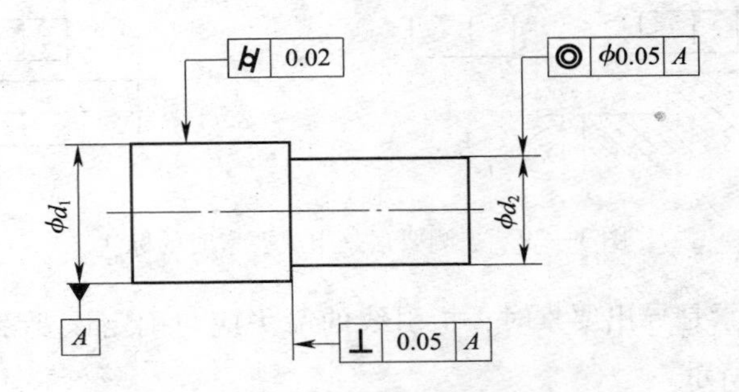

图 3—26　几何公差在图样上的标注

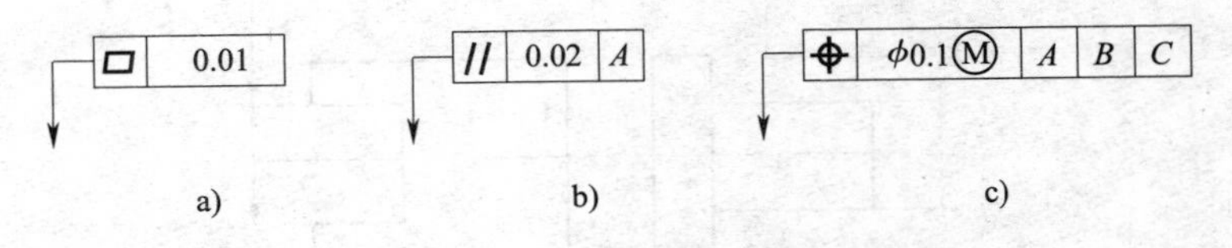

图 3—27　几何公差框格填写内容

1）第一格填写几何公差项目符号。

2）第二格填写几何公差数值和有关符号。

3）第三格和以后各格填写基准代号的字母和有关符号。

（2）基准符号

与被测要素相关的基准用一个大写字母表示。字母标注在基准方格内，与一个涂黑的或空白的三角形相连以表示基准（见图 3—28）；表示基准的字母还应标注在公差框格内。涂黑的或空白的基准三角形含义相同。

图 3—28　基准符号

3. 被测要素的标注方法

用带箭头的指引线将被测要素与公差框格的一端相连，指引线的箭头应指向被测要素公差带的宽度或直径方向。标注时应注意以下几点：

（1）几何公差框格应水平或垂直地绘制。

（2）指引线原则上从框格一端的中间位置引出。

（3）被测要素是组成要素时，指引线的箭头应指在该要素的轮廓线或其延长线上，并应明显地与尺寸线错开，如图 3—29 所示。

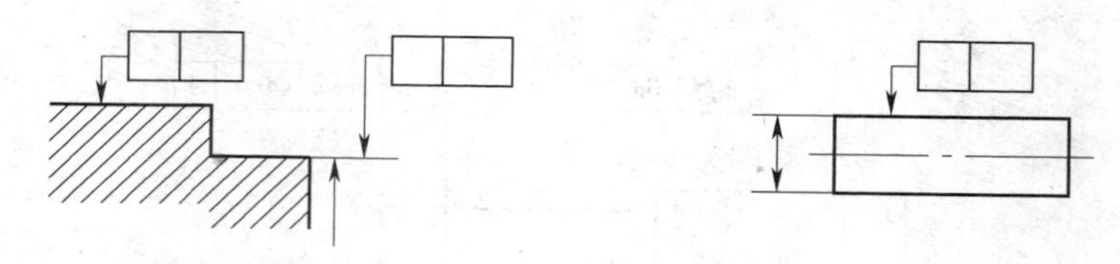

图 3—29　被测要素是组成要素时的标注

（4）被测要素是导出要素时，指引线的箭头应与确定该要素的轮廓尺寸线对齐，如图 3—30 所示。

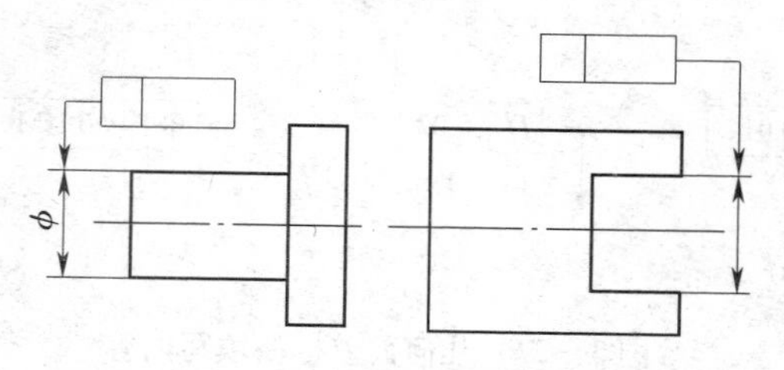

图 3—30　被测要素是导出要素时的标注

（5）当同一被测要素有多项几何公差要求且测量方向相同时，可将这些框格绘制在一起，并共用一条指引线，如图 3—31 所示。

（6）当多个被测要素有相同的几何公差要求时，可从框格引出的指引线上绘制多个指示箭头并分别与各被测要素相连，如图 3—32 所示。

（7）公差框格中所标注的几何公差有其他附加要求时，可在公差框格的上方或下方附加文字说明。属于被测要素数量的说明应写在公差框格的上方，如图 3—33a 所示；属于解释性的说明应写在公差框格的下方，如图 3—33b 所示。

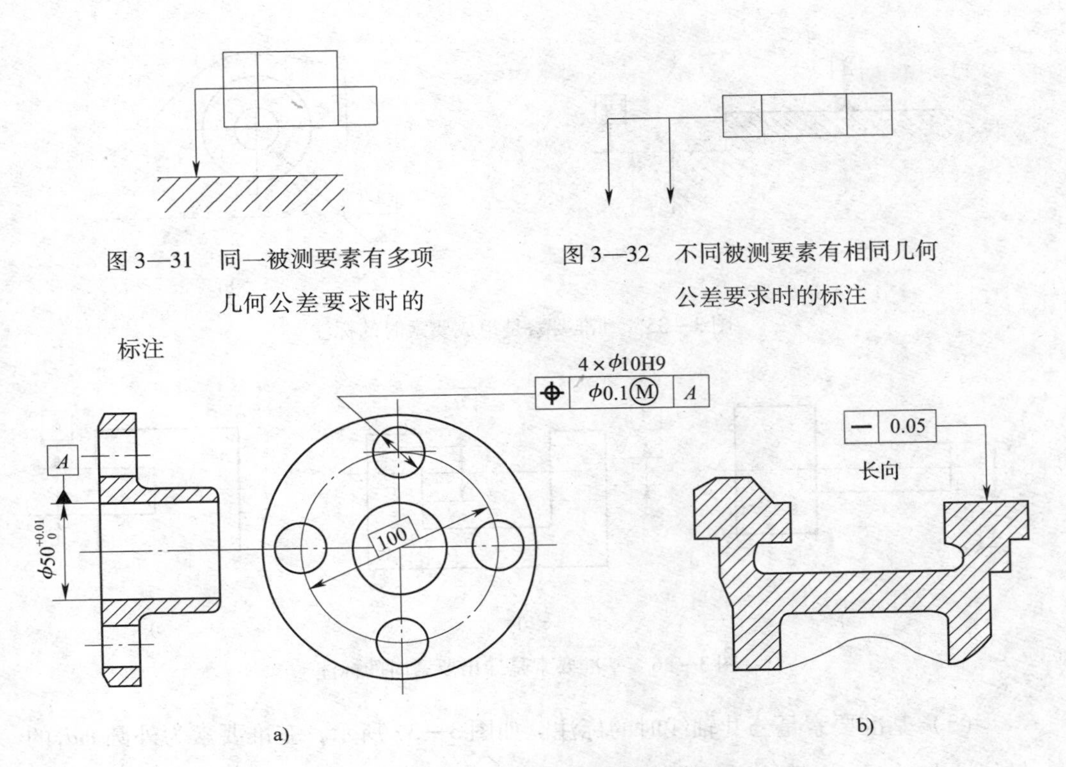

图 3—31　同一被测要素有多项几何公差要求时的标注

图 3—32　不同被测要素有相同几何公差要求时的标注

图 3—33　几何公差的附加说明

4．基准要素的标注方法

基准要素采用基准符号标注，并从几何公差框格中的第三格起填写相应的基准符号字母，基准符号中的连线应与基准要素垂直。无论基准符号在图样中的方向如何，方框内的字母都应水平书写，如图 3—34 所示。

基准要素在标注时还应注意以下几点：

（1）基准要素是轮廓线或面时，基准三角形放置在轮廓线或其延长线上，并应明显地与尺寸线错开，如图 3—35a 所示；基准三角形也可以放置在该轮廓面引出线的水平线上，如图 3—35b 所示。

（2）当基准是尺寸要素确定的轴线、中心平面或中心点时，基准三角形应放置在该尺寸线的延长线上，如图 3—36 所示。如果没有足够的位置标注基准要素尺寸的两个尺寸箭头，则其中一个箭头可用基准三角形代替，如图 3—36b、c 所示。

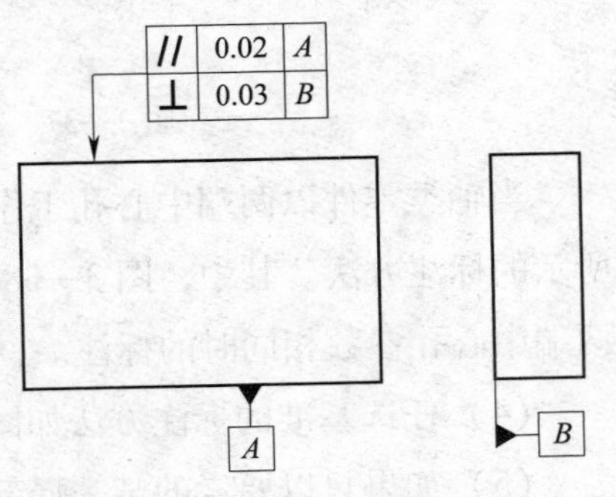

图 3—34　基准要素的标注

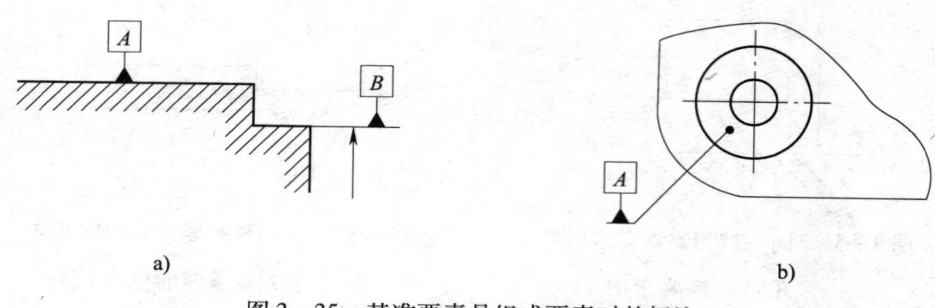

图 3—35　基准要素是组成要素时的标注

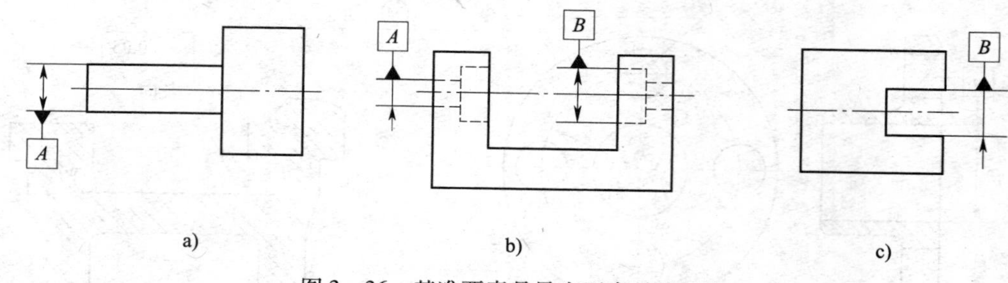

图 3—36　基准要素是导出要素时的标注

（3）基准要素是公共轴线时的标注。如图 3—37 所示，基准要素为外圆 ϕd_1 的轴线 A 与外圆 ϕd_3 的轴线 B 组成的公共轴线 A—B。

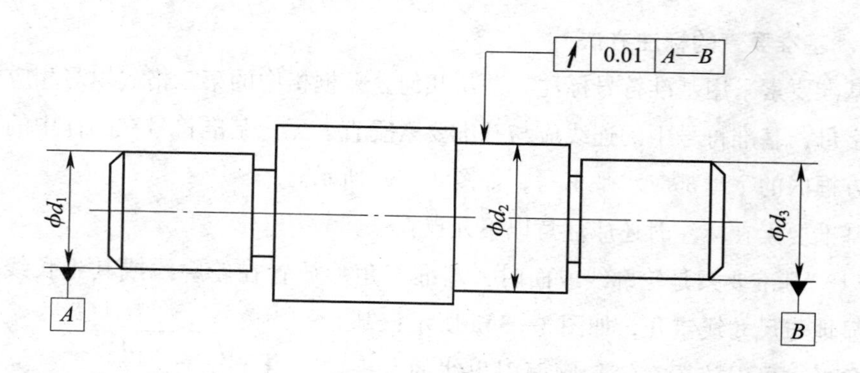

图 3—37　基准要素是公共轴线时的标注

当轴类零件以两端中心孔工作锥面的公共轴线作为基准时，可采用如图 3—38 所示的标注方法。其中，图 3—38a 为两端中心孔参数不同时的标注；图 3—38b 为两端中心孔参数相同时的标注。

（4）任选基准的标注方法如图 3—39 所示。

（5）如果只以要素的某一局部作为基准，则应用粗点画线表示出该部分并加注尺寸，如图 3—40 所示。

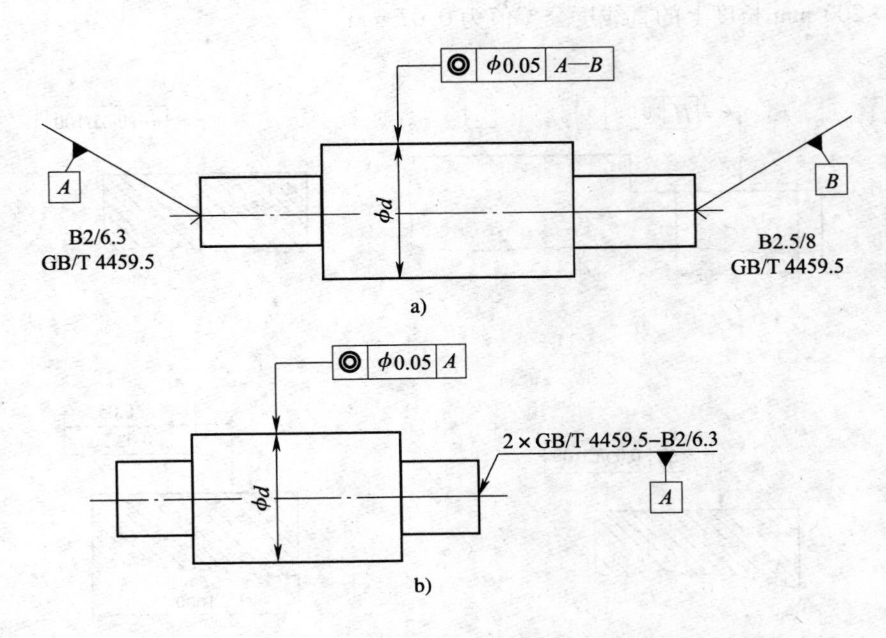

图 3—38　以中心孔工作锥面的公共轴线作为基准时的标注

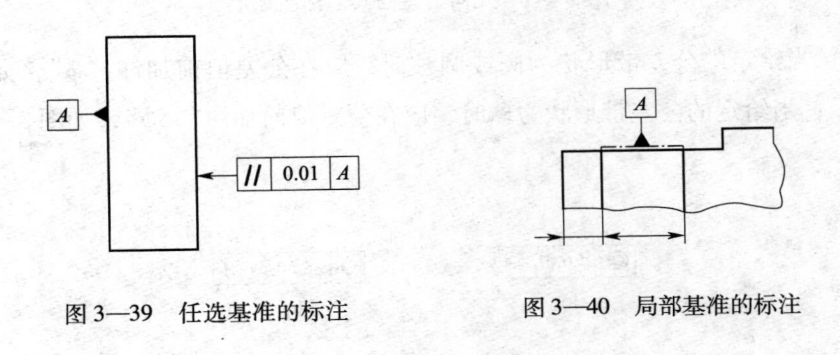

图 3—39　任选基准的标注

图 3—40　局部基准的标注

5．几何公差的其他标注规定

（1）几何公差框格中所标注的公差值如无附加说明，则被测范围为箭头所指的整个组成要素或导出要素。

（2）如果被测范围仅为被测要素的一部分时，应用粗点画线画出该范围，并标出尺寸。其标注方法如图 3—41a 所示。

（3）如果需给出被测要素任一固定长度上（或范围）的公差值时，其标注方法如图 3—41b、c、d 所示。其中，图 3—41b 表示在任一 100 mm 长度上的直线度公差值为 0. 02 mm；图 3—41c 表示在任一 100 mm×100 mm 的正方形面积内，平面度公差值为 0. 05 mm；图 3—41d 表示在 1 000 mm 全长上的直线度公差值为 0. 05 mm，在任一200 mm长度上的直线度公差值为0.02 mm。

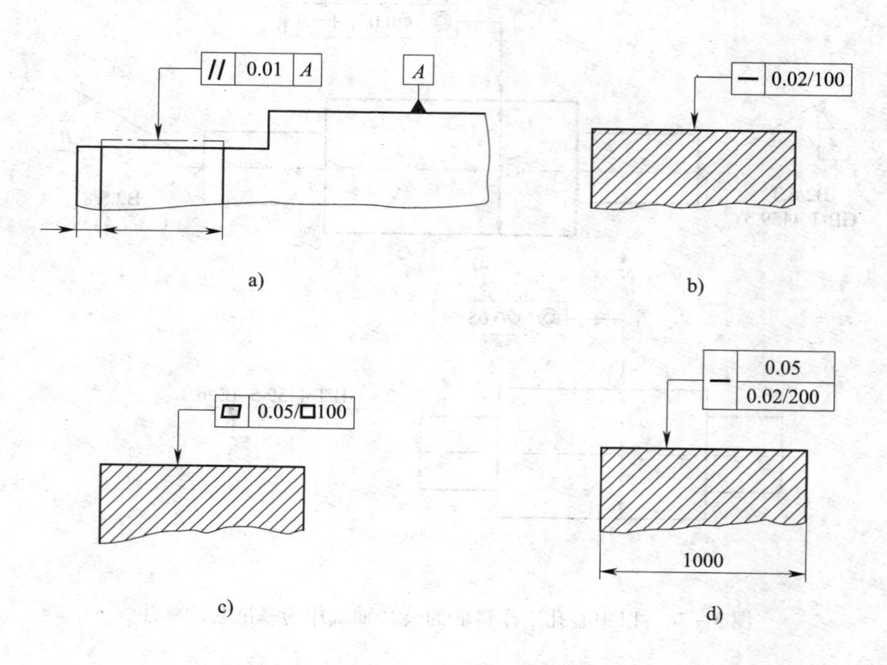

图3—41　几何公差的其他标注规定

（4）当给定的公差带形状为圆或圆柱时，应在公差值前加注“ϕ”，如图3—42a所示；当给定的公差带形状为球时，应在公差值前加注“$S\phi$”，如图3—42b所示。

图3—42　公差带为圆、圆柱面或球时的标注

6．几何公差综合应用举例

如图3—43所示为一曲轴，图中所标注的几何公差的识读方法和设计要求说明见表3—8。

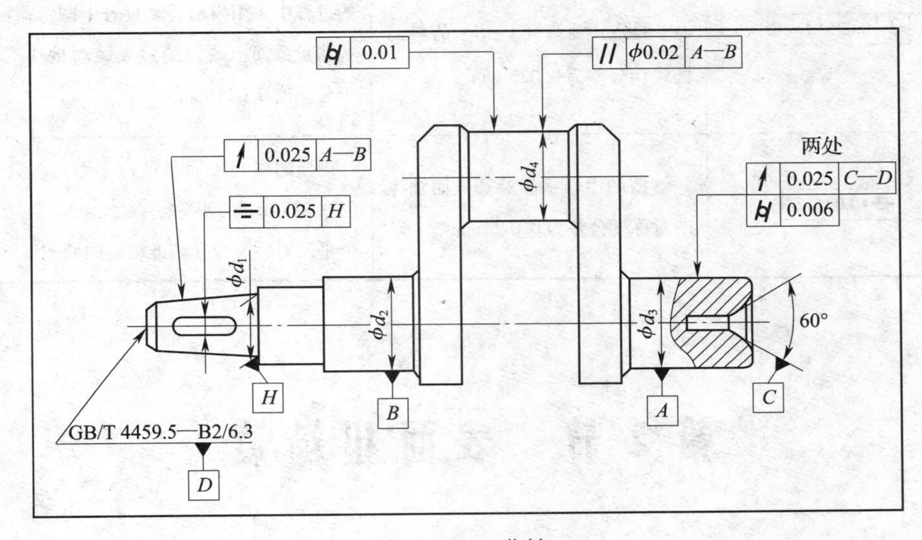

图 3—43　曲轴

表 3—8　　　　曲轴几何公差的识读方法和设计要求

代号	识读方法	设计要求
两处 ↗ 0.025 C—D ⌭ 0.006	曲轴的两个支撑轴颈 ϕd_2 和 ϕd_3 外圆有两项要求： 1. ϕd_2 和 ϕd_3 两圆柱面的圆柱度公差为 0.006 mm 2. ϕd_2 和 ϕd_3 圆柱面对两端中心孔的公共轴线（C—D）的径向圆跳动公差为 0.025 mm	1. ϕd_2 和 ϕd_3 的实际圆柱面必须位于半径差为公差值 0.006 mm 的两同轴圆柱面之间 2. ϕd_2 和 ϕd_3 两圆柱面绕公共基准轴线（C—D）回转一周时，在任一测量平面内的径向圆跳动量均不大于公差值 0.025 mm
// φ0.02 A—B	ϕd_4 的轴线对两支撑轴颈 ϕd_2 和 ϕd_3 的公共轴线（A—B）的平行度公差为 ϕ0.02 mm	ϕd_4 的实际轴线必须位于直径为公差值 0.02 mm，且平行于公共轴线（A—B）的圆柱面内

续表

代号	识读方法	设计要求
⌭ 0.01	ϕd_4 圆柱面的圆柱度公差为0.01 mm	ϕd_4 实际圆柱面必须位于半径差为公差值0.01mm的两同轴圆柱面之间
↗ 0.025 A—B	圆锥面对两支撑轴颈 ϕd_2 和 ϕd_3 的公共轴线（A—B）的斜向圆跳动公差为0.025 mm	圆锥面绕公共基准轴线 A—B 回转一周的过程中，用指示器测量若干圆锥截面，各测量截面上测得的最大跳动量均不大于公差值0.025 mm
⌯ 0.025 H	键槽的中心平面对圆锥面轴线的对称度公差为0.025 mm	键槽的中心平面必须位于距离为公差值0.025 mm的两平行平面之间，且这两个平面对称配置在基准轴线的两侧

第2节　表面粗糙度

一、表面粗糙度的定义及评定参数

1. 表面粗糙度的概念

无论是机械加工后的零件表面，还是用其他方法获得的零件表面，总会存在着由较小间距的峰、谷组成的微量高低不平的痕迹。粗加工表面，用眼睛就可以看出加工痕迹；精加工表面，看上去似乎光滑、平整，但用放大镜或仪器观察，仍然可以看到错综交叉的加工痕迹，如图3—44所示。

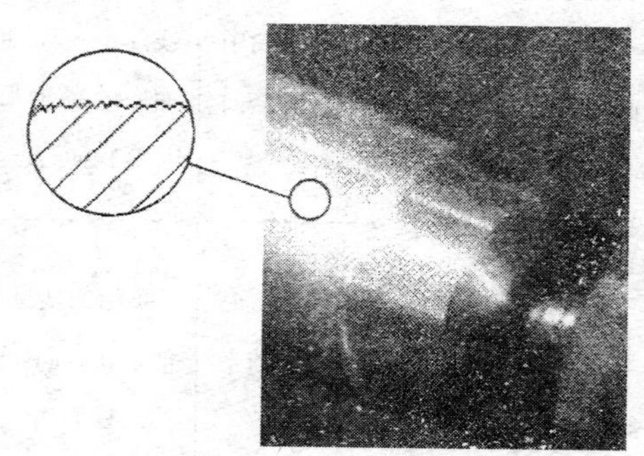

图3—44　表面粗糙度

表面粗糙度是表述零件表面峰谷高低程度和间距状况的微观几何形状特性的术语。

2. 表面粗糙度对零件使用性能的影响

（1）对摩擦、磨损的影响

当两个表面做相对运动时，一般情况下表面越粗糙，其摩擦因数、摩擦阻力越大，磨损也越快。

（2）对配合性质的影响

对间隙配合，粗糙表面会因峰尖很快磨损而使间隙很快增大；对过盈配合，粗糙表面的峰顶被挤平，使实际过盈减小，影响连接强度。

（3）对疲劳强度的影响

表面越粗糙，微观不平的凹痕就越深，在交变应力的作用下易产生应力集中，使表面出现疲劳裂纹，从而降低零件的疲劳强度。

（4）对接触刚度的影响

表面越粗糙，表面间的实际接触面积就越小，单位面积受力就越大，使峰顶处的局部塑性变形增大，接触刚度降低，从而影响机器的工作精度和抗振性能。

此外，表面粗糙度还影响零件表面的耐腐蚀性及结合表面的密封性和润滑性能等。

总之，表面粗糙度直接影响零件的使用性能和使用寿命。因此，应对零件的表面粗糙度加以合理规定。

3. 表面粗糙度的评定参数

国家标准规定，表面粗糙度的评定参数包括高度参数和附加参数。高度参数为主要参数，其中，常用的是轮廓算术平均偏差 Ra 和轮廓最大高度 Rz。

轮廓算术平均偏差 Ra 是指在取样长度内轮廓上各点至轮廓中线距离的算术平均值，如图 3—45 所示。其表达式为：

$$Ra = \frac{1}{n}\ (Y_1 + Y_2 + \cdots + Y_n)$$

式中，Y_1，Y_2，…，Y_n 分别为轮廓上各点至轮廓中线的距离。

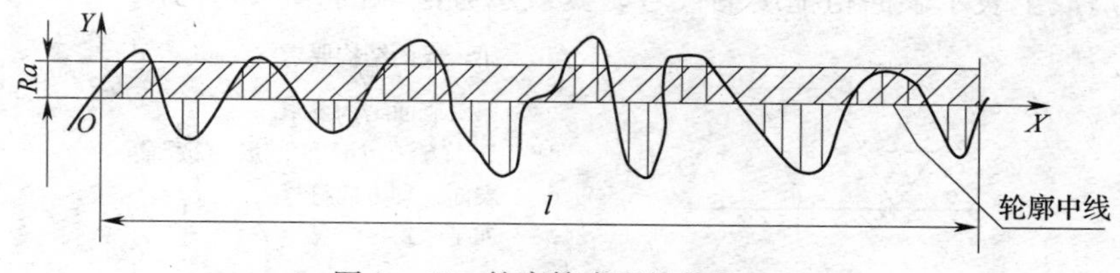

图 3—45　轮廓算术平均偏差 Ra

国家标准规定的轮廓算术平均偏差 *Ra* 数值系列见表3—9。

表3—9　　轮廓算术平均偏差（*Ra*）的数值系列　　μm

Ra	0.012	0.2	3.2	50
	0.025	0.4	6.3	100
	0.05	0.8	12.5	
	0.1	1.6	25	

二、表面粗糙度的标注及应用

1. 表面粗糙度符号的表示方法

表面粗糙度符号的表示方法及说明见表3—10。

表3—10　　表面粗糙度符号的表示方法及说明（GB/T 131—2006）

符号	说明
	基本图形符号，没有补充说明时不能单独使用，仅适用于简化代号标注
	在基本图形符号上加一短横，表示指定表面是用去除材料的方法获得，如通过机械加工获得的表面
	在基本图形符号上加一个圆圈，表示指定表面是用不去除材料的方法获得
	当要求标注表面结构特征的补充信息时，应在三个图形符号的长边上加一横线
	当在图形某个视图上构成封闭轮廓的各表面有相同的表面结构要求时，应在三个完整图形符号上加一圆圈，标注在图样中工件的封闭轮廓线上。如果标注引起歧义，各表面应分别标注

2. 表面粗糙度代号的表示方法

在表面粗糙度符号的基础上，注出表面粗糙度参数值和其他有关的规定项目后，就形成了表示表面粗糙度的代号，其表示方法如图3—46所示。

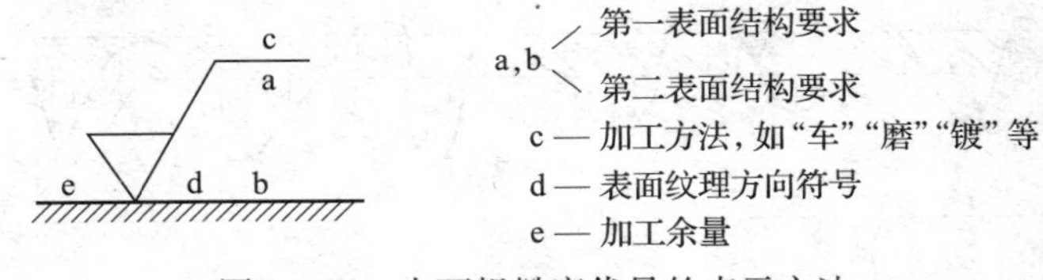

图3—46　表面粗糙度代号的表示方法

国家标准规定，表面粗糙度高度参数值和取样长度值是两项基本要求，应在图样上注出。若取样长度按标准选取，则可省略标注。对附加参数和其他附加要求，可根据需要确定是否标注。表面粗糙度高度参数标注示例及含义见表 3—11。

表 3—11　　　　表面粗糙度高度参数标注示例及含义

序号	代号示例	含义（解释）
1	*Ra* 0.8	表面不允许去除材料，单向上限值，算术平均偏差为 0.8 μm，16% 规定（默认）
2	U *Ra* 0.8 L *Ra* 1.6	表示去除材料，双向极限值，上限值算术平均偏差为 0.8 μm，16% 规定（默认）；下限值算术平均偏差为 1.6 μm，16% 规定（默认）
3	L *Ra* 1.6	表示任意加工方法，单向下限值，算术平均偏差为 1.6 μm，16% 规定（默认）
4	Rz_{max} 1.6	表面不允许去除材料，单向上限值，轮廓最大高度的最大值为 1.6 μm，最大规定
5	Ra_{max} 0.8 *Ra* 1.6	表示去除材料，双向极限值，上限值算术平均偏差为 0.8 μm，最大规定；下限值算术平均偏差为 1.6 μm，16% 规定（默认）

从表中可以看出：参数代号与极限值之间应留空格，“U” 和 “L” 分别表示上限值和下限值。当只有单向极限要求时，若为单向上限值，则可不加注 “U”；若为单向下限值，则应加注 “L”。如果是双向极限要求，在不致引起歧义时，可不加注 “U” 和 “L”。

3. 表面粗糙度在图样上的标注

在图样上，表面粗糙度代（符）号一般注在可见轮廓线、尺寸界线或其延长线上，也可以注在引出线上；符号的尖端必须从材料外指向零件表面；代号中数字及符号的注写方向应与尺寸数字方向一致，如图 3—47 所示。

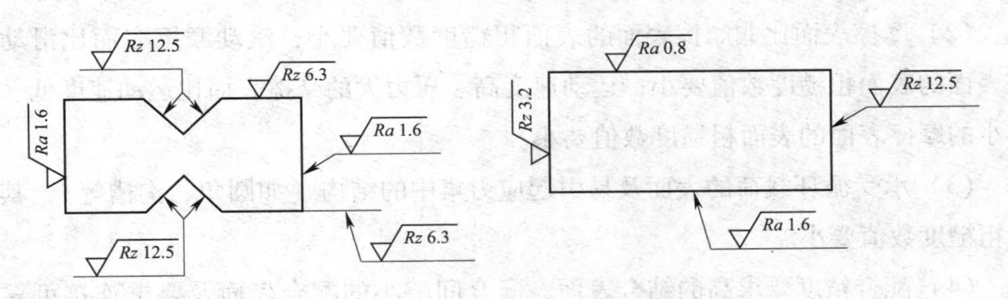

图 3—47　表面粗糙度代号在图样上的标注

如果在工件的多数（包括全部）表面有相同的表面粗糙度要求，则其表面粗糙度要求可统一标注在图样的标题栏附近。此时（除全部表面有相同要求的情况外），表面粗糙度要求的符号后面应有：

——在圆括号内给出无任何其他标注的基本符号（见图 3—48a）。

——在圆括号内给出不同的表面要求（见图 3—48b）。

——表面结构要求可标注在几何公差框格的上方（见图 3—48c、d）。

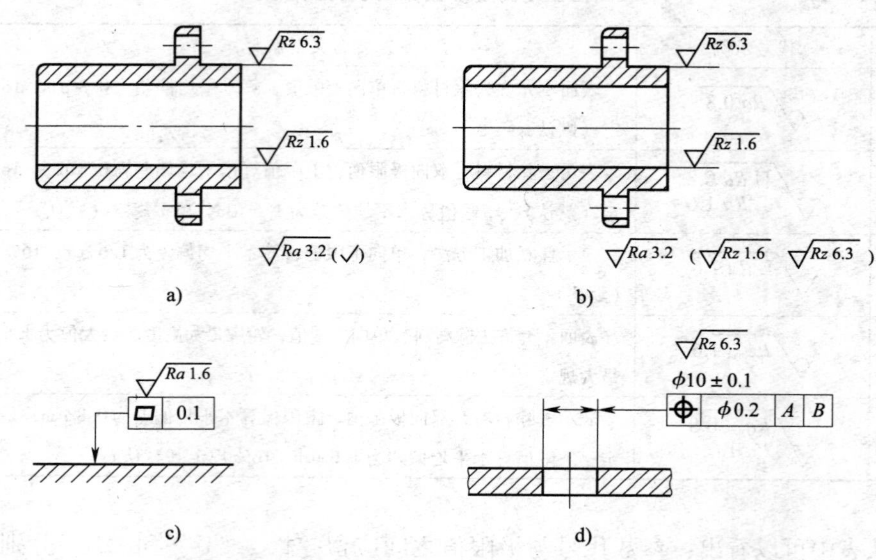

图 3—48　大多数表面有相同的表面粗糙度要求时的简化画法

4. 表面粗糙度参数值的选择

表面粗糙度参数值的选择应遵循在满足表面功能要求的前提下，尽量选择较大的表面粗糙度参数值的基本原则，以便简化加工工艺，降低加工成本。

表面粗糙度参数值的选择一般采用类比法，参见表 3—12。具体选择时应考虑以下因素：

（1）在同一零件上，工作表面一般比非工作表面的表面粗糙度数值要小。

（2）摩擦表面比非摩擦表面的表面粗糙度数值要小；滚动摩擦表面比滑动摩擦表面的表面粗糙度数值要小；运动速度高、压力大的摩擦表面比运动速度低、压力小的摩擦表面的表面粗糙度数值要小。

（3）承受循环载荷的表面及易引起应力集中的结构（如圆角、沟槽等），其表面粗糙度数值要小。

（4）配合精度要求高的结合表面、配合间隙小的配合表面及要求连接可靠且承受重载的过盈配合表面，均应取较小的表面粗糙度数值。

（5）配合性质相同时，在一般情况下，零件尺寸越小，则表面粗糙度数值应越小；在同一精度等级时，小尺寸比大尺寸、轴比孔的表面粗糙度数值要小；通常在尺寸公差、表面形状公差小时，表面粗糙度数值要小。

（6）耐腐蚀性、密封性要求越高，表面粗糙度数值应越小。

表3—12给出了表面粗糙度参数值在某一范围内的表面特征、对应加工方法及应用举例，供选用时参考。

表3—12　　表面粗糙度的表面特征、对应加工方法及应用举例

表面特征		*Ra*（μm）	加工方法	应用举例
粗糙表面	可见刀痕	>20～40	粗车、粗刨、粗铣、钻、锯削	半成品粗加工后的表面，非配合的加工表面，如轴端面、倒角、钻孔、键槽底面等
	微见刀痕	>10～20	车、铣、钻、镗、刨、锉等	
半光表面	微见加工痕迹	>5～10	车、铣、钻、镗、刨、锉、滚压、电火花加工等	轴上不安装轴承、齿轮处的非配合表面，紧固件的自由装配表面等
		>2.5～5	车、铣、钻、镗、刨、锉、滚压、铣齿等	半精加工表面，箱体、支架、端盖等与其他零件结合而无配合要求的表面，需要进行发蓝处理的表面等
	看不清加工痕迹	>1.25～2.5	车、铣、钻、镗、刨、锉、滚压、铣齿等	接近于精加工表面，齿轮的齿面、定位销孔、箱体上安装轴承的镗孔表面等
光表面	可辨加工痕迹的方向	>0.63～1.25	车、铣、钻、镗、刨、锉、滚压、铣齿、精铰等	要求保证定心及配合特性的表面，如圆柱销，与滚动轴承相配合的轴颈，磨削的齿轮表面，普通车床的导轨面，内、外花键定心表面等
	微辨加工痕迹的方向	>0.32～0.63	精铰、精镗、磨、刮、滚压、研磨	要求配合性质稳定的配合表面，受交变应力作用的重要零件，较高精度车床的导轨面
	不可辨加工痕迹的方向	>0.16～0.32	布轮磨、精磨、研磨、超精加工、抛光	精密机床的主轴锥孔，顶尖圆锥孔，发动机曲轴、凸轮轴工作表面，高精度齿轮齿面

续表

表面特征		*Ra*（μm）	加工方法	应用举例
极光表面	暗光泽面	>0.08～0.16	精磨、研磨、抛光、超精车	精密机床主轴颈表面、气缸内表面、活塞销表面、仪器导轨面、阀的工作面、一般量规测量面等
	亮光泽面	>0.04～0.08	超精磨、镜面磨削、精抛光	精密机床主轴颈表面，滚动导轨中的钢球、滚子和高速摩擦的工作表面
	镜状光泽面	>0.01～0.04		高压柱塞泵中柱塞和柱塞套的配合表面，中等精度仪器零件配合表面
	镜面	≤0.01	镜面磨削、超精研	高精度量仪、量块的工作表面，高精度仪器摩擦机构的支撑表面，光学仪器中的金属镜面

思考题

1. 试述轴、孔及尺寸的定义。
2. 什么是偏差？偏差的基本代号是什么？
3. 试述配合的定义及配合的种类。
4. 形状公差和位置公差的表示符号各是什么？
5. 表面粗糙度的定义是什么？

第4章

车工常用数学知识

第1节　车工常用数据

一、常用材料的密度

常用材料的密度见表4—1。

表4—1　常用材料的密度　g/cm^3

材料名称	密度	材料名称	密度	材料名称	密度
灰铸铁	6.6~7.4	铸铝	2.55~2.67	尼龙1010	1.04~1.06
球墨铸铁	7.3	工业镍	8.9	尼龙1010+	1.19
铸钢	7.8	锡基轴承合金	7.34~7.75	30%玻纤	—
不锈钢	7.75	铅基轴承合金	9.33~10.67	有机玻璃	1.18
高速钢	8.3~8.7	硬质合金	13.9~14.9	橡胶	0.93~1.20
纯铜材	8.9	松木	0.5~0.6	水泥	1.2
黄铜	8.5~8.85	衬垫纸	0.9	石墨	1.9~2.1
青铜	8.8~8.9	石棉橡胶板	1.5~2.0	普通玻璃	2.5~2.7
铝板	2.73	聚氯乙烯	1.35~1.40	混凝土	2.0~2.4
锻铝	2.65~2.8	聚四氟乙烯	2.1~2.2	汽油	0.66~0.75

二、常用材料的熔点

常用材料的熔点见表4—2。

表4—2　　常用材料的熔点　　℃

名称	熔点	名称	熔点
灰铸铁	1 200	铝	658
铸铁	1 425	铅	327
钢	1 400 ~ 1 500	锡	232
黄铜	950	镍	1 452
青铜	995	尼龙1010	200 ~ 210
纯铜	1 083	有机玻璃	≥108

三、法定计量单位及换算

1. 国际单位制的基本单位

国际单位制的基本单位见表4—3。

表4—3　　国际单位制的基本单位

量的名称	单位名称	单位符号	量的名称	单位名称	单位符号
长度	米	m	热力学温度	开尔文	K
质量	千克	kg	物质的量	摩尔	mol
时间	秒	s	发光强度	坎德拉	cd
电流	安培	A			

2. 国际单位制中具有专门名称和符号的导出单位

国际单位制中具有专门名称和符号的导出单位见表4—4。

表4—4　　国际单位制中具有专门名称和符号的导出单位

量的名称	单位名称	单位符号	其他表示示例
频率	赫［兹］	Hz	s^{-1}
力、重力	牛［顿］	N	$kg \cdot m/s^2$
压力、压强、应力	帕［斯卡］	Pa	N/m^2
能量、功、热	焦［耳］	J	$N \cdot m$
功率、辐射通量	瓦［特］	W	J/s
电荷量	库［仑］	C	$A \cdot s$
电位、电压、电动势	伏［特］	V	W/A
电容	法［拉］	F	C/V
电阻	欧［姆］	Ω	V/A

续表

量的名称	单位名称	单位符号	其他表示示例
电导	西［门子］	S	A/V
磁通量	韦［伯］	Wb	V · s
磁通量密度、磁感应强度	特［斯拉］	T	Wb/m^2
电感	亨［利］	H	Wb/A
摄氏温度	摄氏度	℃	

3. 与国际单位制单位并用的法定计量单位

与国际单位制单位并用的法定计量单位见表 4—5。

表 4—5　与国际单位制单位并用的法定计量单位

量的名称	单位名称	单位符号	换算关系和说明
时间	分 ［小］时 天（日）	min h d	1 min = 60 s 1 h = 60 min = 3 600 s 1 d = 24 h = 86 400 s
平面角	［角］秒 ［角］分 度	(″) (′) (°)	1″ = (π/640 800) rad (π 为圆周率) 1′ = 60″ = (π/10 800) rad 1° = 60′ = (π/180) rad
旋转速度	转每分	r/min	1 r/min = (1/60) s^{-1}
长度	海里	n mile	1 n mile = 1 852 m （只用于航行）
质量	吨 原子质量单位	t u	1 t = 10^3 kg 1 u ≈ 1. 660 540 2 × 10^{-27} kg
体积	升	L	1 L = 1 dm^3 = 10^{-3} m^3
能	电子伏	eV	1 eV ≈ 1. 602 189 2 × 10^{-19} J
级差	分贝	dB	
线密度	特［克斯］	tex	1 tex = 1 g/km
速度	节	kn	1 kn = 1 n mile/h = (1 852/3 600) m/s （只用于航行）

4. 常用单位换算

常用单位的换算见表 4—6。

表4—6　　常用单位的换算

量的名称	法定单位		非法定单位		换算及说明
	名称	符号	名称	符号	
长度	米	m			SI基本单位
			英寸	in	1 in = 25.4 mm
			英尺	ft	1 ft = 12 in = 304.8 mm
			码	yd	1 yd = 3 ft = 0.914 4 m
			尺		1尺 = 1/3 m ≈ 0.3 m
面积	平方米	m^2			SI导出单位
			亩		1亩 = 1 000/15 m^2 = 666.6 m^2
			平方英尺	ft^2	1 ft^2 = 9.29×10^{-2} m^2
			平方英寸	in^2	1 in^2 = 6.452×10^{-4} m^2
体积、容积	升	L			非SI的法定单位 1 L = 1 dm^3 = 10^{-3} m^3
			英加仑	gal（UK）	1 gal（UK） = 4.546×10^{-3} m^3 = 4.546 L
			美加仑	gal（US）	1 gal（US） = 3.785×10^{-3} m^3 = 3.785 L
			夸脱	qt（UK）	1 qt（UK） = 1.137 L
			品脱	pt（UK）	1 pt（UK） = 0.568 3 L
质量	千克（公斤）	kg			SI基本单位
			磅	lb	1 lb = 0.453 592 37 kg
			盎司（常衡）	oz	1 oz = 28.349 5 g
			盎司（药、金衡）		1盎司（药衡、金衡） = 31.103 5 g
			米制克拉		1米制克拉 = 200 mg = 0.2 g
			斤		1斤 = 0.5 kg = 500 g
力、重力	牛（顿）	N			SI导出单位
			千克力	kgf	1 kgf = 9.806 65 N
			磅力	lbf	lbf = 4.448 22 N
压力、压强、应力	帕（斯卡）	Pa			SI导出单位 1 Pa = 1 N/m^2
			千克力每平方米	kgf/m^2	1 kgf/m^2 = 9.806 65 Pa
			千克力每平方毫米		1 kgf/mm^2 = $9.806\ 65\times10^6$ Pa = 9.806 65 MPa
			毫米汞柱		1 mmHg = 133.322 Pa
			标准大气压		1 atm = 101 325 Pa
			磅力每平方英寸		1 lbf/in^2 = 6 894.76 Pa
能功热	焦（耳）	J			SI导出单位 N·m
			千克力米	kgf·m	1 kgf·m = 9.806 65 J
			英尺磅力	ft·lbf	1 ft·lbf = 1.355 82 J
			卡	Calit，cal	1 cal = 4.186 8 J

续表

量的名称	法定单位		非法定单位		换算及说明
	名称	符号	名称	符号	
功率	瓦（特）	W			SI 导出单位 J/s
			千克力米每秒	kgf · m/s	1 kgf · m/s = 9.806 65 W
			米制马力		1 米制马力 = 75 kgf · m/s = 735.499 W

四、常用数表

1. π 的重要函数表

π 的重要函数表见表 4—7。

表 4—7　　π 的重要函数表

π	3.141 593	$\sqrt{2\pi}$	2.506 628
π^2	9.869 604	$\sqrt{\frac{\pi}{2}}$	1.253 314
$\sqrt{\pi}$	1.772 454	$\sqrt[3]{\pi}$	1.464 592
$\frac{1}{\pi}$	0.318 310	$\sqrt{\frac{1}{2\pi}}$	0.398 942
$\frac{1}{\pi^2}$	0.113 21	$\sqrt{\frac{2}{\pi}}$	0.797 885
$\sqrt{\frac{1}{\pi}}$	0.564 190	$\sqrt[3]{\frac{1}{\pi}}$	0.682 784

2. π 的近似分数

π 的近似分数见表 4—8。

表 4—8　　π 的近似分数

近似分数	误差
$\pi \approx 3.140\,000\,0$	0.001 592 7
$\pi \approx 3.142\,857\,1$	0.001 264 4
$\pi \approx 3.141\,818\,1$	0.000 225 4
$\pi \approx 3.141\,732\,2$	0.000 139 5
$\pi \approx 3.141\,711\,2$	0.000 118 5
$\pi \approx 3.141\,700\,4$	0.000 107 7
$\pi \approx 3.141\,666\,6$	0.000 073 9
$\pi \approx 3.141\,592\,9$	0.000 000 2

3. 25.4的近似分数

25.4的近似分数见表4—9。

表4—9　　25.4的近似分数

近似分数	误差
$25.400\,00=\frac{127}{5}$	0
$25.411\,76=\frac{18\times24}{17}$	0.011 76
$25.396\,83=\frac{40}{7}\times\frac{40}{9}$	0.003 17
$25.384\,61=\frac{11\times30}{13}$	0.015 39

五、常用的数学计算公式

常用的数学计算公式见表4—10。

表4—10　　常用的数学计算公式

公式分类	公式表达式		
乘法与因式分解	$a^2-b^2=(a+b)(a-b)$	$a^3+b^3=(a+b)(a^2-ab+b^2)$	$a^3-b^3=(a-b)(a^2+ab+b^2)$
三角不等式	$\lvert a+b\rvert\leqslant\lvert a\rvert+\lvert b\rvert$	$\lvert a-b\rvert\leqslant\lvert a\rvert+\lvert b\rvert$	$\lvert a\rvert\leqslant b\Leftrightarrow -b\leqslant a\leqslant b$
	$\lvert a-b\rvert\geqslant\lvert a\rvert-\lvert b\rvert$	$-\lvert a\rvert\leqslant a\leqslant\lvert a\rvert$	
一元二次方程的解	$\frac{-b+\sqrt{b^2-4ac}}{2a}$	$\frac{-b-\sqrt{b^2-4ac}}{2a}$	
根与系数的关系	$x_1+x_2=-b/a$	$x_1x_2=c/a$	注：韦达定理
判别式	$b^2-4ac=0$		注：方程有相等的两实根
	$b^2-4ac>0$		注：方程有一个实根
	$b^2-4ac<0$		注：方程有共轭复数根
	$2+4+6+8+10+12+14+\cdots+(2n)=n(n+1)$		$1^2+2^2+3^2+4^2+5^2+6^2+7^2+8^2+\cdots+n^2=n(n+1)(2n+1)/6$
正弦定理	$a/\sin A=b/\sin B=c/\sin C=2R$		注：其中R表示三角形的外接圆半径
余弦定理	$b^2=a^2+c^2-2ac\cos B$		注：角B是边a和边c的夹角

续表

公式分类	公式表达式			
圆的标准方程	$(x-a)^2+(y-b)^2=r^2$		注：(a, b) 是圆心坐标	
圆的一般方程	$x^2+y^2+Dx+Ey+F=0$		注：$D^2+E^2-4F>0$	
抛物线标准方程	$y^2=2px$	$y^2=-2px$	$x^2=2py$	$x^2=-2py$

第 2 节　几何图形及常用三角函数计算

一、几何图形计算

1. 常用几何图形的面积计算公式

常用几何图形的面积计算公式见表 4—11。

表 4—11　　常用几何图形的面积计算公式

序号	名称	示图	计算公式
1	正方形	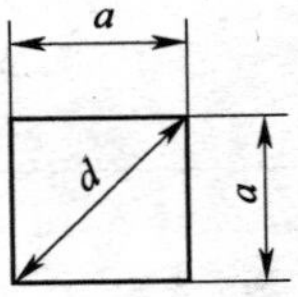 a, d, a	面积 $A=a^2$ $a=0.707d$ $d=1.414a$
2	长方形	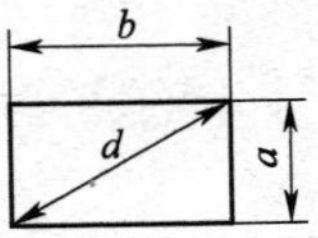 b, d, a	面积 $A=ab$
3	平行四边形	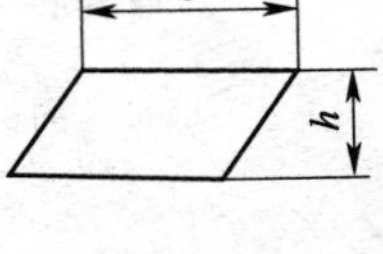 b, h	面积 $A=bh$ $h=\frac{A}{b}$ $b=\frac{A}{h}$

续表

序号	名称	示图	计算公式
4	菱形		面积 $A=\dfrac{dh}{2}$
5	梯形		面积 $A=\dfrac{a+b}{2}h$
6	斜梯形		面积 $A=\dfrac{(H+h)\ a+bh+cH}{2}$
7	等边三角形		面积 $A=\dfrac{ah}{2}=0.433a^2=0.578h^2$ $a=1.155h$ $h=0.866a$
8	直角三角形		面积 $A=\dfrac{ab}{2}$ $h=\dfrac{ab}{c}$
9	圆形		面积 $A=\dfrac{1}{4}\pi D^2=\pi R^2$ 周长 $c=\pi D$

续表

序号	名称	示图	计算公式
10	椭圆形	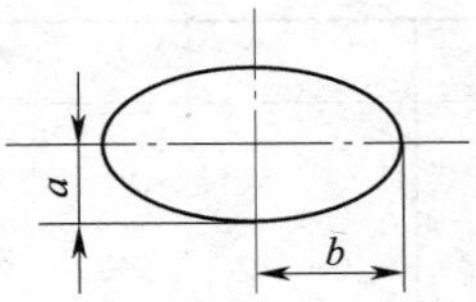 a, b	面积 $A=\pi ab$
11	圆环形	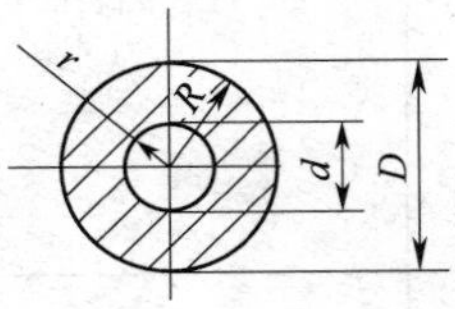 r, R, d, D	面积 $A=\frac{\pi}{4}(D^2-d^2)=0.785(D^2-d^2)$ $=\pi(R^2-r^2)$
12	扇形	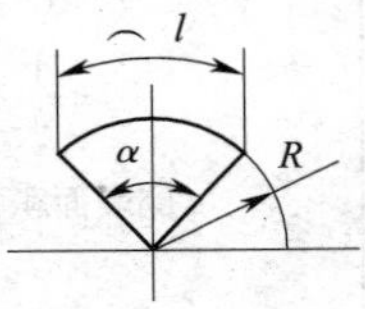 l, α, R	面积 $A=\frac{\pi R^2\alpha}{360°}=0.008\ 727\alpha R^2=\frac{Rl}{2}$ $l=\frac{\pi R\alpha}{180°}=0.01745R\alpha$
13	正多边形	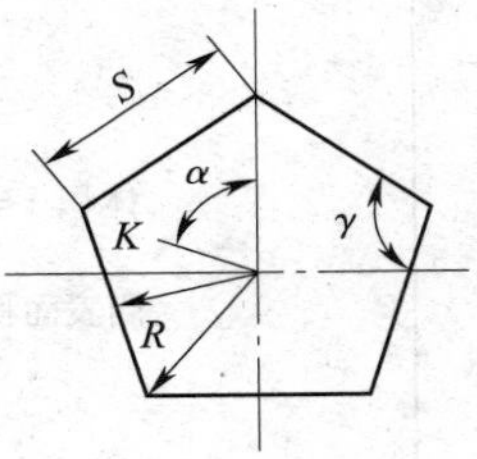 S, α, γ, K, R	面积 $A=\frac{SK}{2}n=\frac{1}{2}nSR\cos\frac{\alpha}{2}$ 圆心角 $\alpha=\frac{360°}{n}$ 内角 $\gamma=180°-\frac{360°}{n}$ 式中 S——正多边形边长 n——正多边形边数
14	弓形	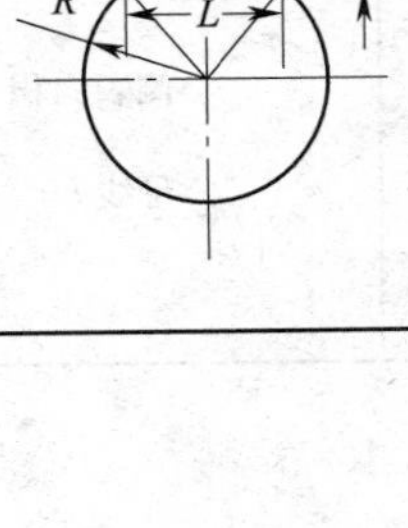 l, h, R, L	面积 $A=\frac{lR}{2}-\frac{L(R-h)}{2}$ $R=\frac{L^2+4h^2}{8h}$ $h=R-\frac{1}{2}\sqrt{4R^2-L^2}$

2．常用几何体表面积的计算公式

常用几何体表面积的计算公式见表 4—12。

表 4—12　　常用几何体表面积的计算公式

序号	名称	示图	计算公式
1	圆柱体	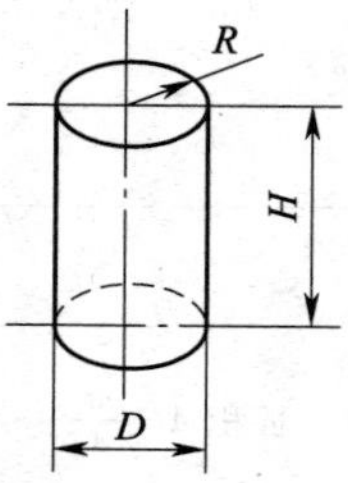	体积 $V=\pi R^2 H=\frac{1}{4}\pi D^2 H$ 侧表面积 $A_0=2\pi RH$
2	空心圆柱体	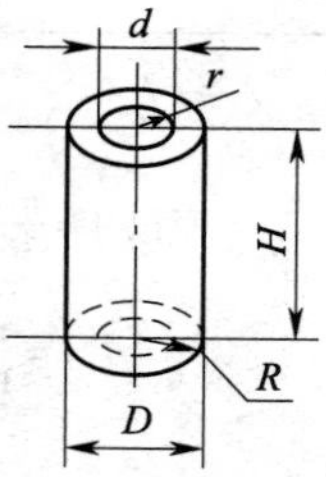	体积 $V=\pi H(R^2-r^2)$ $=\frac{1}{4}\pi H(D^2-d^2)$ 侧表面积 $A_0=2\pi H(R+r)$
3	正圆锥	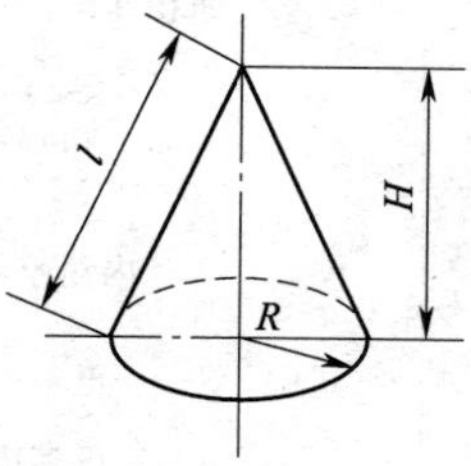	体积 $V=\frac{1}{3}\pi HR^2$ 侧表面积 $A_0=\pi Rl$
4	截顶圆锥体	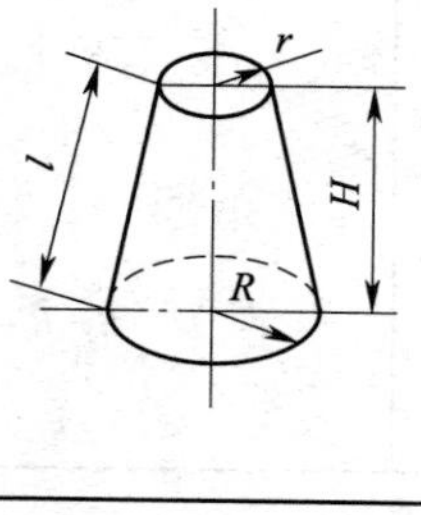	体积 $V=(R^2+r^2+Rr)\frac{\pi H}{3}$ 侧表面积 $A_0=\pi l(R+r)$ 母线 $l=\sqrt{H^2+(R-r)^2}$

续表

序号	名称	示图	计算公式
5	正方体		体积 $V=a^3$
6	长方体		体积 $V=abH$
7	正六棱柱		体积 $V=2.598a^2H$
8	球体		体积 $V=\frac{3}{4}\pi R^3=\frac{1}{6}\pi D^3$ 表面积 $A_0=12.57R^2$ $=3.142D^2$

3. 圆周等分计算

圆周等分计算公式见表4—13。

表4—13　圆周等分计算公式

序号	名称	示图	计算公式
1	内接三角形	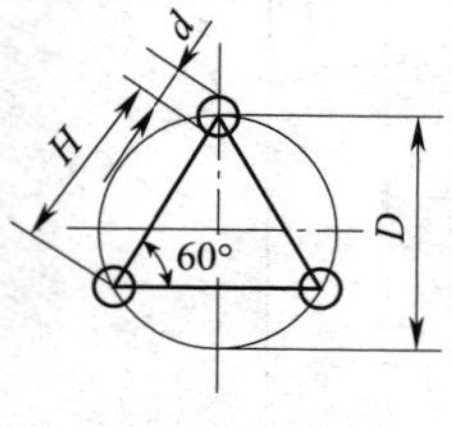 d H 60° D	$D=1.155\ (H+d)$ $H=\dfrac{D-1.155d}{1.155}$
2	内接三角形	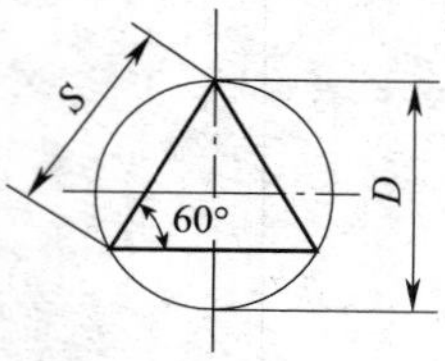 S 60° D	$D=1.154S$ $S=0.866D$
3	内接四边形	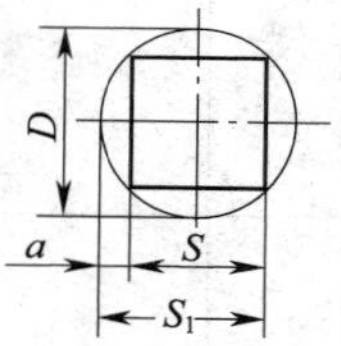 D a S S_1	$D=1.414S$ $S=0.707D$ $S_1=0.854D$ $a=0.147D=\dfrac{D-S}{2}$
4	内接五边形	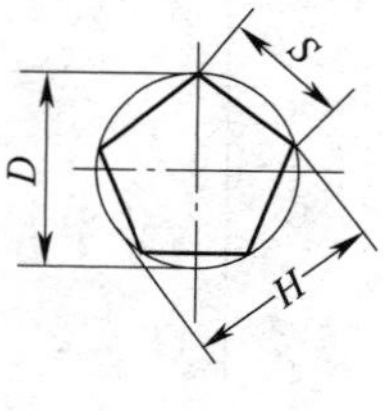 S D H	$D=1.701S$ $S=0.588D$ $H=0.951D=1.618S$
5	内接六边形	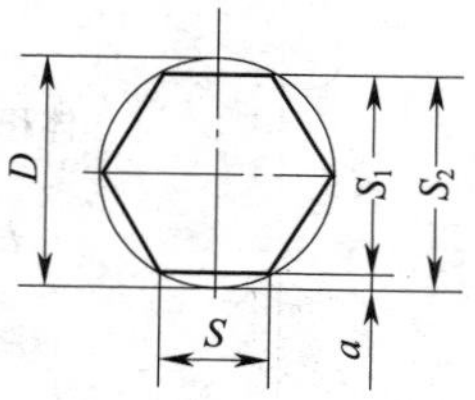 D S_1 S_2 S a	$D=2S=1.155S_1$ $S=\dfrac{1}{2}D$ $S_1=0.866D$ $S_2=0.933D$ $a=0.067D=\dfrac{D-S_1}{2}$

续表

序号	名称	示图	计算公式
6	任意多边形		$S=D\sin\frac{180°}{n}$ 式中 n——等分数

4. 角度与弧度换算

角度与弧度换算公式见表 4—14。

表 4—14　　角度与弧度换算公式

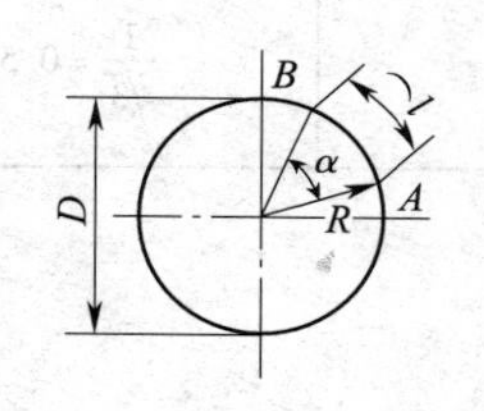	弧长 $l=R\times$弧度数 或 $l=\frac{\pi}{180}R\alpha$ $=0.017\ 453R\alpha$（弧度） $=0.008\ 727D\alpha$（弧度）

二、常用三角函数计算

常用三角函数计算公式及直角三角形的 30°、45°、60°三角函数值见表 4—15。

表 4—15　　常用三角函数计算公式及直角三角形的 30°、45°、60°三角函数值

名称	图形	
直角三角形		α 的正弦三角函数 $\sin\alpha=\frac{a}{c}$ α 的余弦三角函数 $\cos\alpha=\frac{b}{c}$ α 的正切三角函数 $\tan\alpha=\frac{a}{b}$ α 的余切三角函数 $\cot\alpha=\frac{b}{a}$ $\alpha+\beta=90°$；$c^2=a^2+b^2$

续表

名称	图形		
角 / 函数	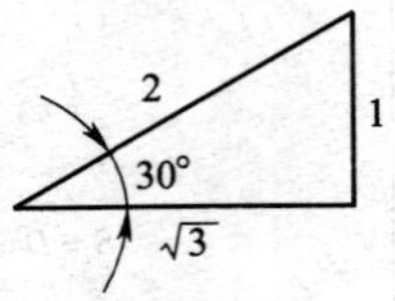 2, 1, $\sqrt{3}$, 30°	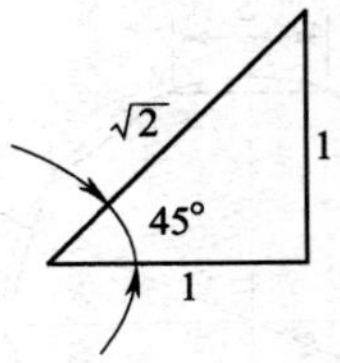 $\sqrt{2}$, 1, 1, 45°	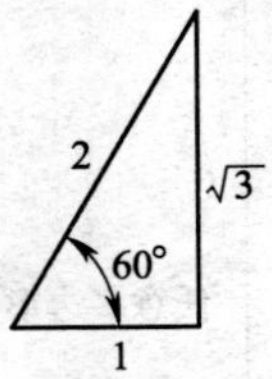 2, $\sqrt{3}$, 1, 60°
sin	$\frac{1}{2}=0.5$	$\frac{1}{\sqrt{2}}=0.707\ 11$	$\frac{\sqrt{3}}{2}=0.866\ 03$
cos	$\frac{\sqrt{3}}{2}=0.866\ 03$	$\frac{1}{\sqrt{2}}=0.707\ 11$	$\frac{1}{2}=0.5$
tan	$\frac{1}{\sqrt{3}}=0.577\ 35$	1	$\sqrt{3}$
cot	$\sqrt{3}=1.732\ 05$	1	$\frac{1}{\sqrt{3}}=0.577\ 35$
锐角三角形	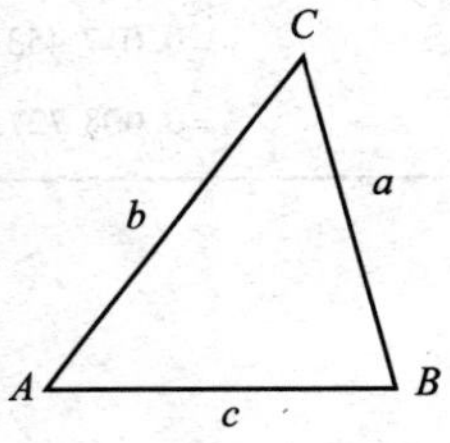 A, B, C, a, b, c	正弦定理：$\frac{a}{\sin A}=\frac{b}{\sin B}=\frac{c}{\sin C}$	
钝角三角形	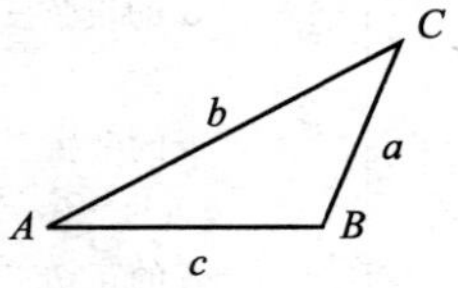 A, B, C, a, b, c	余弦定理： $a^2=b^2+c^2-2bc\cos A$ 即：$\cos A=\frac{b^2+c^2-a^2}{2bc}$ $b^2=a^2+c^2-2ac\cos B$ 即：$\cos B=\frac{a^2+c^2-b^2}{2ac}$ $c^2=a^2+b^2-2ab\cos C$ 即：$\cos C=\frac{a^2+b^2-c^2}{2ab}$	

思考题

1. 常用的数学计算公式有哪些?
2. π 的近似分数是什么?
3. 铁的密度是多少?
4. 铜的密度是多少?
5. 铝的密度是多少?
6. 正弦定理公式如何表示?
7. 等边三角形的边长 a 为 10，垂线高 h 为多少?
8. 在锐角为 30°的直角三角形中，对边与斜边、对边与邻边之比各为多少?

第5章 常用金属材料与热处理知识

第1节 常用金属材料表示方法及识别

一、碳素钢的牌号及表示方法

碳素钢简称碳钢，是最基本的铁碳合金。它是指在冶炼时没有特意加入合金元素，且含碳量大于0.021 8%、小于2.11%的铁碳合金。由于碳素钢容易冶炼，价格低廉，具有较好的力学性能和优良的工艺性能，可满足一般机械零件、工具和日常轻工产品的使用要求。因此，碳素钢在机械制造、建筑、交通运输等许多行业得到广泛的应用。

碳素钢中除铁和碳两种元素外，还不可避免地在冶炼过程中从生铁、脱氧剂等炉料中加入一些其他杂质元素，其中主要有硅、锰、硫、磷等元素，这些元素的存在必然会对钢的性能产生一定的影响。碳素钢按钢的含碳量不同可分为低碳钢（含碳量小于0.25%）、中碳钢（含碳量为0.25%～0.60%）和高碳钢（含碳量大于0.60%）。我国钢材的牌号用化学元素符号、汉语拼音字母和阿拉伯数字相结合的方法来表示。

1.（普通）碳素结构钢

碳素结构钢是工程中应用最多的钢种，其产量占钢总产量的70%～80%。碳素结构钢的杂质和非金属夹杂物较多，但冶炼容易，工艺性好，价格低廉，产量大，在性能上能满足一般工程结构及普通零件的要求，因而应用普遍。碳素结构钢通常轧制成钢板和各种型材，用于厂房、桥梁、船舶等建筑结构或一些受力不大的机械零件，如铆钉、螺钉、螺母等。

根据国家标准《碳素结构钢》（GB/T 700—2006）规定，碳素结构钢牌号由以下四部分组成：

（1）屈服强度字母 Q，代表屈服强度，“屈”字的汉语拼音字母字头。

（2）屈服强度数值，单位为 MPa。

（3）质量等级符号 A、B、C、D 级，从 A 到 D 依次提高。

（4）脱氧方法符号。F——沸腾钢，b——半镇静钢，Z——镇静钢，TZ——特殊镇静钢。符号 Z 与 TZ 在钢号组成表示方法中予以省略。

例如，Q235A · F 表示屈服强度为 235 MPa 的 A 级沸腾钢，如图 5—1 所示。

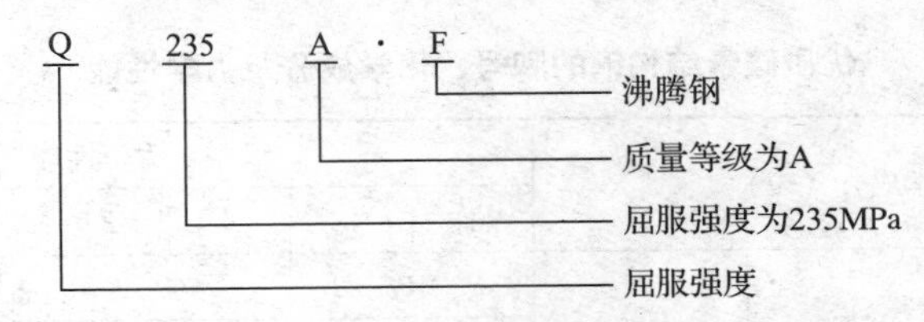

图 5—1　碳素结构钢牌号说明

碳素结构钢的牌号、化学成分及力学性能见表 5—1。

表 5—1　　碳素结构钢的牌号、化学成分及力学性能

牌号	等级	化学成分（%）					脱氧方法	力学性能		
		w_C	w_{Mn}	w_{Si}	w_S	w_P		R_{eL}（MPa）	R_m（MPa）	A（%）
				不大于						
Q195	—	0.06~0.12	0.25~0.50	0.30	0.050	0.045	F、b、Z	195	315~390	33
Q215	A	0.09~0.15	0.25~0.55	0.30	0.050	0.045	F、b、Z	215	335~450	31
	B				0.045					
Q235	A	0.14~0.22	0.30~0.65	0.30	0.050	0.045	F、b、Z	235	375~460	26
	B	0.12~0.20	0.30~0.70		0.045					
	C	≤0.18	0.35~0.80	0.30	0.040	0.040	Z、TZ			
	D	≤0.17			0.035	0.035				
Q255	A	0.18~0.28	0.40~0.70	0.30	0.050	0.045	Z	255	410~550	24
	B				0.045					
Q275	—	0.28~0.38	0.50~0.80	0.35	0.050	0.045	Z	275	490~630	20

2. 优质碳素结构钢

优质碳素结构钢的牌号是按化学成分和力学性能确定的，钢中所含硫、磷及非金属夹杂物较少，常用于制造重要的机械零件，使用前一般都要经过热处理来改善力学性能。优质碳素结构钢的牌号用两位数字表示，这两位数字表示该钢平均含碳量的万分数，例如，45表示平均含碳量为0.45%的优质碳素结构钢；08表示平均含碳量为0.08%的优质碳素结构钢。

优质碳素结构钢根据钢中含锰量的不同，分为普通含锰量钢（w_{Mn}=0.35%～0.80%）和较高含锰量钢（w_{Mn}=0.7%～1.2%）两组。较高含锰量钢在牌号后面标出元素符号“Mn”，如50Mn等。若为沸腾钢或为了适应某些专门用途的专用钢，则在牌号后面标出规定的符号，例如，10F是平均含碳量为0.10%的优质碳素结构钢中的沸腾钢；20G是平均含碳量为0.20%的优质碳素结构钢中的锅炉用钢。

优质碳素结构钢的牌号、化学成分及力学性能见表5—2。

表5—2　优质碳素结构钢的牌号、化学成分及力学性能

牌号	化学成分（%）			力学性能						
				R_{eL}	R_m	A	Z	a_K	HBW	
	w_C	w_{Si}	w_{Mn}	MPa		%		J/cm²	热轧钢	退火钢
				不小于					不大于	
08F	0.05～0.11	≤0.03	0.25～0.50	175	295	35	60	—	131	—
08	0.05～0.12	0.17～0.37	0.35～0.65	195	325	33	60	—	131	—
10F	0.07～0.14	≤0.07	0.25～0.50	185	315	33	55	—	137	—
10	0.07～0.14	0.17～0.37	0.35～0.65	205	335	31	55	—	137	—
15F	0.12～0.19	<0.07	0.25～0.50	205	355	29	55	—	143	—
15	0.12～0.19	0.17～0.37	0.35～0.65	225	375	27	55	—	143	—
20	0.17～0.24	0.17～0.37	0.35～0.65	245	410	25	55	—	156	—
25	0.22～0.30	0.17～0.37	0.50～0.80	275	450	23	50	88.3	170	—
30	0.27～0.35	0.17～0.37	0.50～0.80	295	490	21	50	78.5	179	—
35	0.32～0.40	0.17～0.37	0.50～0.80	315	530	20	45	68.7	187	—
40	0.37～0.45	0.17～0.37	0.50～0.80	335	570	19	45	58.8	217	187
45	0.42～0.50	0.17～0.37	0.50～0.80	355	600	16	40	49	241	197
50	0.47～0.55	0.17～0.37	0.50～0.85	375	630	14	40	39.2	241	207
55	0.52～0.60	0.17～0.37	0.50～0.80	380	645	13	35	—	255	217
60	0.57～0.65	0.17～0.37	0.50～0.80	400	675	12	35	—	255	229
65	0.62～0.70	0.17～0.37	0.50～0.80	410	695	10	30	—	255	229
70	0.67～0.75	0.17～0.37	0.50～0.80	420	715	9	30	—	269	229
75	0.72～0.80	0.17～0.37	0.50～0.80	880	1 080	7	30	—	285	241
80	0.77～0.85	0.17～0.37	0.50～0.80	930	1 080	6	30	—	285	241
85	0.82～0.90	0.17～0.37	0.50～0.80	980	1 130	6	30	—	302	255
15Mn	0.12～0.19	0.17～0.37	0.50～0.80	245	410	26	55	—	163	—

续表

牌号	化学成分（%）			力学性能						
				R_{eL}	R_m	A	Z	a_K	HBW	
	w_C	w_{Si}	w_{Mn}	MPa		%		J/cm²	热轧钢	退火钢
				不小于					不大于	
20Mn	0.17～0.24	0.17～0.37	0.70～1.00	275	450	24	50	—	197	—
25Mn	0.22～0.30	0.17～0.37	0.70～1.00	295	490	22	50	88.3	207	—
30Mn	0.27～0.35	0.17～0.37	0.70～1.00	315	540	20	45	78.5	217	187
35Mn	0.32～0.40	0.17～0.37	0.70～1.00	335	560	19	45	68.7	229	195
40Mn	0.37～0.45	0.17～0.37	0.70～1.00	355	590	17	45	58.8	229	207
45Mn	0.42～0.50	0.17～0.37	0.70～1.00	375	620	15	40	49	241	217
50Mn	0.48～0.56	0.17～0.37	0.70～1.00	390	645	13	40	39.2	255	217
60Mn	0.57～0.65	0.17～0.37	0.70～1.00	410	695	11	35	—	269	229
65Mn	0.62～0.70	0.17～0.37	0.90～1.20	430	735	9	30	—	285	229
70Mn	0.67～0.75	0.17～0.37	0.90～1.20	450	785	8	30	—	285	229

08～25 钢的含碳量低，属于低碳钢。这类钢的强度、硬度较低，塑性、韧性及焊接性能良好，主要用于制造冲压件、焊接结构件及强度要求不高的机械零件、渗碳件，如压力容器、小轴、销子、法兰盘、螺钉和垫圈等。

30～55 钢属于中碳钢。这类钢具有较高的强度和硬度，其塑性和韧性随含碳量的增加而逐步降低，切削性能良好。这类钢经调质处理后能获得较好的综合力学性能，主要用于制造受力较大的机械零件，如连杆、曲轴、齿轮和联轴器等。

60 钢以上的牌号属于高碳钢。这类钢具有较高的强度、硬度和弹性，但焊接性能不好，切削性能稍差，冷变形塑性差，主要用于制造具有较高强度、耐磨性和弹性的零件，如弹簧垫圈、板簧和螺旋弹簧等弹性零件及耐磨零件。

二、常用不锈钢的牌号及表示方法

不锈钢主要是指在空气、水、盐水、酸及其他腐蚀性介质中具有高度化学稳定性的钢。不锈钢是不锈钢和耐酸钢的统称，能抵抗大气腐蚀的钢称为不锈钢，而在一些化学介质（如酸类）中能抵抗腐蚀的钢称为耐酸钢。不锈钢不一定耐酸，而耐酸钢一般都具有良好的耐腐蚀性。

随着不锈钢中含碳量的增加，其强度、硬度和耐磨性提高，但耐腐蚀性下降，因此大多数不锈钢的含碳量都较低，有些钢的含碳量甚至低于0.03%（如00Cr18Ni9Ti）。不锈钢中的基本合金元素是铬，只有当含铬量达到一定值时不锈钢才具有良好的耐腐蚀性。因此，不锈钢中的含铬量都在13%以上。不锈钢中还含有镍、钛、锰、氮、铌等元素，以进一步提高耐腐蚀性或塑性。

常用的不锈钢按化学成分不同可分为铬不锈钢、铬镍不锈钢和铬锰不锈钢等；按金相组织特点不同又可分为奥氏体不锈钢、马氏体不锈钢和铁素体不锈钢等。

1. 奥氏体不锈钢

奥氏体不锈钢是应用范围最广泛的不锈钢，其含碳量很低（$w_C \leqslant 0.15\%$），含铬量为18%，含镍量为9%，这种不锈钢习惯上称为18－8型不锈钢，属于铬镍不锈钢。常用的奥氏体不锈钢有1Cr18Ni9、0Cr18Ni9N等。

奥氏体不锈钢的含碳量极低，由于镍的加入，采用固溶处理后（即将钢加热到1 050～1 150℃，然后水冷），可以获得单相奥氏体组织，具有很高的耐腐蚀性和耐热性，其耐腐蚀性高于马氏体不锈钢。同时，它具有高塑性，适宜冷加工成形，焊接性能良好。此外，它无磁性，故可用于制造抗磁零件。因此，奥氏体不锈钢广泛应用于在强腐蚀介质中工作的化工设备、抗磁仪表等。

2. 马氏体不锈钢

马氏体不锈钢的含碳量为0.10%～1.20%，淬火后能得到马氏体，故称为马氏体不锈钢，它属于铬不锈钢。这类钢都要经过淬火、回火后才能使用。马氏体不锈钢的耐腐蚀性、塑性和焊接性能都不如奥氏体不锈钢和铁素体不锈钢，但由于它具有较好的力学性能，能与一般的耐腐蚀性相结合，故应用广泛。含碳量较低的1Cr13、2Cr13等可用于制造力学性能较高且要有一定耐腐蚀性的零件，如汽轮机叶片、医疗器械等；含碳量较高的3Cr13、4Cr13、7Cr13等可用于制造医用手术器具、量具及轴承等耐磨零件。

马氏体不锈钢锻造后须退火，以降低硬度，改善切削加工性能。在冲压后也须进行退火，以消除硬化现象，提高塑性，便于进一步加工。

3. 铁素体不锈钢

铁素体不锈钢的含碳量小于0.12%，含铬量为11.50%～30%，属于铬不锈钢。铬是缩小奥氏体相区的元素，可使钢获得单相铁素体组织，即使将钢从室温加热到高温（900～1 100℃），其组织也不会发生显著变化。铁素体不锈钢具有良好的高温抗氧化性（700℃以下），特别是耐腐蚀性较好，但其力学性能不如马氏体不锈钢，塑性不及奥氏体不锈钢，故多用于受力不大的耐酸结构件或作为抗氧化钢使用，如各种家用不锈钢厨具、餐具等。

常用的铁素体不锈钢有 1Cr17、00Cr30Mo2 等。常用不锈钢的成分、热处理、力学性能及用途见表 5—3。

表 5—3　　常用不锈钢的成分、热处理、力学性能及用途

类别	牌号	化学成分（%）		热处理	力学性能			用途
		w_C	w_{Cr}	（℃）	R_{eL}（MPa）	A（%）	HBW	
奥氏体型	1Cr18Ni9	≤0. 15	17. 0 ~ 19. 0	固溶处理 1 010 ~ 1 150 快冷	≥520	≥40	≤187	硝酸、化工、化肥等工业设备零件
	0Cr19Ni9N	≤0. 08	18. 0 ~ 20. 0	固溶处理 1 010 ~ 1 050 快冷	≥649	≥35	≤217	在 0Cr19Ni9 钢中加入氮，强度提高，塑性基本不降低，作为硝酸、化工等工业设备结构用强度零件
	00Cr18Ni10N	0. 03	17. 0 ~ 19. 0	1 010 ~ 1 150	≥549	≥40	≤217	化学、化肥及化纤工业用的耐腐蚀材料
	1Cr18Ni9Ti	<0. 12	17. 0 ~ 19. 0	固溶处理 1 000 ~ 1 100 快冷	≥539	≥40	≤187	耐酸容器、管道及化工焊接件等
	0Cr18Ni11Nb	≤0. 08	17. 0 ~ 19. 0	固溶处理 920 ~ 1 150 快冷	≥520	≥40	≤187	铬镍钢焊芯、耐酸容器、抗磁仪表、医疗器械等
铁素体型	1Cr17	≤0. 12	16. 0 ~ 18. 0	785 ~ 850 空冷或缓冷	≥400	≥20	≤187	耐腐蚀性良好的通用钢种，用于建筑装潢、家用电器、家庭用具等
	00Cr30Mo2	≤0. 01	28. 5 ~ 32. 0	900 ~ 1 050 快冷	≥450	≥22	≤187	耐腐蚀性很好，制造苛性碱及有机酸设备

续表

类别	牌号	化学成分（%）		热处理	力学性能			用途
		w_{C}	w_{Cr}	（℃）	R_{eL}（MPa）	A（%）	HBW	
马氏体型	1Cr13	≤0.15	11.5～13.5	950～1 000 油冷 700～750 回火	≥539	≥25	≤187	汽轮机、水压机阀、螺栓、螺母等以及承受冲击的结构零件
	2Cr13	0.16～0.25	12.0～14.0	920～980 油冷 600～750 回火	≥588	≥16	≤187	
	3Cr13	0.26～0.40	12.0～14.0	920～980 油冷 600～750 回火	≥735	≥12	≤217	硬度较高的耐腐蚀、耐磨零件和工具，如热油泵轴、阀门、滚动轴承、医用手术器具
	3Cr13Mo	0.28～0.35	12.0～14.0	1 020～1 075 油冷 200～300 回火				

三、碳素工具钢的牌号及表示方法

碳素工具钢用于制造刀具、模具和量具。由于大多数工具都要求高硬度和高耐磨性，故碳素工具钢的含碳量均在0.70%以上，都是优质钢或高级优质钢。

碳素工具钢的牌号以汉字“碳”的汉语拼音字母字头“T”及阿拉伯数字表示，其数字表示钢中平均含碳量的千分数。例如，T8 表示平均含碳量为0.80%的优质碳素工具钢。若为高级优质碳素工具钢，则在其牌号后面标以字母A。例如，T12A 表示平均含碳量为1.2%的高级优质碳素工具钢，如图5—2所示。

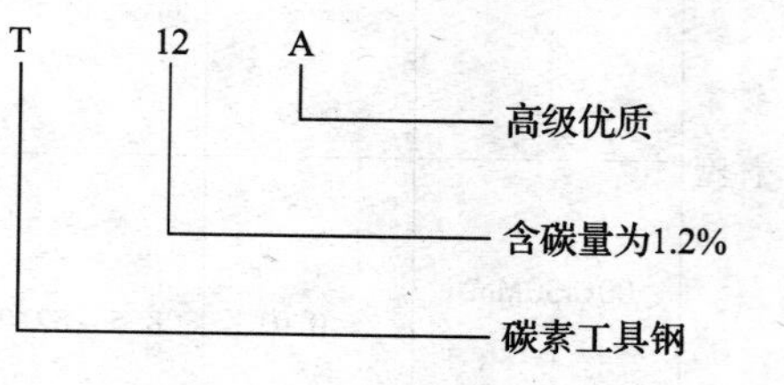

图5—2　碳素工具钢牌号说明

碳素工具钢的牌号包括 T7、T8、T9、T10、T11、T12 和 T13。

碳素工具钢的牌号、化学成分及力学性能见表 5—4。

表 5—4　　碳素工具钢的牌号、化学成分及力学性能

<table>
<tr><th rowspan="2">牌号</th><th colspan="5">化学成分</th><th colspan="2">热处理</th><th rowspan="2">应用举例</th></tr>
<tr><th>w_C</th><th>w_{Mn}</th><th>w_{Si}</th><th>w_S</th><th>w_P</th><th>淬火温度（℃）</th><th>HRC不小于</th></tr>
<tr><td>T7</td><td>0.65～0.75</td><td rowspan="2">≤0.40</td><td rowspan="8">≤0.35</td><td rowspan="8">≤0.03</td><td rowspan="8">≤0.035</td><td>800～820淬火</td><td rowspan="8">62</td><td rowspan="3">受冲击、有较高硬度和耐磨性要求的工具，如钻头、模具等</td></tr>
<tr><td>T8</td><td>0.75～0.84</td><td rowspan="2">780～800淬火</td></tr>
<tr><td>T8Mn</td><td>0.80～0.90</td><td>0.40～0.60</td></tr>
<tr><td>T9</td><td>0.85～0.94</td><td rowspan="5">≤0.40</td><td rowspan="5">760～780淬火</td><td rowspan="3">受中等冲击载荷的工具和耐磨机件，如刨刀、冲模、丝锥、游标卡尺等</td></tr>
<tr><td>T10</td><td>0.95～1.04</td></tr>
<tr><td>T11</td><td>1.05～1.14</td></tr>
<tr><td>T12</td><td>1.15～1.24</td><td rowspan="2">不受冲击而要求有较高硬度的工具和耐磨机件，如锉刀、刮刀、量具等</td></tr>
<tr><td>T13</td><td>1.25～1.35</td></tr>
</table>

各种牌号的碳素工具钢经淬火后的硬度相差不大，但是随着含碳量的增加，未溶的二次渗碳体增多，钢的耐磨性提高，韧性降低。因此，不同牌号的工具钢用于制造不同使用要求的工具。

四、低合金工具钢的牌号及表示方法

合金工具钢主要用于制造车刀、铣刀、钻头等各种金属切削刀具。刃具钢要求具有高硬度、高耐磨性、高红硬性及足够的强度和韧性等。

低合金工具钢是在碳素工具钢的基础上加入少量合金元素的钢。钢中主要加入铬、锰、硅等元素，目的是提高钢的淬透性，同时提高钢的强度；加入钨、钒等强碳化物形成元素，目的是提高钢的硬度和耐磨性，并防止加热时过热，保持晶粒细小。低合金工具钢与碳素工具钢相比提高了淬透性，能制造尺寸较大的刀具，可在冷却较缓慢的介质（如油）中淬火，使变形倾向减小。这类钢的硬度和耐磨性也比碳素工具钢高。由于合金元素加入量不大，故一般工作温度不得超过300℃。

9SiCr和CrWMn钢是最常用的低合金工具钢。

由于9SiCr钢中加入了铬和硅，使其具有较高的淬透性和回火稳定性，碳化物细小、均匀，红硬性可达300℃，因此，适用于制造切削刃细薄的低速切削刀具，如丝锥、圆板牙、铰刀等，如图5—3所示。

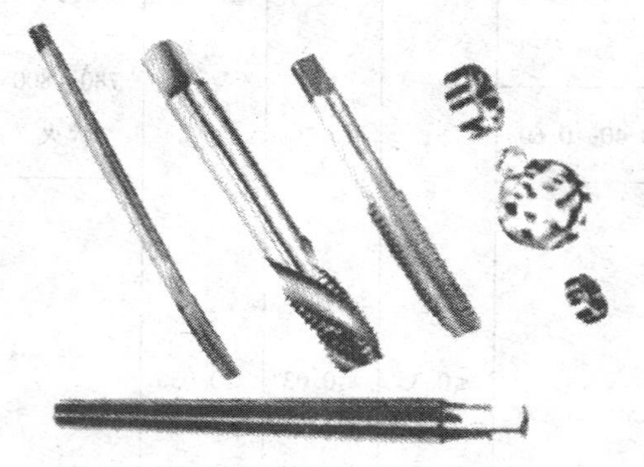

图5—3　低速切削刀具

CrWMn钢的含碳量为0.90%～1.05%，铬、钨、锰同时加入，使钢具有很高的硬度（64～66HRC）和耐磨性，但红硬性不如9SiCr钢。CrWMn钢热处理后变形小，故又称为微变形钢，主要用于制造较精密的低速切削刀具（如铰刀、圆板牙、丝锥等）和量具等。

常用低合金工具钢的牌号、化学成分及用途见表5—5。

表5—5　常用低合金工具钢的牌号、化学成分及用途

牌号	化学成分（%）				热处理（℃）	硬度HRC	用途
	w_C	w_{Mn}	w_{Si}	w_{Cr}			
9SiCr	0.85～0.95	0.30～0.60	1.20～1.60	0.95～1.25	830～860油冷	≥62	冷冲模、铰刀、拉刀、圆板牙、丝锥、搓丝板等
CrWMn	0.85～0.95	0.80～1.10	≤0.4	0.90～1.20	820～840油冷	≥62	要求淬火后变形小的工具，如长丝锥、长铰刀、量具、形状复杂的冷冲模等

续表

牌号	化学成分（%）				热处理（℃）	硬度 HRC	用途
	w_C	w_{Mn}	w_{Si}	w_{Cr}			
9Mn2V	0.75～0.85	1.70～2.00	≤0.4	—	780～810 油冷	≥60	量具、精密丝杠、圆板牙等
9Cr2	0.85～0.95	≤0.4	≤0.4	1.30～1.70	820～850 油冷	≥62	尺寸较大的铰刀、车刀等刀具

五、高速钢的牌号及表示方法

高速钢是一种具有高红硬性、高耐磨性的合金工具钢，钢中含有较多的碳（0.7%～1.5%）和大量的钨、铬、钒、钼等强碳化物形成元素。高的含碳量是为了保证形成足够量的合金碳化物，并使高速钢具有高的硬度和耐磨性；钨和钼是提高钢红硬性的主要元素；铬主要提高钢的淬透性；钒能显著提高钢的硬度、耐磨性和红硬性，并能细化晶粒。高速钢的红硬性可达600℃，切削时能长期保持刃口锋利，故又称为锋钢。

高速钢具有高红硬性、高耐磨性和足够的强度，故常用于制造切削速度较高的刀具（如车刀、铣刀、钻头等）和形状复杂、载荷较大的成形刀具（如齿轮铣刀、拉刀等），如图 5—4 所示。此外，高速钢还可用于制造冷挤压模及某些耐磨零件。

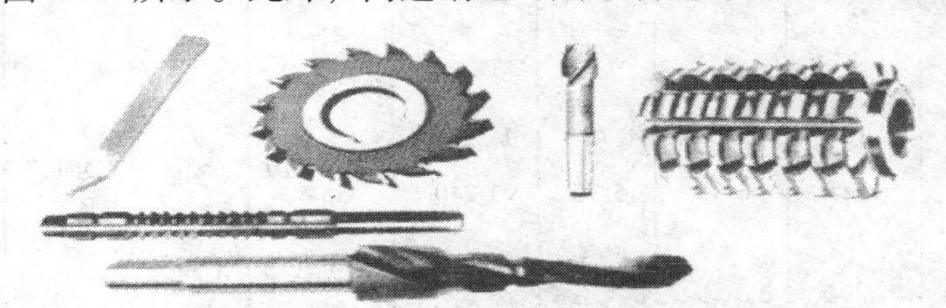

图 5—4　高速钢成形刀具

常用高速钢的牌号、主要化学成分、热处理及用途见表 5—6。

表 5—6　　常用高速钢的牌号、主要化学成分、热处理及用途

牌号	主要化学成分（%）			热处理（℃）		硬度 HRC		用途
	w_C	w_W	w_{Mo}	淬火	回火	回火后的硬度	热硬度	
W18Cr4V	0.70～0.80	17.50～19.00	≤0.30	1 260～1 300	550～570	63～66	61.5～62	制造一般高速切削用车刀、刨刀、钻头、铣刀等

续表

牌号	主要化学成分（%）			热处理（℃）		硬度 HRC		用途
	w_C	w_W	w_{Mo}	淬火	回火	回火后的硬度	热硬度	
95W18Cr4V	0.90 ~ 1.00	17.50 ~ 19.00	≤0.30	1 260 ~ 1 280	570 ~ 580	67.5	64 ~ 65	切削不锈钢及其他硬或韧材料时，可显著延长刀具的使用寿命，降低工件表面粗糙度值
W6Mo5Cr4V2	0.80 ~ 0.90	5.75 ~ 6.75	4.75 ~ 5.75	1 220 ~ 1 240	550 ~ 570	63 ~ 66	60 ~ 61	制造要求耐磨性和韧性配合很好的刀具，如丝锥、钻头等
W6Mo5Cr4V3	1.10 ~ 1.25	5.75 ~ 6.75	4.75 ~ 5.75	1 220 ~ 1 240	550 ~ 570	>65	64	制造要求耐磨性和红硬性较高、耐磨性和韧性配合较好的、形状复杂的刀具
W12Cr4V4Mo	1.25 ~ 1.40	11.50 ~ 13.00	0.90 ~ 1.20	1 240 ~ 1 270	550 ~ 570	>65	64 ~ 64.5	制造形状简单的刀具或仅需很少磨削的刀具。其优点是硬度、红硬性高，耐磨性优越，使用寿命长；缺点是韧性有所降低

续表

牌号	主要化学成分（%）			热处理（℃）		硬度 HRC		用途
	w_C	w_W	w_{Mo}	淬火	回火	回火后的硬度	热硬度	
W18Cr4VCo10	0.70 ~ 0.80	18.00 ~ 19.00	—	1 270 ~ 1 320	540 ~ 590	66 ~ 68	64	制造形状简单、截面较粗的刀具，如直径大于 15 mm 的钻头及某些车刀；而不适宜制造形状复杂的薄刃成形刀具或承受单位载荷较高的小截面刀具
W6Mo5Cr4V2Co8	0.80 ~ 0.90	5.50 ~ 6.70	4.80 ~ 6.20	1 220 ~ 1 260	540 ~ 590	64 ~ 66	64	用于加工难切削材料，如高温合金、不锈钢等
W6Mo5Cr4V2A1	1.10 ~ 1.20	5.75 ~ 6.75	4.50 ~ 5.50	1 220 ~ 1 250	550 ~ 570	67 ~ 69	65	加工一般材料时，使用寿命为 W18Cr4V 的两倍；切削难加工材料时，使用寿命接近钴高速钢

六、铸铁的牌号及表示方法

铸铁是含碳量大于 2.11% 的铁碳合金。工业上常用铸铁的含碳量一般在 2.5% ~ 4.0% 范围内。此外，还含有硅、锰、硫、磷等元素。

铸铁是应用非常广泛的一种金属材料，机床的床身、台虎钳的钳体和底座等都是用铸铁制成的。在各类机器的制造中，若按质量百分比计算，铸铁占整个机器质量的45%～90%。

铸铁与钢相比，虽然力学性能较低，但是具有良好的铸造性能和切削加工性能，生产成本低，并具有优良的消音、减振、耐压、耐磨、耐腐蚀等性能，因而得到广泛应用。

1．根据铸铁在结晶过程中的石墨化程度分类

（1）灰铸铁

灰铸铁即在结晶过程中充分石墨化的铸铁，其游离碳全部以石墨状态存在，断口呈暗灰色。工业上所用的铸铁几乎全部都属于这类铸铁。

灰铸铁的牌号由“灰铁”二字的汉语拼音字母字头“HT”及一组表示最低抗拉强度数值的数字组成。灰铸铁的牌号和应用见表5—7。

表5—7　灰铸铁的牌号和应用

牌号	最低抗拉强度（MPa）	应用举例
HT100	100	适用于负荷小，对摩擦、磨损无特殊要求的零件，如盖板、支架、手轮等
HT150	150	适用于承受中等负荷的零件，如机床支柱、底座、刀架、齿轮箱、轴承座等
HT200	200	适用于承受较大负荷的零件，如机床床身和立柱、汽车发动机缸体和缸盖、轮毂、联轴器、液压缸、齿轮、飞轮等
HT250	250	
HT300	300	适用于承受高负荷的重要零件，如大型发动机的曲轴、齿轮、凸轮，高压液压缸的缸体、缸套、缸盖、阀体、泵体等
HT350	350	

（2）白口铸铁

白口铸铁即在结晶过程中石墨化全部被抑制，完全按照Fe—Fe_3C状态图进行结晶而得到的铸铁，这类铸铁组织中碳全部呈化合碳状态，形成渗碳体，并具有莱氏体组织，其断口呈银白色，性能硬而脆，不易加工，所以很少用它直接制造机械零件，主要用做炼钢原料。

（3）麻口铸铁

麻口铸铁即在结晶时未得到充分石墨化的铸铁，其组织介于白口铸铁与灰铸铁之间，含有不同程度的莱氏体，具有较大的硬脆性，工业上很少应用。

2．根据铸铁中石墨的形态分类

（1）普通灰铸铁

石墨呈曲片状存在于铸铁中，简称灰铸铁或灰铁，是目前应用最广泛的一种铸铁。

（2）可锻铸铁

由一定成分的白口铸铁经过石墨化退火而获得，其中石墨呈团絮状存在于铸铁中，有较高的韧性和一定的塑性。应注意的是可锻铸铁虽称“可锻”，但实际上是不能锻造的。

（3）球墨铸铁

铁液在浇注前经球化处理，使析出的石墨呈球状存在于铸铁中，简称球铁。由于石墨呈球状，所以其力学性能比普通灰铸铁高很多，因而在生产中的应用日益广泛。

球墨铸铁的牌号是由“球铁”二字的汉语拼音字母字头“QT”及两组数字组成的，两组数字分别代表其最低抗拉强度和断后伸长率。如 QT400－18 表示球墨铸铁，其最低抗拉强度为 400 MPa，断后伸长率为 18%。球墨铸铁的牌号及用途见表 5—8。

表 5—8　　球墨铸铁的牌号及用途

牌号	用　途
QT400－18	汽车轮毂、驱动桥壳体、差速器壳体、离合器壳体、拨叉、阀体、阀盖等
QT400－15	
QT450－10	
QT500－7	发动机的油泵齿轮、铁路车辆轴瓦、飞轮等
QT600－3	柴油机曲轴，轻型柴油机凸轮轴、连杆、气缸盖、进气及排气门座，磨床、铣床、车床的主轴，矿车车轮等
QT700－2	
QT800－2	
QT900－2	汽车锥齿轮、转向节、传动轴，发动机曲轴、凸轮轴等

（4）蠕墨铸铁

铁液在浇注前经蠕化处理，使析出的石墨呈蠕虫状存在于铸铁中，简称蠕铁。其性能介于优质灰铸铁与球墨铸铁之间。

蠕墨铸铁是近代发展起来的一种新型结构材料。它是在高碳、低硫、低磷的铁液中加入蠕化剂（目前采用的蠕化剂有镁钛合金、稀土镁钛合金或稀土镁钙合金），经蠕化处理后，使石墨变为短蠕虫状的高强度铸铁。蠕虫状石墨介于片状石墨和球状石墨之间，金属基体与球墨铸铁相近。这种铸铁的性能介于优质灰铸铁和球墨铸铁之间，抗拉强度和疲劳强度相当于铁素体球墨铸铁，减振性、导热性、耐磨性、切削加工性能和铸造性能近似于灰铸铁。蠕墨铸铁主要应用于承受循环载荷、要求组织致密、强度要求较高、形状复杂的零件，如气缸盖、进气管、排气管、液压件和钢锭模等。表 5—9 所列为蠕墨铸铁的牌号、力学性能及用途。

表5—9　　球墨铸铁的牌号、力学性能及用途

牌号	R_m(MPa)	R_{eL}(MPa)	A（%）	HBW	用途
	不小于				
RUT420	420	335	0.75	200～280	适用于制造强度或耐磨性要求高的零件，如活塞、制动盘、制动鼓、玻璃模具等
RUT380	380	300	0.75	193～274	
RUT340	340	270	1.00	170～249	适用于制造强度、刚度和耐磨性要求高的零件，如飞轮、制动鼓、玻璃模具等
RUT300	300	240	1.50	140～217	适用于制造强度要求高及承受热疲劳的零件，如排气管、气缸盖、液压件、钢锭模等
RUT260	260	195	3.00	121～197	适用于制造承受冲击载荷及热疲劳的零件，如汽车的底盘零件、增压器、废气进气壳体等

七、有色金属的牌号及表示方法

通常把黑色金属以外的金属称为有色金属，也称为非铁金属。有色金属中密度小于3.5 g/cm^{3}的（如铝、镁、铍等）称为轻金属；密度大于3.5 g/cm^{3}的（如铜、镍、铅等）称为重金属。有色金属的产量及用量虽不如黑色金属，但其具有许多特殊性能，如导电性和导热性好、密度及熔点较低、力学性能和工艺性能良好，因此它是现代工业，特别是国防工业不可缺少的材料。

常用的有色金属有铜及铜合金、铝及铝合金、钛及钛合金和轴承合金等。

1. 纯铜

纯铜呈紫红色，故又称紫铜，如图5—5所示。

纯铜的密度为8.96×10^3 kg/m^3，熔点为1 083℃，其导电性和导热性仅次于金和银，是最常用的导电、导热材料。它的塑性非常好，易于冷、热压力加工，在大气及淡水中有良好的耐腐蚀性能，但纯铜在含有二氧化碳的潮湿空气中表面会产生绿色铜膜，称为铜绿。

图5—5　铜丝

纯铜中常含有 0.05% ~0.30% 的杂质（主要有铅、铋、氧、硫和磷等），它们对铜的力学性能和工艺性能有很大的影响。纯铜一般不用于制作受力的结构零件，常用冷加工方法制造电线、电缆、铜管以及配制铜合金等。

铜加工产品按化学成分不同可分为工业纯铜和无氧铜两类，我国工业纯铜有三个牌号，即一号铜（含铜量不小于 99.95%）、二号铜（含铜量不小于 99.90%）和三号铜（含铜量不小于 99.70%），其代号分别为 T1、T2、T3；无氧铜的含氧量极低，一般不大于 0.003%，其代号有 TU1、TU2，“U”是“无”字的汉语拼音字头。

纯铜的牌号、化学成分及用途见表 5—10。

表 5—10　　纯铜的牌号、化学成分及用途

组别	牌号	化学成分（%）				用途
		w_{Cu}（不小于）	杂质		杂质总量	
			w_{Bi}	w_{Pb}		
工业纯铜	T1	99.95	0.001	0.003	0.05	作为导电、导热、耐腐蚀的器具材料，如电线、蒸发器、雷管、储藏器等
	T2	99.90	0.001	0.005	0.1	
	T3	99.70	0.002	0.01	0.3	一般用材，如开关触头、导油管、铆钉等
无氧铜	TU1	99.97	0.001	0.003	0.03	真空电子器件、高导电性的导线和元件
	TU2	99.95	0.001	0.004	0.05	

2. 铜合金

纯铜强度低，虽然冷加工变形可提高其强度，但塑性显著降低，不能制造受力的结构件。为了满足制造结构件的要求，工业上广泛采用在铜中加入合金元素而制成性能得到强化的铜合金，常用的铜合金可分为黄铜、白铜和青铜三大类。

（1）黄铜

黄铜是以锌为主加合金元素的铜合金。其具有良好的力学性能，易加工成形，对大气、海水有相当好的耐腐蚀能力，是应用最广的有色金属材料，如图 5—6 所示。

黄铜按其所含合金元素的种类，可分为普通黄铜和特殊黄铜两类，按生产方式，可分为压力加工黄铜和铸造黄铜两类。

1）普通黄铜。普通黄铜是 Cu - Zn 的二元合金。普通黄铜又分为单相黄铜和双相黄铜两类，当含锌量小于 39% 时，锌全部溶于铜中形成 α 固溶体，即单相黄铜；当含锌量大于等于 39% 时，除了有 α 固溶体外，组织中还出现了以化合物

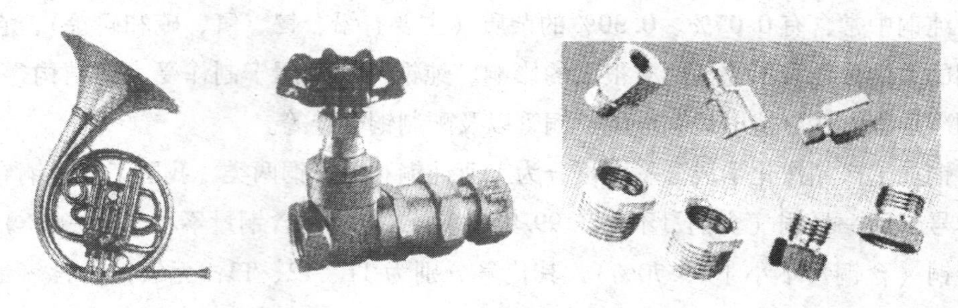

图5—6　黄铜的应用

CuZn 为基体的 β 固溶体，即形成 α + β 的双相黄铜。锌含量对黄铜力学性能的影响如图5—7所示。含锌量在32%以下时，随含锌量的增加，黄铜的强度和塑性不断提高，当含锌量达到30%～32%时，黄铜的塑性最好。当含锌量超过39%以后，由于出现了 β 相，强度继续升高，但塑性迅速下降。当含锌量大于45%以后，强度也开始急剧下降，所以工业上所用的黄铜含锌量一般不超过47%。

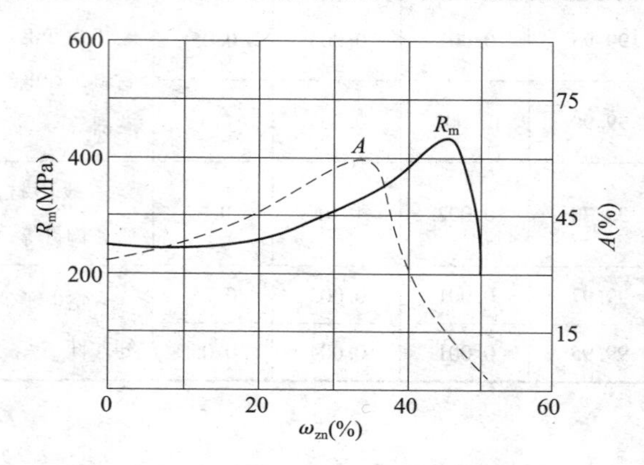

图5—7　锌含量对黄铜力学性能的影响

单相黄铜塑性很好，适于冷、热变形加工。双相黄铜强度高，热状态下塑性良好，故适于热变形加工。

2）特殊黄铜。特殊黄铜就是在普通黄铜的基础上加入锡、硅、锰、铅、铝等元素所形成的铜合金。根据加入元素的不同，分别称为锡黄铜、硅黄铜、锰黄铜、铅黄铜和铝黄铜等。它们比普通黄铜具有更高的强度、硬度和耐腐蚀性。

普通压力加工黄铜的牌号用“H + 平均含铜量”表示。如 H62 表示含铜量为62%，其余为锌的普通黄铜。

特殊压力加工黄铜的牌号用“H + 主加元素符号（除锌外）+ 平均含铜量 + 主加元素平均含量”表示。如 HMn58－2 表示含铜量为58%、含锰量为2%的特殊黄铜。

铸造黄铜，无论是普通黄铜还是特殊黄铜，牌号表示方法均由“ZCu + 主加元

素符号 + 主加元素含量 + 其他加入元素符号及含量”组成，如 ZCuZn38、ZCuZn40Mn2 等。

常用黄铜的牌号、化学成分、力学性能及用途见表 5—11。

表 5—11　　常用黄铜的牌号、化学成分、力学性能及用途

组别	牌号	化学成分（%）		力学性能			用途
		w_{Cu}	其他	R_m（MPa）	A（%）	HBW	
压力加工普通黄铜	H90	88.0～91.0	余量 Zn	260/480	45/4	53/130	双金属片、热水管、艺术品、证章等
	H68	67.0～70.0	余量 Zn	320/660	55/3	/150	复杂的冲压件、散热器、波纹管、轴套、弹壳等
	H62	60.5～63.5	余量 Zn	330/600	49/3	56/140	销钉、铆钉、螺钉、螺母、垫圈、夹线板、弹簧等
压力加工特殊黄铜	HSn90－1	88.0～91.0	0.25～0.75Sn 余量 Zn	280/520	45/5	/82	船舶上的零件，汽车和拖拉机上的弹性套管等
	HSi80－3	79.0～81.0	2.5～4.0Si 余量 Zn	300/600	58/4	90/110	船舶上的零件，在蒸汽（<250℃）条件下工作的零件等
	HMn58－2	57.0～60.0	1.0～2.0Mn 余量 Zn	400/700	40/10	85/175	弱电电路上使用的零件等
	HPb59－1	57.0～60.0	0.8～1.9Pb 余量 Zn	400/650	45/16	44/80	热冲压及切削加工零件，如销钉、螺钉、螺母、轴套等
	HPb59－3－2	57.0～60.0	2.5～3.5Al 2.0～3.0Ni 余量 Zn	380/650	50/15	75/155	船舶、电动机及其他在常温下工作的高强度、耐腐蚀零件等

续表

组别	牌号	化学成分（%）		力学性能			用途
		w_{Cu}	其他	R_m（MPa）	A（%）	HBW	
铸造黄铜	ZCuZn38	60.0～63.0	余量 Zn	295/295	30/30	60/70	法兰、阀座、手柄、螺母等
	ZCuZn25Al6－Fe3Mn3	60.0～66.0	4.5～7.0Al 2.0～4.0Fe 1.5～4.0Mn 余量 Zn	600/600	18/18	160/170	耐磨板、滑块、蜗轮、螺栓等
	ZCuZn40Mn2	57.0～60.0	1.0～2.0Mn 余量 Zn	345/390	20/25	80/90	在淡水、海水及蒸汽中工作的零件。如阀体、阀杆、泵管接头等
	ZCuZn33Pb2	63.0～67.0	1.0～3.0Pb 余量 Zn	180/	12/	50/	煤气和给水设备的壳体、仪器的构件等

（2）白铜

白铜是以镍为主加合金元素的铜合金。镍和铜在固态下能完全互溶，所以各类铜镍合金均为单相 α 固溶体，具有良好的冷、热加工性能，但不能进行热处理强化，只能用固溶强化和加工硬化来提高其强度。

白铜具有高的耐腐蚀性和优良的冷、热加工成形性，是精密仪器仪表、化工机械、医疗器械及工艺品制造中的重要材料。

白铜的牌号用“B＋镍含量”表示，三元以上的白铜用“B＋第二主加元素符号及除基元素铜外的成分数字组”表示。如 B30 表示含镍量为 30% 的白铜，BMn3－12表示含锰量为 3%、含镍量为 12% 的锰白铜。

（3）青铜

除了黄铜和白铜外，所有的铜基合金都称为青铜。按主加元素种类的不同，青铜可分为锡青铜、铝青铜、硅青铜和铍青铜等。

3. 铝及铝合金

铝是一种具有良好的导电传热性及延展性的轻金属。1 g 铝可拉成 37 m 的细丝，它的直径小于 2.5×10^{-5} m；也可展成面积达 50 m^2 的铝箔，其厚度只有 8×10^{-7} m。铝的导电性仅次于银、铜，具有很高的导电能力，被大量用于电气设备和高压电缆。如今铝已被广泛应用于制造金属器具、工具、体育设备等。

铝中加入少量的铜、镁、锰等，形成坚硬的铝合金，它具有坚硬美观、轻巧耐用、长久不锈的优点，是制造飞机的理想材料。据统计，一架飞机大约有 50 万个用硬铝做的铆钉。用铝和铝合金制造的飞机元件质量占飞机总质量的 70%。每枚导弹的用铝量占其总质量的 10% ~15%。国外已有用铝材铺设的火车轨道。铝及铝合金的应用如图 5—8 所示。

图 5—8　铝及铝合金的应用

（1）铝及铝合金的性能特点

1）密度小，熔点低，导电性、导热性好，磁化率低。纯铝的密度为 2.72 g/cm^3，仅为铁的 1/3 左右，熔点为 660.4℃，导电性仅次于铜、金、银。铝合金的密度也很低，熔点更低，但导电性、导热性不如纯铝。铝及铝合金的磁化率极低，属于非铁磁材料。

2）抗大气腐蚀性能好。铝和氧的化学亲和力大，在空气中，铝及铝合金表面会很快形成一层致密的氧化膜，可防止内部继续氧化；但在碱和盐的水溶液中，氧化膜易破坏，因此不能用铝及铝合金制作的容器盛放盐溶液和碱溶液。

3）加工性能好。纯铝具有较高的塑性（$A=30\%\sim50\%$，$Z=80\%$），易于压力成形加工，并有良好的低温性能。纯铝的强度低，虽经冷变形强化，但也不能直接用于制造受力的结构件；而铝合金通过冷成形和热处理，具有低合金钢的强度。

铝及铝合金被广泛应用于电气工程、航空航天、汽车制造及生活等各个领域。

（2）铝及铝合金的分类、代号、牌号和用途

铝及铝合金的分类如图 5—9 所示。

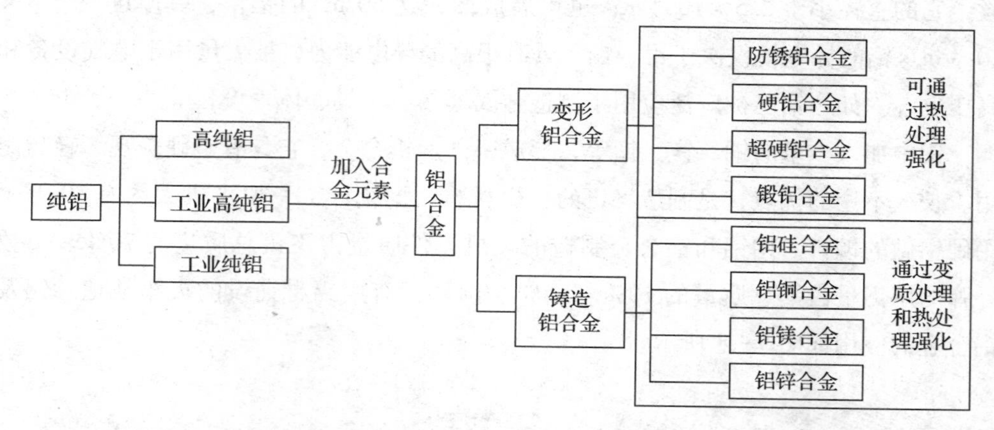

图5—9　铝及铝合金的分类

1）纯铝。纯铝按纯度分为高纯铝、工业高纯铝和工业纯铝三类。

高纯铝：含铝量为99.93%～99.996%，用于科研，代号为L01～L04。

工业高纯铝：含铝量为99.85%～99.9%，用做铝合金的原料、特殊化学器械等，代号为L00、L0。

工业纯铝：含铝量为98.0%～99.0%，用做管、线、板材和棒材，代号为L1～L6。

高纯铝代号后的编号数字越大，纯度越高；工业纯铝代号后的编号数字越大，纯度越低。工业纯铝的牌号、化学成分及用途见表5—12。

表5—12　　工业纯铝的牌号、化学成分及用途

代号	牌号	化学成分（%）		用途
		w_{Al}	杂质总量	
L1	1070	99.7	0.3	垫片、电容、电子管隔离罩、电线、电缆、导电体和装饰件
L2	1060	99.6	0.4	
L3	1050	99.5	0.5	
L4	1035	99.0	1.0	
L5	1100	99.0	1.0	不受力而具有某种特性的零件，如电线保护套管、通信系统的零件、垫片和装饰件

2）铝合金。根据成分特点和生产方式的不同，铝合金可分为变形铝合金和铸造铝合金。变形铝合金根据性能的不同，又可分为防锈铝、硬铝、超硬铝和锻铝四种。

按照国家标准规定，防锈铝、硬铝、超硬铝和锻铝代号分别用LF、LY、LC、

LD等字母及一组顺序号表示，如LF5、LY1、LC4、LD5等；铸造铝合金按加入的主要合金元素的不同，可分为Al-Si系、Al-Cu系、Al-Mg系和Al-Zn系合金，其代号用“ZL”两个字母和三个数字表示，其中第一位数字表示合金的类别（1为Al-Si系，2为Al-Cu系，3为Al-Mg系，4为Al-Zn系），后两位为合金的序号，如ZL102、ZL203、ZL302、ZL401等。常用变形铝合金和铸造铝合金的牌号、力学性能及用途分别见表5—13和表5—14。

表5—13 常用变形铝合金的牌号、力学性能及用途

类别	旧牌号	牌号	半成品种类	状态	力学性能		用途
					R_m（MPa）	A（%）	
防锈铝合金	LF2	5A02	冷轧板材 热轧板材 挤压板材	O H112 O	167~226 117~157 ≤226	16~18 6~7 10	在液体中工作的中等强度的焊接件、冷冲压件和容器、骨架零件等
	LF21	3A21	冷轧板材 热轧板材 挤制厚壁管材	O H112 H112	98~147 108~118 ≤167	18~20 12~15 —	要求高的可塑性和良好的焊接性，在液体或气体介质中工作的轻载荷零件，如油箱、油管、液体容器、饮料罐等
硬铝合金	LY11	2A11	冷轧板材（包铝） 挤压棒材 拉挤制管材	O T4 O	226~230 353~373 ≤245	12 10~12 10	用做各种要求中等强度的零件和构件、冲压的连接部件、空气螺旋桨叶片、局部镦粗的零件（如螺栓、铆钉）
	LY12	2A12	冷轧板材（包铝） 挤压棒材 拉挤制管材	T4 T4 O	407~427 250~275 ≤245	10~13 8~12 10	用量最大，用做各种要求高载荷的零件和构件（但不包括冲压件和锻件），如飞机上的骨架零件、蒙皮、翼梁、铆钉等
	LY8	2B11	铆钉线材	T4	J225	—	主要用做铆钉材料

续表

类别	旧牌号	牌号	半成品种类	状态	力学性能		用途
					R_m（MPa）	A（%）	
超硬铝合金	LC3	7A03	铆钉线材	T6	J284	—	受力结构的铆钉
超硬铝合金	LC4 LC9	7A04 7A09	挤压棒材 冷轧板材 热轧板材	T6 O T6	490～510 ≤240 490	5～7 10 3～6	用做承力构件和高载荷零件，如飞机上的大梁、桁条、加强框、蒙皮、翼肋、起落架零件等，通常多用以取代2A12
锻铝合金	LD5	2A50	挤压棒材	T6	353	12	用做形状复杂、中等强度的锻件和冲压件，发动机活塞、压气机叶片、叶轮、圆盘以及其他在高温下工作的复杂锻件
锻铝合金	LD7	2A70	挤压棒材	T6	353	8	
锻铝合金	LD8	2A80	挤压棒材	T6	432～441	8～10	
锻铝合金	LD10	2A14	热轧板材	T6	432	5	高负荷、形状简单的锻件和模锻件

注：状态符号采用GB/T 16475—1996规定符号：O——退火，T4——固溶热处理＋自然时效，T6——固溶热处理＋人工时效，H112——单纯加工硬化。

表5—14　　常用铸造铝合金的牌号、力学性能及用途

合金牌号	化学成分（%）				铸造方法与合金状态	力学性能（不低于）			用途
	w_{Si}	w_{Cu}	w_{Mg}	其他		R_m（MPa）	A（%）	HBW	
ZL101	6.5～7.5	—	0.25～0.45	—	J、T5 S、T5	202 192	2 2	60 60	工作温度低于185℃的飞机、仪器零件，如汽化器
ZL102	10.0～13.0	—	—	—	J、F SB、F SB、T2	153 143 133	2 4 4	50 50 50	工作温度低于200℃，承受轻载、气密性的零件，如仪表、抽水机壳体

续表

合金牌号	化学成分（%）				铸造方法与合金状态	力学性能（不低于）			用途
	w_{Si}	w_{Cu}	w_{Mg}	其他		R_m (MPa)	A (%)	HBW	
ZL105	4.5~5.5	1.0~1.5	0.4~0.6	—	J、T5 S、T5 S、T6	231 212 222	0.5 1.0 0.5	70 70 70	形状复杂、在225℃以下工作的零件，如风冷发动机的气缸头、油泵体、机壳
ZL108	11.0~13.0	1.0~2.0	0.4~1.0	0.3~0.9 Mn	J、T1 J、T6	192 251	—	85 90	有高温强度及低膨胀系数要求的零件，如高速发动机活塞等耐热零件
ZL201	—	4.5~5.3	—	0.6~1.0 Mn 0.15~0.35 Ti	S、T4 S、T5	290 330	8 4	70 90	在 175~300℃以下工作的零件，如内燃机气缸、活塞、支臂
ZL301	—	—	9.0~11.5	—	S、T4	280	9	60	在大气或海水中工作，工作温度低于150℃，承受大振动载荷的零件
ZL401	6.0~8.0	—	0.1~0.3	9.0~13.0 Zn	J、T1 S、T1	241 192	1.5 2	90 80	工作温度低于200℃，形状复杂的汽车、飞机零件

注：铸造方法与合金状态的符号：J——金属型铸造；S——砂型铸造；B——变质处理；F——铸态；T1——人工时效；T2——退火；T4——固溶处理+自然时效；T5——固溶处理+不完全人工时效；T6——固溶处理+完全人工时效。

八、识别工件材料材质的方法

生产中常常通过火花来鉴别钢号混杂的钢材、碳素钢的含碳量、钢材表层的脱碳情况、材料中所含合金元素类别等。

1. 火花鉴别的原理及火花的组成

（1）火花鉴别的原理

在旋转着的砂轮上打磨钢试件，试件上脱落下来的钢屑在惯性力作用下飞溅出来，形成一道道或长或短、或连续或间断的火花射线（主流线）。根据试件与砂轮的接触压力不同、钢的成分不同，火花射线也各不相同。全部射线组成火花束。飞溅的钢屑达到高温时，钢和钢中的伴生元素（特别是碳、硅和锰）在空气中烧掉。因为碳的氧化物 CO 和 CO_2是气体，这些小的赤热微粒在离开砂轮一定距离时产生类似于爆炸的现象，于是便爆裂成火花，所以可根据流线和火花的特征来鉴别钢材的成分。

（2）火花的组成

1）火束。火束就是钢试件在砂轮上磨削时所产生的全部火花。火束可分为根部、中部和尾部三部分，如图 5—10 所示。

2）流线。流线就是火束中明亮的线条。不同化学成分的钢流线形状不同，例如碳钢火束中的流线均呈直线状，铬钢和铬镍钢火束中常夹有波浪流线，钨钢和高速钢火束中常出现断续流线，如图 5—11 所示。

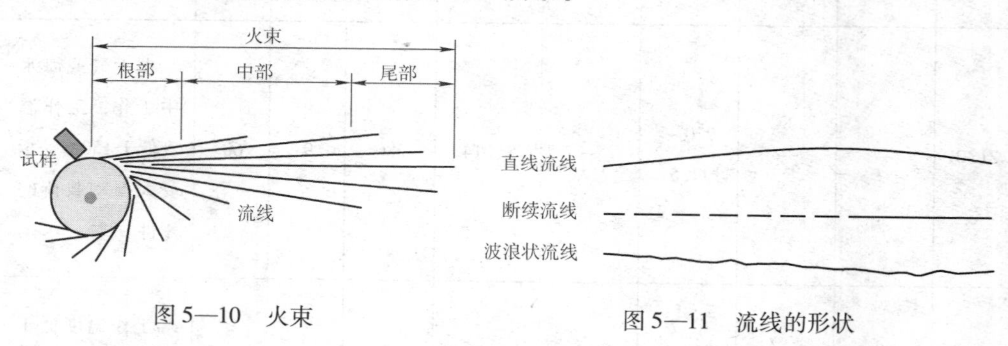

图 5—10　火束

图 5—11　流线的形状

3）节点与芒线。流线中途爆裂的地方称为节点，由节点发射出来的细流线称为芒线，如图 5—12 所示。

4）爆花与花粉。爆花就是在流线上由节点、芒线所组成的火花。由于钢中含碳量的不同，发射出来的芒线次数也不同，只有一次爆裂的芒线称为一次花；在一次爆花的芒线上，又一次发生爆裂时所形成的爆花称为二次花，等等。因此，爆花又分为一次花、二次花、三次花及多次花。一般爆花上芒线越多，含碳量越高。分散在爆花之间的点状火花称为花粉。出现花粉是高碳钢火花的特点，如图5—13所示。

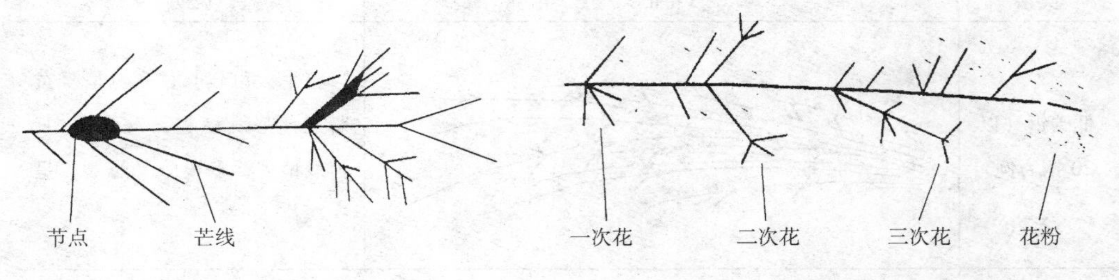

图5—12　节点和芒线

图5—13　爆花的各种形式

5）尾花。尾花就是火束尾部的火花。根据尾花形状，可以判断钢中合金元素的种类。例如，直羽尾花是钢中硅元素的特征（见图5—14a）；枪尖尾花是钢中钼元素的特征（见图5—14b）；狐尾花是钢中钨元素的特征，在高速钢中常出现狐尾花（见图5—14c）。

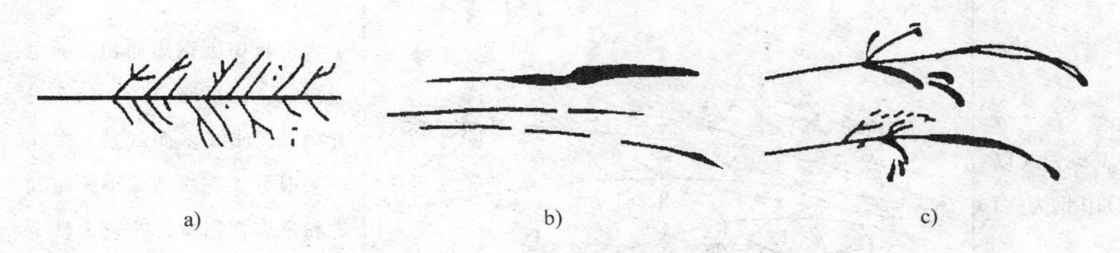

图5—14　尾花的形态

a）直羽尾花　b）枪尖尾花　c）狐尾花

2. 火花鉴别方法

火花鉴别的主要设备是砂轮机。砂轮转速一般为3 000 r/min，所用砂轮是36～60号棕刚玉砂轮，砂轮规格以ϕ150 mm×25 mm为宜。

进行火花鉴别时，操作者应戴上无色眼镜，场地光线不宜太亮，以免影响火花色泽及清晰程度。

在钢试件接触砂轮时，压力要适中，使火花向略高于水平方向发射，以便于仔细观察。从火花的颜色、形状、长短、爆花的数量和尾花的特征等多方面进行判断，必要时应备有标准钢样，用以帮助判断及比较。

一般来说，钢中含碳量越多，火花越多，火束也由长趋向短。锰、铬、钒促进火花的爆裂，钨、硅、镍、钼和铝抑制火花的爆裂。

3. 常用钢的火花特征

常用钢的火花特征见表5—15。

表 5—15　　常用钢的火花特征

类型	特征	说明
低碳钢（以 20 钢为例）	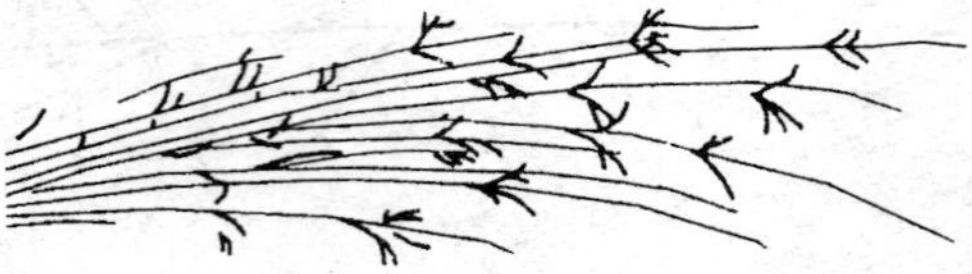	整个火束较长，颜色呈橙黄带红，芒线稍粗，发光适中，流线稍多，多根分叉爆裂，呈一次花
中碳钢（以 45 钢为例）	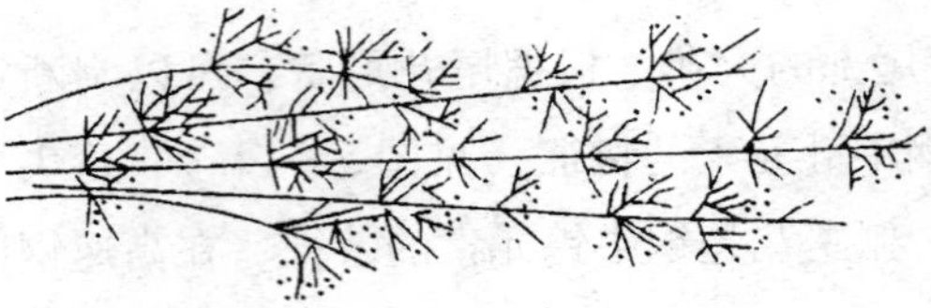	整个火束稍短，颜色呈橙黄色，发光明亮，流线多而稍细，以多根分叉二次花为主，也有三次花，花量约占整个火束的 3/5 以上，火花盛开
高碳钢（以 T10 钢为例）	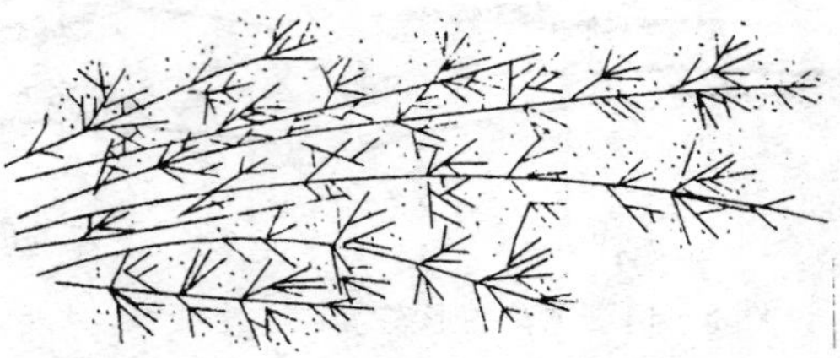	火束较中碳钢短而粗，颜色呈橙红色，根部色泽暗淡，发光稍弱，流线多而细密，爆花为多根分叉三次花，小碎花和花粉量多而密集，花量占整个火束的 5/6 以上。磨削时手感较硬
高速钢（以 W18Cr4V 钢为例）		火束细长，呈暗红色，发光极暗。由于受大量钨元素的影响，几乎无火花爆裂，仅在尾部有分叉爆裂，花量极少，流线根部及中部呈断续状态，尾部膨胀并下垂成点状狐尾花。磨削时感觉材料较硬

用图把处于运动状态的火花形状再现出来是较困难的，上述各类钢的火花图仅仅表示各种火束开始的主要特征。实际上，火花形态不断地发生变化，而且它们之间相互转换。因此要掌握火花之间的细微差别，还需要在生产实践过程中进行长期的观察和总结。

第2节　常用非金属材料知识

机械工程材料中，除金属材料外，还有有机合成高分子材料、无机非金属材料和复合材料。这些材料在工业生产中也被广泛应用。

一、高分子材料

高分子材料主要包括合成树脂、合成橡胶和合成纤维三大类。其中，以合成树脂的产量最大，应用最广。

1. 塑料的组成

塑料是指以有机合成树脂为主组成的材料。对其进行加热、加压，可塑造成一定形状的产品。在合成树脂中加入添加剂后可获得改性品种。添加剂不同，其性能也不同。塑料的组成如下。

（1）合成树脂

合成树脂是由低分子化合物通过缩聚或聚合反应形成的高分子化合物，如酚醛树脂、聚乙烯等。它是塑料的主要成分，决定塑料的基本性能。

（2）填料或增强材料

为改善塑料的力学性能，常加入一些填料或增强材料，如石墨、三硫化钼、石棉纤维和玻璃纤维等。

（3）固化剂

是为了使塑料的线型高聚合物加热后交联成网状体型高聚合物并固结硬化而附加的材料，如酚醛树脂中常加入六亚甲基四胺等固化剂。

（4）增塑剂

是用以提高树脂可塑性和柔软性的添加剂。如聚氯乙烯树脂中加入邻苯二甲酸二丁酯，可变为如同橡胶一样的软塑料。

（5）稳定剂

合成树脂中常加入炭黑以及酚类、胺类等有机物，以防受热、光作用使塑料过早老化。

（6）着色剂

为获得各种颜色的塑料，根据需要常加入适量的有机染料或无机颜料着色。

（7）阻燃剂

氧化锑等无机物和磷酸酯类、溴化合物等有机物是很好的塑性阻燃剂，将其加入其中，可有效地阻止塑料燃烧。

2．塑料的分类及特性

在工业生产中，塑料主要有两种分类方法。

（1）按照热性能分类

1）热塑性塑料。热塑性塑料加热时软化，可塑造成形，冷却后变硬。此过程可反复多次。这种塑料品种很多，如聚乙烯、聚丙烯、聚氯乙烯、聚苯乙烯、丙烯腈—丁二烯—苯乙烯共聚物（ABS）、聚甲基丙烯酸甲酯（有机玻璃）、聚酰胺（尼龙）、聚甲醛、聚碳酸酯、聚氯醚、聚对苯二甲酸乙二醇酯、氟塑料、聚苯醚、聚酰亚胺、聚砜、聚苯硫醚等。

2）热固性塑料。热固性塑料在第一次加热软化塑造成形并固化后，再加热则不能再软化，也不溶于溶剂，其品种有酚醛塑料、氨基塑料、环氧塑料、聚邻苯二甲酸二丙烯酯塑料、有机硅塑料、聚氨酯塑料等。

（2）按照使用范围分类

1）通用塑料。通用塑料是应用范围广，在一般工农业生产和人们的日常生活中不可缺少的廉价塑料，如聚氯乙烯塑料、聚苯乙烯塑料、聚烯烃塑料以及酚醛塑料和氨基塑料等。

2）工程塑料。工程塑料是具有良好的工程性能（包括力学性能、耐热耐寒性能、耐腐蚀性能和绝缘性能等）的塑料，主要有聚甲醛、聚酰胺、聚碳酸酯和 ABS 塑料四种。它们是制造工程结构、机械零件、工业容器等新型的结构材料。

3）耐热塑料。耐热塑料是能够在较高温度下工作的塑料，可在 100～200℃温度下工作的塑料有聚四氟乙烯、聚三氟氯乙烯、有机硅树脂、环氧树脂等。

二、无机非金属材料

1．无机非金属材料的组成

无机非金属材料是以某些元素的氧化物、碳化物、氮化物、卤素化合物、硼化物以及硅酸盐、铝酸盐、磷酸盐、硼酸盐等物质组成的材料，是除有机高分子材料和金属材料以外的所有材料的统称。无机非金属材料的提法是 20 世纪 40 年代以后，随着现代科学技术的发展，从传统的硅酸盐材料演变而来的。无机非金属材料是与有机高分子材料和金属材料并列的三大材料之一。

2. 无机非金属材料的特征及分类

在晶体结构上，无机非金属的晶体结构远比金属复杂，并且没有自由的电子，具有比金属键和纯共价键更强的离子键和混合键。这种化学键所特有的高键能、高键强，赋予这一大类材料以高熔点、高硬度、耐腐蚀、耐磨损、高强度和良好的抗氧化性等基本属性，以及宽广的导电性、隔热性、透光性及良好的铁电性、铁磁性和压电性。

无机非金属材料品种和名目繁多，用途各异，因此，还没有一个统一而完善的分类方法，通常把它们分为普通（传统）的和先进（新型）的无机非金属材料两大类。传统的无机非金属材料是工业和基本建设所必需的基础材料，如水泥是一种重要的建筑材料；耐火材料与高温技术，尤其与钢铁工业的发展关系密切；各种规格的平板玻璃、仪器玻璃和普通的光学玻璃，以及日用陶瓷、卫生陶瓷、建筑陶瓷、化工陶瓷和电陶瓷等，与人们的生产、生活休戚相关。它们产量大，用途广。其他产品，如搪瓷、磨料（碳化硅、氧化铝）、铸石（辉绿岩、玄武岩等）、碳素材料、非金属矿（石棉、云母、大理石等）也都属于传统的无机非金属材料。新型无机非金属材料是20世纪中期以后发展起来的，具有特殊性能和用途的材料。它们是现代新技术、新产业、传统工业技术改造、现代国防和生物医学所不可缺少的物质基础。

无机非金属材料见表5—16。

表5—16　无机非金属材料

类别	内　容
传统无机非金属材料	水泥和其他胶凝材料，如硅酸盐水泥、铝酸盐水泥、石灰、石膏等 陶瓷，如黏土质、长石质、滑石质和骨灰质陶瓷等 火材料，如硅质、硅酸铝质、高铝质、镁质、铬镁质等 玻璃，如硅酸盐 搪瓷，如钢片、铸铁、铝和铜胎等 铸石，如辉绿岩、玄武岩、铸石等 研磨材料，如氧化硅、氧化铝、碳化硅等 多孔材料，如硅藻土、蛭石、沸石、多孔硅酸盐和硅酸铝等 碳素材料，如石墨、焦炭和各种碳素制品等 非金属矿，如黏土、石棉、石膏、云母、大理石、水晶和金刚石等

续表

类别	内　容
新型无机非金属材料	绝缘材料，如氧化铝、氧化铍、滑石、镁橄榄石质陶瓷、石英玻璃和微晶玻璃等 铁电和压电材料，如钛酸钡系、锆钛酸铅系材料等 磁性材料，如锰—锌、镍—锌、锰—镁、锂—锰等铁氧体、磁记录和磁泡材料等 导体陶瓷，如钠、锂、氧离子的快离子导体和碳化硅等 半导体陶瓷，如钛酸钡、氧化锌、氧化锡、氧化钒、氧化锆等过滤金属元素氧化物系材料等 光学材料，如钇铝石榴石激光材料，氧化铝、氧化钇透明材料和石英系或多组分玻璃的光导纤维等 高温结构陶瓷，如高温氧化物、碳化物、氮化物及硼化物等难熔化合物 超硬材料，如碳化钛、人造金刚石和立方氮化硼等 人工晶体，如铝酸锂、钽酸锂、砷化镓、氟金云母等 生物陶瓷，如长石质齿材、氧化铝、磷酸盐骨材和酶的载体材料等 无机复合材料，如陶瓷基、金属基、碳素基的复合材料

三、复合材料

1. 复合材料的组成

复合材料是以一种材料为基体，另一种材料为增强体组合而成的材料。各种材料在性能上互相取长补短，产生协同效应，使复合材料的综合性能优于原组成材料，从而满足各种不同的要求。复合材料的基体材料分为金属和非金属两大类。金属基体常用的有铝、镁、铜、钛及其合金。非金属基体主要有合成树脂、橡胶、陶瓷、石墨、碳等。增强材料主要有玻璃纤维、碳纤维、硼纤维、芳纶纤维、碳化硅纤维、石棉纤维、晶须、金属丝和硬质细粒等。

复合材料使用的历史可以追溯到古代。从古至今沿用的稻草增强黏土和已使用上百年的钢筋混凝土均是由两种材料复合而成。20世纪40年代，因航空工业的需要，发展了玻璃纤维增强塑料（俗称玻璃钢），从此出现了复合材料这一名称。50年代后，陆续发展了碳纤维、石墨纤维和硼纤维等高强度和高模量纤维。70年代出现了芳纶纤维和碳化硅纤维。这些高强度、高模量纤维，能与合成树脂、碳、石墨、陶瓷、橡胶等非金属基体或铝、镁、钛等金属基体复合，构成各具特色的复合材料。

2. 复合材料的分类及特性

(1) 复合材料的分类

复合材料按其组成分为金属与金属复合材料、非金属与金属复合材料、非金属与非金属复合材料，按其结构特点又分为纤维复合材料、夹层复合材料、细粒复合材料和混杂复合材料。下面主要介绍按结构特点分类的复合材料的特性。

1）纤维复合材料。将各种纤维增强体置于基体材料内复合而成。如纤维增强塑料、纤维增强金属等。

2）夹层复合材料。由性质不同的表面材料（面材）和芯材组合而成。通常面材强度高、薄；芯材质轻、强度低，但具有一定刚度和厚度。夹层复合材料分为实心夹层复合材料和蜂窝夹层复合材料两种。

3）细粒复合材料。将硬质细粒均匀分布于基体中，如弥散强化合金、金属陶瓷等。

4）混杂复合材料。由两种或两种以上增强相材料混杂于一种基体相材料中构成。与普通单增强相复合材料相比，其冲击韧度、疲劳强度和断裂韧度显著提高，并具有特殊的热膨胀性能。混杂复合材料分为层内混杂、层间混杂、夹芯混杂、层内/层间混杂和超混杂复合材料。

(2) 复合材料的特性

复合材料中以纤维增强材料应用最广、用量最大。其特点是比重小，比强度和比模量大。例如碳纤维与环氧树脂复合的材料，其比强度和比模量均比钢和铝合金大数倍。还具有优良的化学稳定性，以及减摩耐磨、自润滑、耐热、耐疲劳、耐蠕变、消声、电绝缘等性能。石墨纤维与树脂复合可得到膨胀系数几乎等于零的材料。纤维增强材料的另一个特点是各向异性，因此可按制件不同部位的强度要求设计纤维的排列。以碳纤维和碳化硅纤维增强的铝基复合材料，在500℃时仍能保持足够的强度和模量。碳化硅纤维与钛复合，不但钛的耐热性提高，且耐磨损，可用于制作发动机风扇叶片。碳化硅纤维与陶瓷复合，使用温度可达1 500℃，比超合金涡轮叶片的使用温度（1 100℃）高得多。碳纤维增强碳、石墨纤维增强碳或石墨纤维增强石墨，构成耐烧蚀材料，已用于航天器、火箭、导弹和原子能反应堆中。非金属基复合材料由于密度小，用于汽车和飞机可减轻质量、提高速度、节约能源。用碳纤维和玻璃纤维混合制成的复合材料片弹簧，其刚度和承载能力与质量大5倍多的钢片弹簧相当。

第3节 材料热处理知识

一、退火和正火

机械零件一般的加工工艺顺序是：铸造或锻造→退火或正火→机械粗加工→淬火+回火（或表面热处理）→机械精加工。

从上面的加工工艺顺序可以看出，退火或正火通常安排在机械粗加工之前进行，作为预备热处理，其作用是：消除前一工序所造成的某些组织缺陷及内应力，改善材料的切削性能，为随后的切削加工及热处理（淬火→回火）做好组织准备。对于某些不太重要的工件，正火也可作为最终热处理。

1. 退火

(1) 退火的概念

退火是指将钢加热到适当温度，保持一定时间，然后缓慢冷却（一般随炉冷却）的热处理工艺。根据加热温度和目的不同，常用的退火方法有完全退火、去应力退火和球化退火，三种退火方法和应用场合见表5—17。

表5—17　常用退火方法和应用场合

退火方法	定义	组织特点及目的	应用场合
完全退火	将钢加热到完全奥氏体化，即加热至 Ac_3 以上30～50℃，保温一定时间后，随炉缓慢冷却的工艺方法	加热：组织全部转变为奥氏体 冷却：奥氏体转变为细小而均匀的铁素体和珠光体，从而达到细化晶粒，充分消除内应力，降低钢的硬度，为随后的切削加工和淬火做好组织准备的目的	主要用于中碳钢及低、中碳合金结构钢的锻件、铸件、热轧型材等，有时也用于焊接件。过共析钢不宜采用完全退火，因为过共析钢完全退火需加热到 Ac_{cm} 以上，在缓慢冷却时，钢中将析出网状渗碳体，使钢的力学性能变坏
球化退火	将钢加热到 Ac_1 以上20～30℃，保温一定时间，以不大于50℃/h的速度随炉冷却，以得到球状珠光体组织的工艺方法	将片层状的珠光体转变为呈球形细小颗粒的渗碳体，弥散分布在铁素体基体之中。降低硬度，便于切削加工，防止淬火加热时奥氏体晶粒粗大，减小工件变形和开裂倾向	用于共析钢及过共析钢，如碳素工具钢、合金工具钢、滚动轴承钢等。这些钢在锻造加工以后须进行球化退火才适于切削加工，同时也可为最后的淬火处理做好组织准备

续表

退火方法	定义	组织特点及目的	应用场合
去应力退火	将钢加热到略低于 A_1 的温度（一般 500 ~ 650℃），保温一定时间后缓慢冷却的工艺方法	由于去应力退火时温度低于 A_1，所以钢件在去应力退火过程中不发生组织上的变化，目的是消除内应力	因为零件中存在的内应力十分有害，会使零件在加工及使用过程中发生变形，影响工件的精度。因此，锻造、铸造、焊接以及切削加工后（精度要求高）的工件，应采用去应力退火来消除内应力

（2）退火的目的

1）降低硬度，提高塑性，以利于切削加工和冷变形加工。

2）细化晶粒，均匀组织，为后续热处理做好组织准备。

3）消除残余内应力，防止工件变形与开裂。

2. 正火

（1）正火的概念

正火是指将钢加热到 Ac_3 或 Ac_{cm} 以上 30 ~ 50℃，保温适当的时间后，在空气中冷却的工艺方法。由于正火的冷却速度比退火快，故正火后可得到索氏体组织（细珠光体），组织比较细，强度、硬度比退火钢高。

（2）正火的目的

通常，金属材料最适合切削加工的硬度为 170 ~ 230HBW。因此，作为预备热处理，对欲进行切削加工的钢件，应尽量使其硬度处于这一硬度范围内。

（3）正火的特点

与退火相比，正火是在炉外冷却，不占用加热设备，生产周期短，生产效率高，能量消耗少，工艺简单、经济，因此，低碳钢和中碳钢多采用正火来代替退火。

对于高碳钢，由于正火后硬度过高较难进行切削加工，所以不能以正火代替退火。但对于存在网状渗碳体的过共析钢，不能直接进行球化退火，必须先通过正火以消除钢中的网状渗碳体组织，再进行球化退火。

此外，对于力学性能要求不太高的零件，正火还可以作为其最终热处理（为满足最终使用要求而进行的热处理）。但若零件形状较复杂，由于正火冷却速度较快，可能会使零件产生较大的内应力和变形甚至开裂，则以采用退火为宜。

二、淬火和回火

当锉刀、铣刀完成机械粗加工后，为满足其使用性能，必须再提高它们的强度、硬度并保持一定的韧性，以承受工作时受到的强烈挤压、摩擦和冲击。为此，在粗加工之后、精加工之前，还要对它们进行淬火和回火。

1. 淬火

将钢件加热到 Ac_3或 Ac_1 以上的适当温度，经保温后快速冷却（冷却速度大于 $v_{临}$），以获得马氏体或下贝氏体组织的热处理工艺称为淬火。淬火的目的是为了获得马氏体组织，提高钢的强度、硬度和耐磨性。

淬火是热处理工艺过程中最重要，也是最复杂的一种工艺，因为它的冷却速度很快，容易造成变形及裂纹。如果冷却速度慢，又达不到所要求的硬度，则淬火常常是决定产品最终质量的关键。为此，除了零件结构设计合理外，还要在淬火加热和冷却的操作上加以严密的考虑和采取有效的措施。

传统的淬火冷却介质有油、水、盐水和碱水等，它们的冷却能力依次增加。其中，水和油是目前生产中应用最广的冷却介质。常用淬火介质的冷却特点及应用场合见表 5—18。

表 5—18　　常用淬火介质的冷却特点及应用场合

介质	水、盐水和碱水	油
冷却特点	在 550 ~ 650℃温度范围内的冷却能力较大，但在 200 ~ 300℃温度范围内的冷却能力过强，易使淬火零件变形与开裂	油的冷却能力较低，在 200 ~ 300℃温度范围内的冷却速度较慢，能减少工件变形与开裂的现象，但在 550 ~ 600℃温度范围内的冷却能力过低
应用场合	常用于尺寸不大、外形较简单的碳钢零件的淬火	对截面较大的碳钢及低合金钢不易淬硬，一般作为形状复杂的中小型合金钢零件的淬火介质

除以上介质外，目前国内外还研制了许多新型聚合物水溶液淬火介质（如聚乙烯醇水溶液），其冷却性能一般介于水和油之间，且有良好的经济效益和环境效益，是今后淬火冷却介质应用和发展的方向。

虽然各种淬火介质不符合理想的冷却特性，但在实际生产中，可根据工件的成分、尺寸、形状和技术要求选择合适的淬火方法，最大限度地减少工件的变形和开裂。

常用的淬火方法有单液淬火、双介质淬火、马氏体分级淬火和贝氏体等温淬火四种。

2. 回火

（1）回火的概念

回火是指将淬火后的钢重新加热到 Ac_1 点以下的某一温度，保温一定时间，然后冷却到室温的热处理工艺。

由于钢淬火后的组织主要是马氏体和少量的残余奥氏体，它们处于不稳定状态，会自发地向稳定组织转变，从而引起工件变形甚至开裂。因此，淬火后必须马上进行回火处理，以稳定组织，消除内应力，防止工件变形、开裂及获得所需要的力学性能。

（2）回火的目的

1）降低淬火钢的脆性和内应力，防止变形或开裂。

2）调整和稳定淬火钢的结晶组织，以保证工件不再发生形状和尺寸的改变。

3）获得需要的力学性能。通过适当的回火来获得所要求的强度、硬度和韧性，以满足各种工件的不同使用要求。淬火钢经回火后，其硬度随回火温度的升高而降低，回火一般也是热处理的最后一道工序。

在回火加热过程中，随着组织的变化，钢的性能也随之发生改变。其变化规律是：随着加热温度的升高，钢的强度、硬度下降，而塑性、韧性提高。图 5—15 所示为 40 钢的力学性能与回火温度的关系。

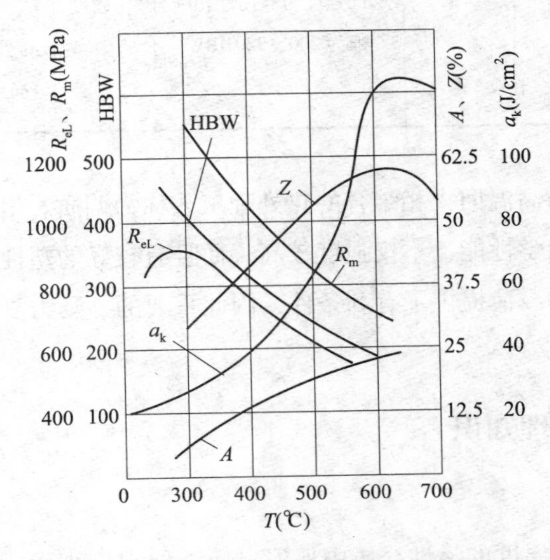

图 5—15　40 钢的力学性能与回火温度的关系

一般来说，回火钢的性能只与加热温度有关，而与冷却速度无关。但值得注意的是，回火后有些钢自538℃以上慢冷下来时其韧性会降低，这种回火后韧性降低的现象称为回火脆性。遇到这种情况，回火时可通过快冷的方法加以避免。

（3）回火的分类及应用

回火时，由于回火温度决定钢的组织和性能，所以生产中一般以工件所需的硬度来决定回火温度。根据回火温度的不同，通常将回火分为低温回火、中温回火和高温回火三类。常用的回火方法及应用场合见表5—19。

表5—19　常用的回火方法及应用场合

回火方法	加热温度	获得组织	性能特点	应用场合
低温回火	150～250℃	$M_{回}$	具有较高的硬度、耐磨性和一定的韧性，硬度可达58～64HRC	用于刀具、量具、冷冲模、拉丝模及其他要求高硬度、高耐磨性的零件
中温回火	350～500℃	$T_{回}$	具有较高的弹性极限、屈服强度和适当的韧性，硬度为40～50HRC	主要用于弹性零件及热锻模具等
高温回火	500～650℃	$S_{回}$	具有良好的综合力学性能（足够的强度与高韧性相配合），硬度一般为200～330HBW	生产中把淬火与高温回火相结合的热处理工艺称为调质。调质处理广泛用于重要的受力构件，如丝杠、螺栓、连杆、齿轮、曲轴等

生产中把淬火与高温回火相结合的热处理工艺称为调质。由于调质处理后工件可获得良好的综合力学性能，不仅强度较高，而且有较好的塑性和韧性，这就为零件在工作中承受各种载荷提供了有利条件，因此重要的、受力复杂的结构零件一般均采用调质处理。

三、化学热处理知识

1. 化学热处理

将工件置于一定温度的活性介质中保温，使一种或几种元素渗入它的表层，以改变其化学成分、组织和性能的热处理工艺称为化学热处理。与其他热处理相比，化学热处理不仅改变了钢的组织，而且表面层的化学成分也发生了变化，因而能更有效地改变零件表层的性能。

化学热处理的种类很多，根据渗入元素的不同，有渗碳、渗氮、碳氮共渗、渗硼、渗金属等。无论哪一种化学热处理方法，都是通过以下三个基本过程来完成的：

（1）分解。介质在一定的温度下发生化学分解，产生可渗入元素的活性原子。

（2）吸收。活性原子被工件表面吸收。例如活性原子溶入铁的晶格中形成固溶体，或与铁化合形成金属化合物等。

（3）扩散。指渗入工件表面层的活性原子，由表面向中心迁移的过程。渗入原子通过扩散形成一定厚度的扩散层（即渗层）。扩散要有两个基本条件：一是要有浓度差，原子只能由浓度高处向浓度低处扩散；二是扩散的原子要有一定的能量，所以化学热处理要在一定的加热条件下进行。

2. 钢的渗碳

钢的渗碳是指将钢件置于渗碳介质中加热并保温，使碳原子渗入工件表层的化学热处理工艺，其目的是提高钢件表层的含碳量。渗碳后的工件需经淬火及低温回火，才能使零件表面获得更高的硬度和耐磨性（心部仍保持较高的塑性和韧性），从而达到对零件“外硬内韧”的性能要求。

为了达到上述要求，应注意渗碳零件必须用低碳钢或低碳合金钢来制造。其工艺路线一般为：锻造→正火→机械加工→渗碳→淬火 + 低温回火。

根据渗碳介质的工作状态，渗碳方法可分为固体渗碳、盐浴渗碳和气体渗碳三种，应用最广泛的是气体渗碳。

气体渗碳是将工件置于气体渗碳剂中进行渗碳的工艺。图 5—16 所示为气体渗碳示意图，操作时先将工件置于图中所示的密封加热炉中，加热到 900 ~ 950℃。滴入煤油、丙酮、甲醇等渗碳剂。这些渗碳剂在高温下分解，产生活性碳原子。随后，活性碳原子被工件表面吸收而溶入奥氏体中，并向其内部扩散，从而形成一定深度的渗碳层。渗碳层深度主要取决于保温时间，一般可按每小时渗入 0.2 ~ 0.25 mm的速度估算，并根据所需渗碳层厚度来确定保温时间。

一般零件渗碳后，其表面含碳量控制在 0.85% ~ 1.05%，含碳量从表面到心部逐渐减少，心部仍保持原来低碳钢的含碳量。图 5—17 所示为低碳钢渗碳后缓冷的渗碳层显微组织。图中渗碳层的组织由表面向中心依次为过共析组织、共析组织、亚共析组织（过渡层），中心仍为原来的亚共析组织。

a)

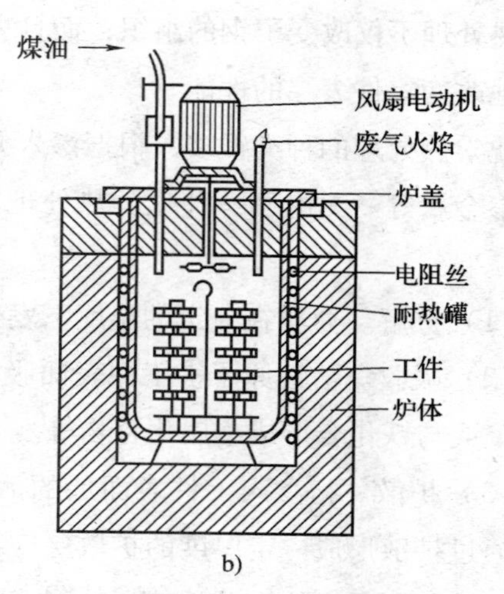

b)

图5—16　气体渗碳法及示意图

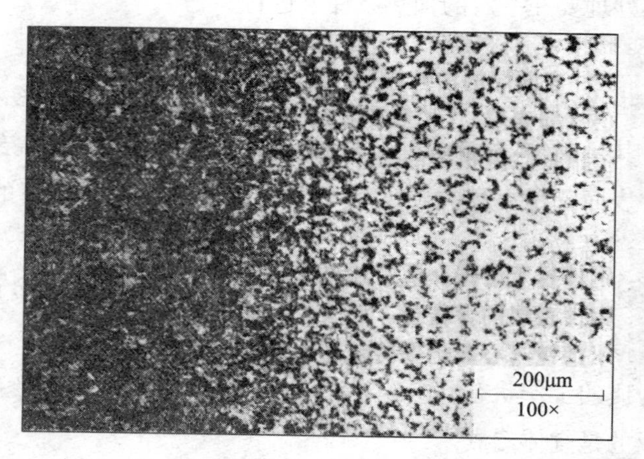

图5—17　低碳钢渗碳后缓冷的渗碳层显微组织

渗碳的工件经淬火及低温回火后，表层显微组织为细针状回火马氏体和均匀分布的细小颗粒状渗碳体，硬度高达58～64HRC。心部因是低碳钢，其显微组织仍为铁素体和珠光体（某些低碳合金钢，其心部组织为低碳回火马氏体和铁素体，硬度为30～45HRC），所以心部具有良好的综合力学性能，即较高的韧性和适当的强度。

3. 钢的渗氮

在一定温度下，使活性氮原子渗入工件表面的化学热处理工艺称为渗氮。渗氮的目的是提高零件表面的硬度、耐磨性、耐腐蚀性及疲劳强度。

（1）渗氮的特点

渗氮与渗碳相比有以下特点：

1）渗氮层具有很高的硬度和耐磨性，钢件渗氮后表层中形成稳定的金属氮化物，具有极高的硬度，所以渗氮后不用淬火就可得到高硬度，而且具有较高的红硬性。如 38CrMoAl 钢渗氮层硬度高达 1 000HV 以上（相当于 69～72HRC），而且这些性能在 600～650℃时仍可保持。

2）渗氮层还具有渗碳层所没有的耐腐蚀性，可防止水、蒸汽、碱性溶液的腐蚀。

3）渗氮比渗碳温度低（一般约 570℃），所以工件变形小。渗氮虽然具有上述特点，但它的生产周期长，成本高，渗氮层薄而脆，不宜承受集中的重载荷，这就使渗氮的应用受到一定限制。在生产中渗氮主要用来处理重要和复杂的精密零件，如精密丝杠、镗杆、排气阀、精密机床的主轴等。渗氮工件的工艺路线为：锻造→退火→机械粗加工→调质→机械精加工→去应力退火→粗磨→渗氮→精磨或研磨。

（2）渗氮方法

渗氮方法很多，目前应用最多的渗氮方法是气体渗氮和离子渗氮。

1）气体渗氮。工件在气体介质中进行渗氮称为气体渗氮。它是将工件放入密闭的炉内，加热到 500～600℃，通入氨气（NH_3），氨气分解出活性氮原子。渗氮用钢是含有铝、铬、钼等合金元素的钢，通常使用的是 38CrMoAl，其次是 35CrMo、18CrNiW 等。这样，氮原子被零件表面吸收，与钢中的合金元素铝、铬、钼形成氮化物，并向心部扩散，渗氮层薄而致密，一般仅为 0.1～0.6 mm。图 5—18 所示为渗氮层的显微组织。

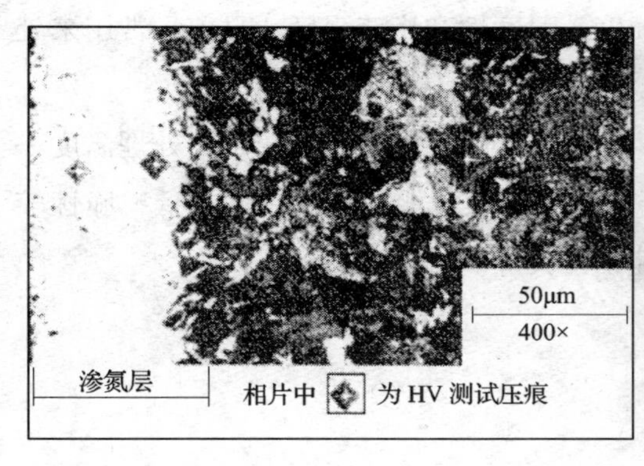

a)

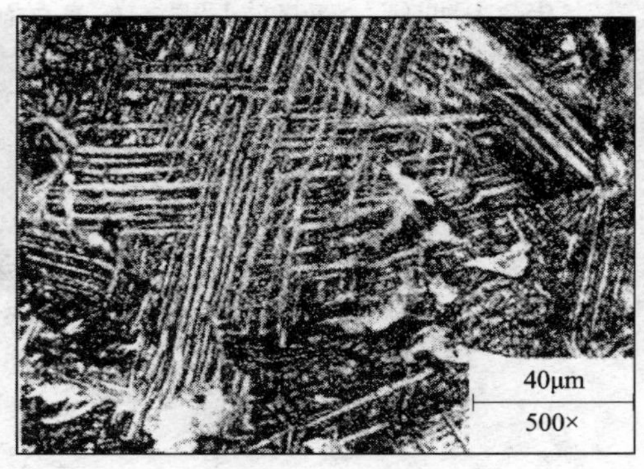

b)

图 5—18　渗氮层的显微组织

a）渗氮层及 HV 测试压痕　b）渗氮层中致密的针状氮化物（白色）

2）离子渗氮。在低于一个大气压的渗氮气氛中，利用工件（阴极）和阳极之间产生的辉光放电现象进行渗氮的工艺称为离子渗氮。图 5—19 所示为离子渗氮装置示意图。

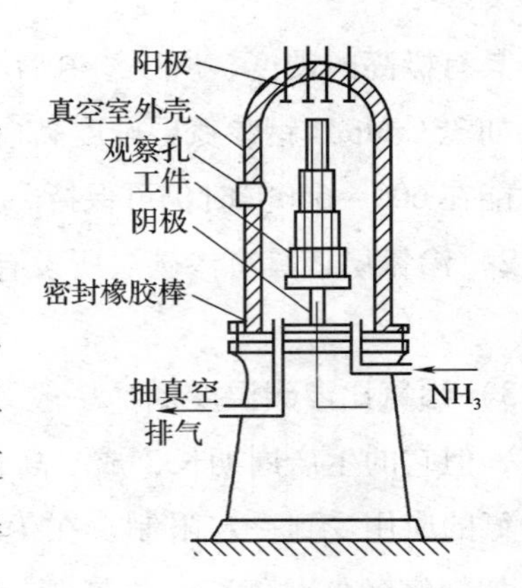

图5—19　离子渗氮装置示意图

离子渗氮的原理是将需要渗氮的工件作为阴极，将炉壁作为阳极，在真空室中通入氨气，并在阴、阳极之间通以高压直流电。在高压电场作用下，氨气被电离，形成辉光放电。被电离的氮离子以极高的速度轰击工件表面，使工件表面温度升高（一般为450～650℃），并使氮离子在阴极上夺取电子后还原成氮原子而渗入工件表面，然后经过扩散形成渗氮层。离子渗氮具有速度快、生产周期短、渗氮质量高、工件变形小、对材料的适应性强等优点，因而迅速地发展起来，已在实际生产中得到了应用。但目前离子渗氮还存在投资高、装炉量少、测温困难及质量不够稳定等问题，尚需进一步改进。

4．碳氮共渗

在一定温度下，将碳、氮原子同时渗入工件表层奥氏体中，并以渗碳为主的化学热处理工艺称为碳氮共渗。气体碳氮共渗为最常用的方法。

气体碳氮共渗的温度为820～870℃，共渗层表面含碳量为0.7%～1.0%，含氮量为0.15%～0.5%。热处理后，表层组织为含碳、氮的马氏体及呈均匀分布的细小碳氮化合物。碳氮共渗与渗碳相比具有很多优点，不仅加热温度低，零件变形小，生产周期短，而且渗层具有较高的硬度、耐磨性和疲劳强度。目前，常用来处理汽车和机床上的齿轮、蜗杆和轴类等零件。

以渗氮为主的氮碳共渗，也称为软氮化。其常用共渗介质是尿素，处理温度一般不超过570℃，处理时间仅为1～3 h。与一般渗氮相比，渗层硬度较低，脆性较小。软氮化常用于处理模具、量具和高速钢刀具等。

思　考　题

1. 碳素结构钢的牌号有哪些？表示方法是什么？

2. 常用的有色金属分为哪几类？

3. 常用非金属材料分为哪几类，各有什么特点？

4. 什么是退火？什么是正火？有什么区别？

5. 化学热处理的方法有几种？

6. 退火是把零件加温到临界温度以上 30～50℃，保温一段时间，然后随炉冷却，还是在空气中冷却？

7. 正火是把零件加温到临界温度以上 30～50℃，保温一段时间，然后随炉冷却，还是在水、硝盐、油或空气中快速冷却？

8. 为了使工件获得较好的强度、塑性和韧性等方面的综合力学性能，要进行什么热处理？

9. 主轴的最终热处理工序，一般安排在半精加工之后、磨削加工之前进行吗？为什么？

10. 渗碳后的工件能进行加工吗？为什么？

第6章 机械加工工艺基础

第1节 金属切削加工工件装夹方法

一、夹具的基本概念

车削时，工件必须在车床夹具中定位并夹紧，使它在整个车削过程中始终保持正确的位置。工件装夹得是否正确可靠，将直接影响加工质量和生产率，应十分重视。

1. 夹具的定义和分类

在车床上用以装夹工件的装置称为车床夹具。车床夹具的种类、定义和应用见表6—1。

表6—1 车床夹具的种类、定义和应用

种类	定义	应用
通用夹具	已标准化、可装夹多种工件的夹具	一般由专业工厂生产，作为车床附件供应，如车床上常用的三爪自定心卡盘、四爪单动卡盘、顶尖、中心架和跟刀架等
专用夹具	专为某一工件的某道工序的加工而专门设计和制造的夹具	在产品相对稳定、批量较大的生产中，使用各种专用夹具可获得较高的加工精度和生产率
组合夹具	按某一工件的某道工序的加工要求，由一套事先制造好的标准元件和部件组装而成的夹具	适用于小批量生产或新产品试制

2. 夹具的组成

如图 6—1 所示支架，该零件的毛坯为压铸件，4 × ϕ6. 5 mm 孔在压铸后达到图样要求，底面经加工后也达到图样要求。现要求加工两端 ϕ26K7 轴承孔、ϕ22 mm 通孔及两个端面，两 ϕ26K7 孔之间的同轴度公差为 ϕ0. 04 mm。

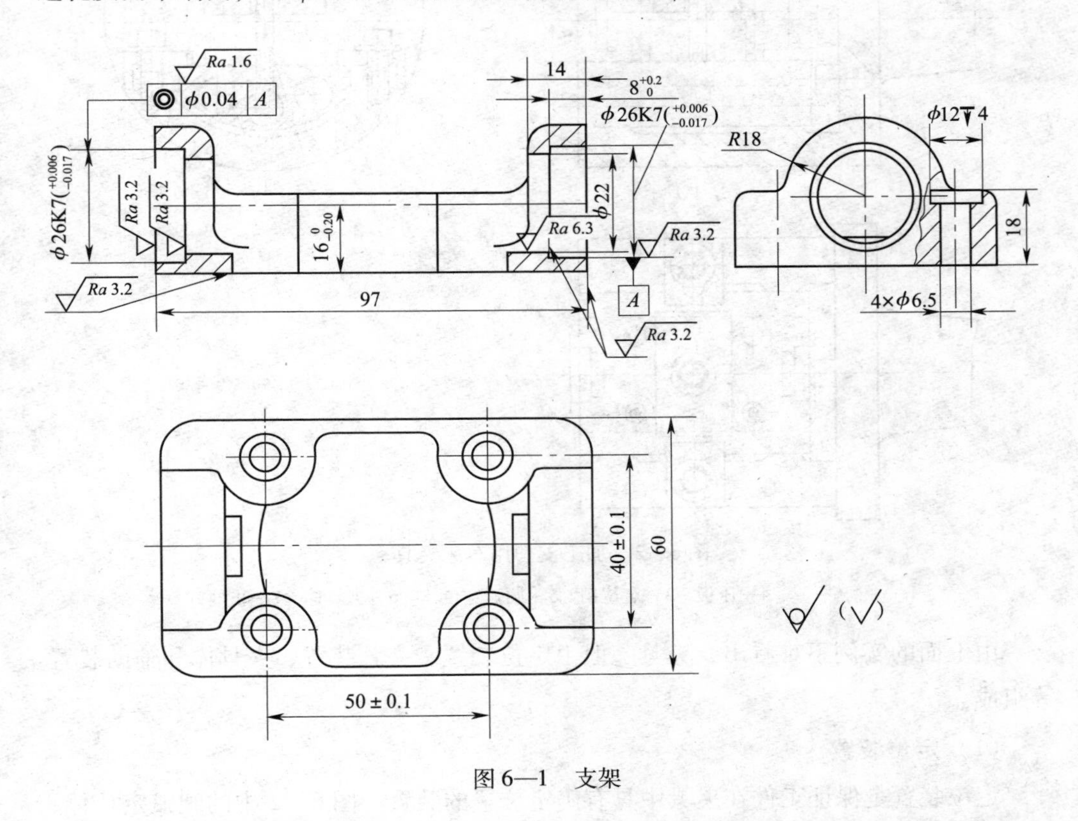

图 6—1　支架

如图 6—2 所示为加工该支架的锥柄连接式车床专用夹具。装夹工件时，将工件放在夹具圆弧定位体上，使工件已加工的底面紧贴在圆弧定位体的上平面上，并使两个定位销插入工件上的两个 ϕ6. 5 mm 孔中，以确定工件在圆弧定位体上的位置，然后用压板将工件夹紧。圆弧定位体与夹具体之间的圆弧面（半径为 R）紧密接触，并且圆弧定位体可在夹具体上摆动。将圆弧定位体的端面紧靠在止推钉上，再用两块压板将圆弧定位体压紧在夹具体上。

夹具用锥柄与车床主轴连接。制造夹具时，使配合圆弧面的轴线与主轴的回转轴线之间达到较高的同轴度要求，同时保证半径为 R 的圆弧的中心线与定位面之间的距离为 H，即可控制工件上孔的轴线与底面之间的高度尺寸。当一端切削完毕后，松开两块压板，把圆弧定位体调转 180°，压紧后加工另一端。由于中心高度和几何中心都不变，所以两端孔的同轴度也就得到了保证。

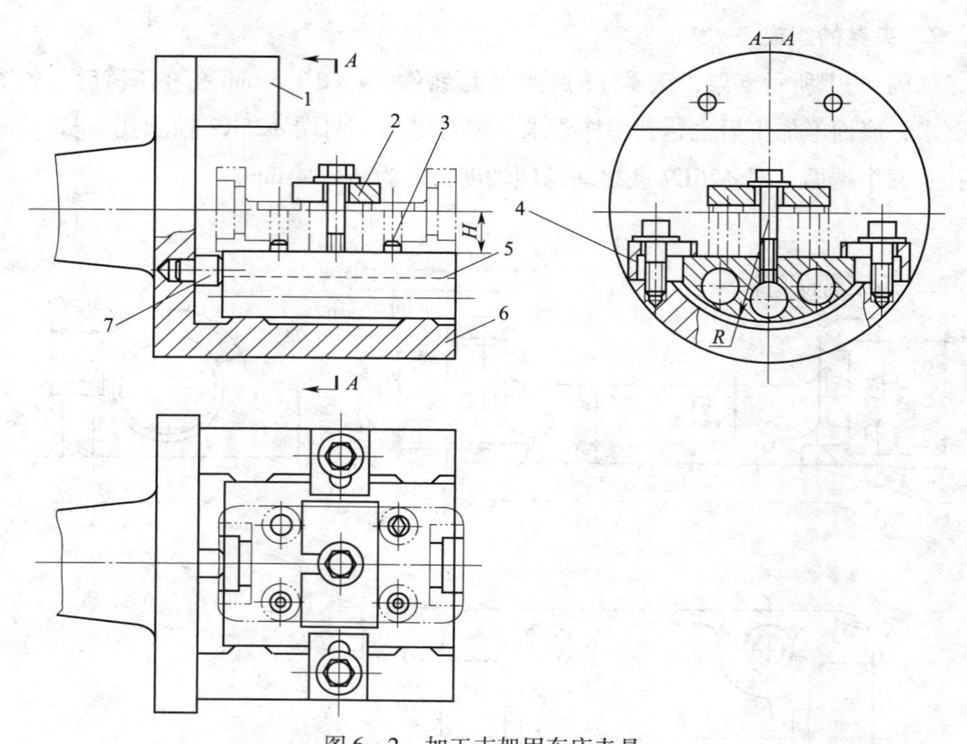

图 6—2　加工支架用车床夹具

1—平衡铁　2、4—压板　3—定位销　5—圆弧定位体　6—夹具体　7—止推钉

由上面的实例不难看出，夹具一般由定位装置、夹紧装置、夹具体和辅助装置等组成。

（1）定位装置

定位装置是保证工件在夹具中具有确定位置的装置。图 6—2 中的圆弧定位体、定位销等组成了加工支架用车床夹具的定位装置。

（2）夹紧装置

夹紧装置指在工件定位后将其固定的装置，用以保持工件在加工过程中定位位置不变。图 6—2 中的螺栓、螺母和压板等组成了夹紧装置。

（3）夹具体

夹具体是夹具的基座与骨架，其作用是将定位装置与夹紧装置连成一个整体，并使夹具与机床的有关部位相连接，确定夹具相对于机床的位置。

（4）辅助装置

辅助装置是根据夹具的实际需要而设置的一些附属装置，如图 6—2 中的平衡铁。

3. 夹具的作用

（1）保证加工精度

采用夹具后，工件上各有关表面的相互位置精度就由夹具来保证，这比划线找正所达到的精度高，能较容易地达到图样所要求的精度。

（2）提高劳动生产率

采用夹具后，可省去划线工序，减少找正时间，因而提高了劳动生产率。同时由于工件装夹稳固，可加大切削用量，减少切削时间。有的夹具可同时装夹几个工件，劳动生产率显著提高。若采用气动或液压传动来驱动夹紧装置，则效果更为明显，同时可以减轻工人的劳动强度。

（3）解决车床加工装夹中的特殊困难

图 6—1 所示的支架，如果不采用夹具进行加工，则很难达到图样要求。有些工件，不论数量多少，不用夹具甚至无法加工。

（4）扩大车床的加工范围

在单件、小批量生产时，工件的种类很多，且工艺过程较复杂，当机床的种类不齐全时，可对某种车床进行适当的改造，并采用适当的夹具，使车床“一机多用”。如在车床的中滑板上装上镗模，就可实现“以车代镗”。

二、工件的定位

1. 定位和基准的基本概念

（1）工件的定位

使用夹具对工件进行加工时，必须按照加工工艺的要求先把工件放在夹具中，使工件在夹紧之前相对于机床和刀具有一个正确的确定位置，这个过程称为工件的定位。工件的定位是通过工件上的某些表面与夹具定位元件的接触来实现的。

如图 6—3 所示为支架在车床夹具上的定位实例，其定位方法是：工件的底面 4 与夹具圆弧定位体的平面接触。工件上两个 ϕ6. 5 mm 孔分别套在削边销和圆柱销（此两销按要求装在弧形定位体上）上，使工件既不能移动，也不能转动，从而保证了工件在夹具中有一个正确的确定位置。

（2）定位基准

所谓定位基准，是指工件与夹具定位元件工作表面相接触的表面。由图 6—3 不难看出，加工支架上两端 ϕ26K7 孔、ϕ22 mm 通孔及两个端面的定位基准是支架的底面和两个 ϕ6. 5 mm 孔的轴线。

当工件的定位基准确定后，工件上其他部分的位置也随之确定。在图 6—3 中，当支架的底面和两个 ϕ6. 5 mm 孔的位置确定后，两端 ϕ26K7 孔、ϕ22 mm 通孔的轴线位置也就确定了。

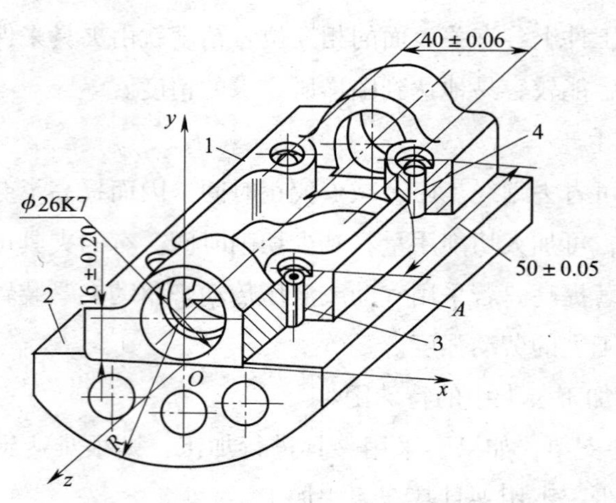

图6—3　车床夹具定位实例

1—工件　2—圆弧定位体　3—削边销　4—圆柱销

工件定位时，作为基准的点和线往往由某些具体表面体现出来，这种表面称为定位基面。例如，用两顶尖装夹车削轴时，轴的两中心孔就是定位基面，它体现的定位基准是轴的轴线。

2. 工件的定位原理

（1）六点定位规则

任何工件在空间直角坐标系中，都可以沿 x、y、z 这三个坐标轴移动，也可以绕着这三个坐标轴转动。习惯上把沿 x、y、z 坐标轴移动的自由度分别用 $\overleftrightarrow{x}$、$\overleftrightarrow{y}$、$\overleftrightarrow{z}$ 表示，把沿着这三个坐标轴转动的自由度分别用 $\overset{\frown}{x}$、$\overset{\frown}{y}$、$\overset{\frown}{z}$ 表示，如图6—4所示。

为使工件在夹具中有一个完全确定的位置，必须靠在夹具中适当分布的六个支撑点来限制工件的六个自由度，这就是六点定位规则。

如图6—5所示的长方体工件，被夹具上的六个按一定要求布置的支撑点限制了其六个自由度。其中底面支撑在三个支撑点上，限制了工件 $\overset{\frown}{x}$、$\overset{\frown}{y}$、$\overleftrightarrow{z}$ 三个自由度；左侧面靠在两个支撑点上，限制了工件 $\overleftrightarrow{x}$ 和 $\overset{\frown}{z}$ 两个自由度；端面与一个支撑点 C 接触，限制了工件 $\overleftrightarrow{y}$ 一个自由度。这样工件的六个自由度全部被限制，工件在夹具中只有唯一的位置。

（2）工件定位的类型

在加工过程中，并非所有的工件都必须限制六个自由度。工件所需限制自由度的个数主要取决于工件在该工序中的加工要求。工件在夹具中的定位主要有完全定位、不完全定位、重复定位和欠定位等。

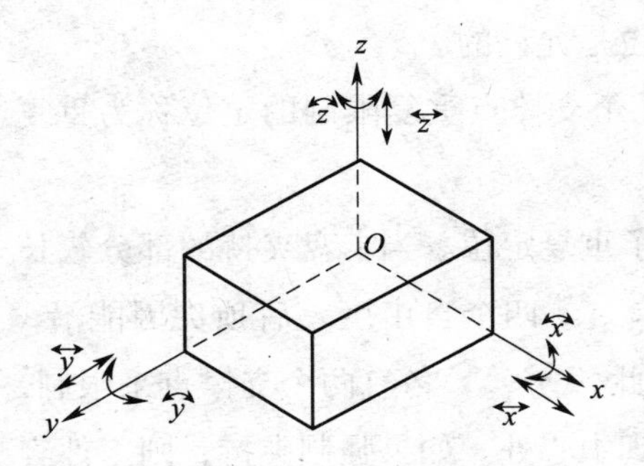

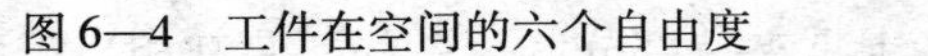
图 6—4　工件在空间的六个自由度

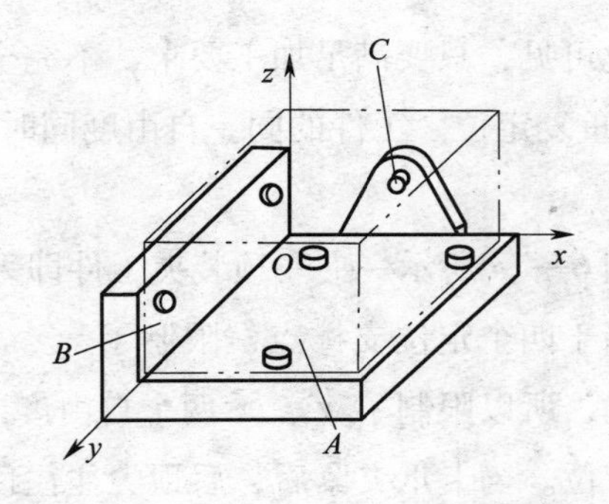

图 6—5　长方体工件的定位

1）完全定位。工件的六个自由度全部被限制，在夹具中只有唯一的位置的定位称为完全定位。图 6—2 和图 6—5 所示的工件定位即完全定位。

2）不完全定位。不完全定位又称为部分定位，指根据加工要求，并不需要限制工件的全部自由度，而工件应当限制的自由度都受到了限制。

如图 6—6 所示车削轴承座上 ϕ20H7 孔的车床夹具即采用了不完全定位，其被限制的自由度为：底面 N 与弯板定位板的水平面相接触，弯板定位板的水平面相当于三个支撑点，限制了工件的三个自由度；侧面 K 与侧定位板 4 接触，侧定位板为窄长平面，相当于两个支撑点，限制了工件两个自由度。因此，该夹具共限制了五个自由度，剩下一个沿车床主轴轴线方向移动的自由度没有限制。不难看出，这对加工不会产生影响。

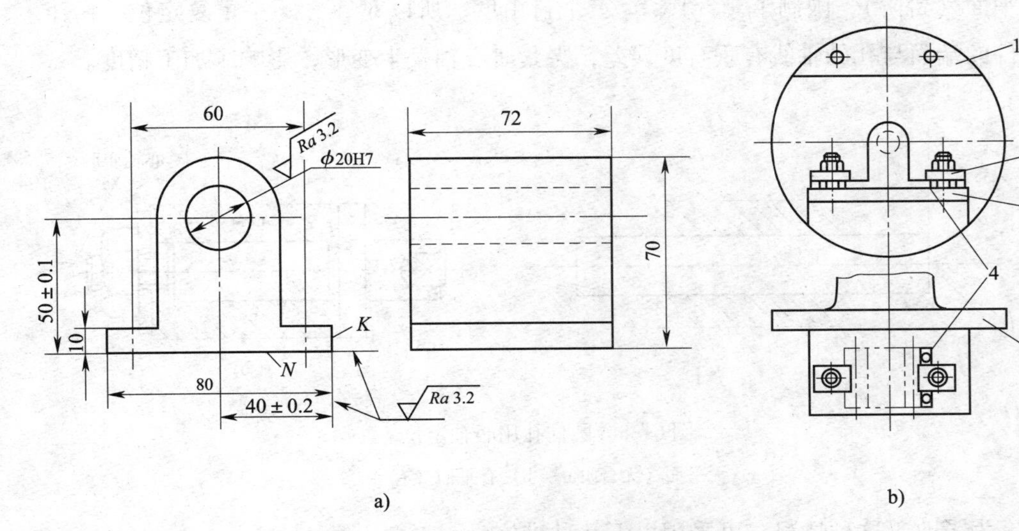

图 6—6　车削轴承座的不完全定位

a）轴承座　b）夹具图

1—平衡铁　2—压板　3—弯板定位板　4—侧定位板　5—锥柄夹具体

由此可见，只要满足加工要求，不完全定位是允许的。

3）重复定位。工件的同一自由度同时被几个支撑点重复限制的定位称为重复定位。

如图6—7a所示一夹一顶装夹工件即采用了重复定位。当卡盘夹持的部分较长时，相当于四个定位支撑点，限制了$\overset{\frown}{y}$、$\overset{\leftrightarrow}{y}$、$\overset{\frown}{z}$、$\overset{\leftrightarrow}{z}$四个自由度。后顶尖因能沿$x$方向移动，所以限制了$\overset{\frown}{y}$、$\overset{\frown}{z}$两个自由度。因此，$\overset{\frown}{y}$、$\overset{\frown}{z}$各有两个支撑点来限制，是重复定位。当卡爪夹紧后，后顶尖往往顶不到中心处。如果强制夹持，则工件容易变形。因此，采用一夹一顶装夹工件时，卡爪夹持部分应短一些，使其相当于两个支撑点，只限制$\overset{\leftrightarrow}{y}$、$\overset{\leftrightarrow}{z}$两个自由度，如图6—7b所示。

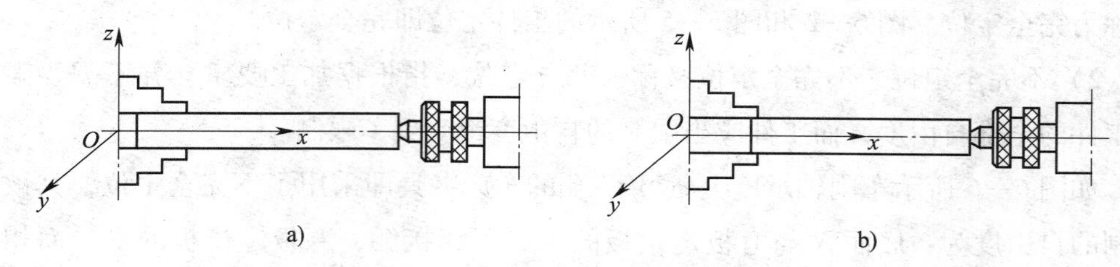

图6—7　一夹一顶装夹工件时的重复定位及改善措施

a）重复定位　b）改善措施

如图6—8a所示为用心轴定位装夹套类工件，心轴的外圆相当于四个支撑点，限制了$\overset{\frown}{y}$、$\overset{\leftrightarrow}{y}$、$\overset{\frown}{z}$、$\overset{\leftrightarrow}{z}$四个自由度。如果按图6—8b所示方法定位，由于增加了一个平面（台阶），限制了$\overset{\leftrightarrow}{x}$、$\overset{\frown}{y}$、$\overset{\frown}{z}$三个自由度，所以对$\overset{\frown}{y}$、$\overset{\frown}{z}$是重复定位。由于工件的端面与孔的轴线有垂直度误差，夹紧时心轴发生变形，影响了加工精度。

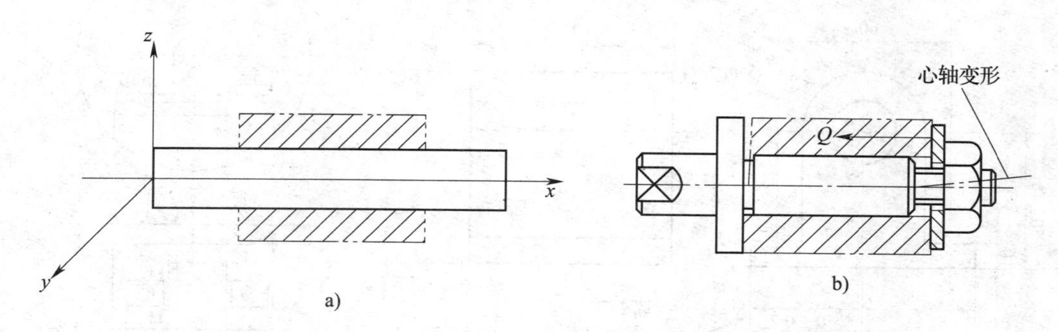

图6—8　圆柱孔用心轴定位

a）无平面（无台阶）　b）有平面（有台阶）

为了改善这种情况，可采用以下几种措施：

①如果主要以孔定位，则平面与工件的接触面较小，使平面只限制$\overset{\leftrightarrow}{x}$一个自由度，如图6—9a所示。

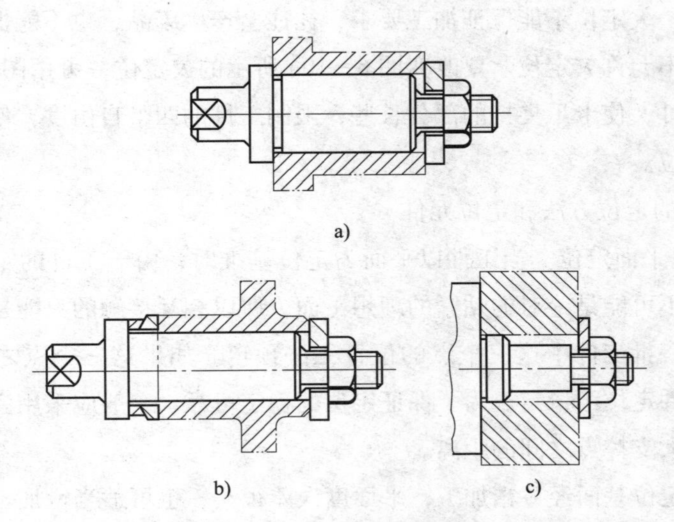

图 6—9　圆柱孔用心轴定位时防止重复定位的方法

a）减小平面　b）增加球面垫圈　c）缩短心轴

②如果心轴台阶面因装夹等原因不能减小，可使用球面垫圈作为定位支撑。球面垫圈能自动定心，起浮动作用，相当于一个支撑点，限制工件的 $\overleftrightarrow{x}$ 一个自由度，如图 6—9b 所示。

③如果工件主要以端面定位，则应把心轴的定位圆柱做得相对短些，使其只限制工件的 $\overleftrightarrow{y}$ 和 $\overleftrightarrow{x}$ 两个自由度，如图 6—9c 所示。

4）欠定位。工件定位时，定位元件实际所限制的自由度数目少于按加工要求所需要限制的自由度数目，使工件不能正确定位，称为欠定位。

如图 6—10 所示为用卡盘装夹小轴的情况。图 6—10a 所示的工件被夹持部分较短，相当于两个支撑点，只限制了工件 $\overleftrightarrow{y}$ 和 $\overleftrightarrow{z}$ 两个自由度，而其他自由度都没有限制。加工时，在切削力的作用下，工件易从卡盘上飞出，导致事故发生。

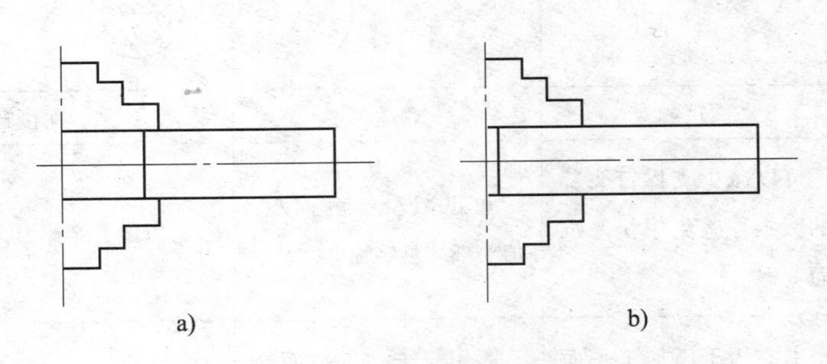

图 6—10　用卡盘装夹轴

a）夹持部分短　b）夹持部分长

由此可见，欠定位不能保证加工要求，往往会产生废品，也不能保证生产的安全，因此绝对不允许欠定位。要改变图 6—10a 所示的欠定位，可用图 6—10b 所示的方法夹持工件，使卡爪夹持的部分长些，限制工件的四个自由度，使工件的定位成为不完全定位。

（3）工件的定位方法和定位元件

1）工件以平面定位。当工件以平面为定位基准时，由于工件的定位平面和定位元件支撑面不可能是绝对的贴紧的理想平面，所以相互接触的只能是最突出的三个点，并且在一批工件中这三个点的位置无法预定。如果这三个点之间的距离很近，就会使工件定位不稳定。为了保证定位的稳定可靠，一般应采用三点定位的方法，并尽量增大支撑点之间的距离。

如果工件定位基面经过精加工，平面度误差很小，也可适当增加定位元件的接触面积以提高定位的刚度和稳定性。在用大平面定位时，应把定位平面的中间部分做成凹的，使工件定位基面的中间部分不与定位元件接触，这样既可减少定位基准的加工量，又可提高工件定位的稳定性。

工件以平面定位时的定位元件主要有支撑钉、支撑板、可调支撑和辅助支撑等。

①支撑钉。支撑钉的结构、特点和用途见表 6—2。

表 6—2　　支撑钉的结构、特点和用途

标准结构形式	平头型	球面型	网纹顶面型
图示			I　I放大　90°　0.2~0.5　t
接触性质	面接触	点接触	面接触
特点	可以减少支撑钉头部的磨损，避免压伤基准面	可以减少接触面积，但头部容易磨损	可以增大摩擦力，但容易积屑
用途	主要用于已加工平面的定位	适用于未加工平面的定位	常用于未加工的侧平面的定位

②支撑板。支撑板的结构、特点和用途见表 6—3。

表 6—3　　支撑板

结构	A 型	B 型
图示		
接触性质	面接触	面接触
特点	支撑板的沉头螺钉凹坑处容易积屑，影响定位	支撑板在螺钉孔处开有斜槽，容易清除切屑，且支撑板与工件定位基面的接触面积小，定位较精确
用途	只适用于精加工过的大、中型工件的侧平面定位	适用于精加工过的大、中型工件的底平面定位

装配后位置固定不变的定位元件，称为固定支撑。支撑钉和支撑板都是固定支撑。

③可调支撑。由于支撑钉和支撑板的高度不可调整，在实际定位中会遇到一些困难，此时可采用可调支撑。可调支撑的结构如图 6—11 所示，主要用于毛坯面的定位，尤其适用于尺寸变化较大的毛坯。

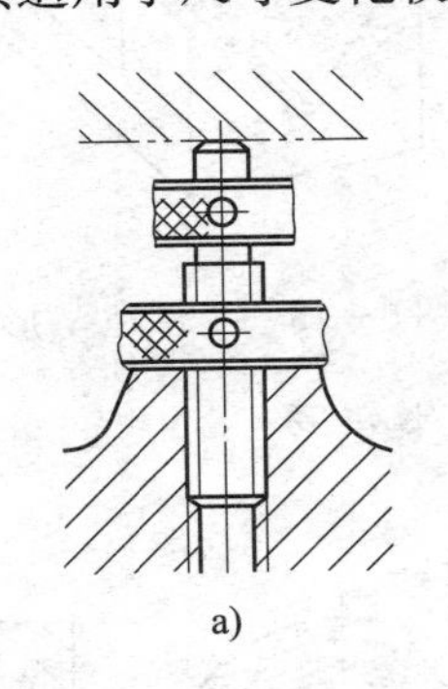
a)

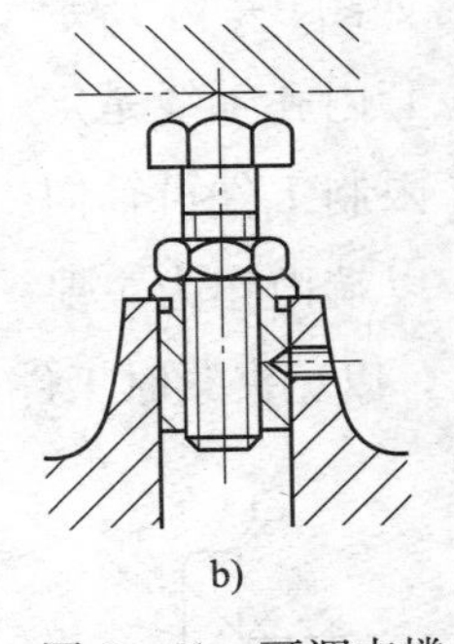
b)

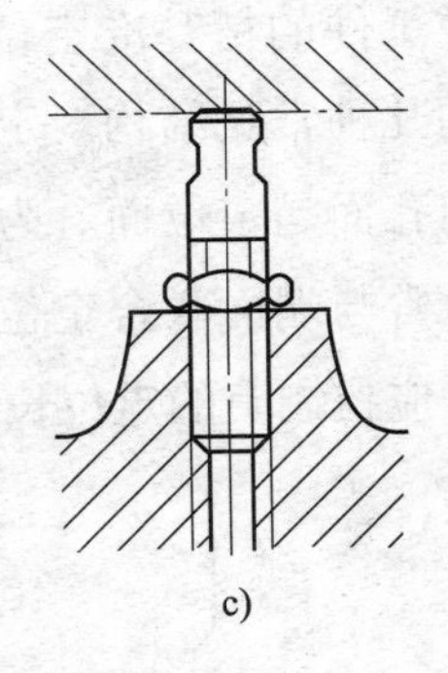
c)

图 6—11　可调支撑

④辅助支撑。由于工件结构特点，使工件定位不稳定或工件局部刚度较低而容易变形，这时可在工件的适当部位设置辅助支撑。这种支撑在定位支撑对工件定位后才参与支撑，仅与工件适当接触，不起任何限制自由度的作用。

如图 6—12 所示为在滑动轴承座上车孔的夹具。由于工件以底面定位，其右端悬空，工件在加工时不稳定，所以采用辅助支撑。

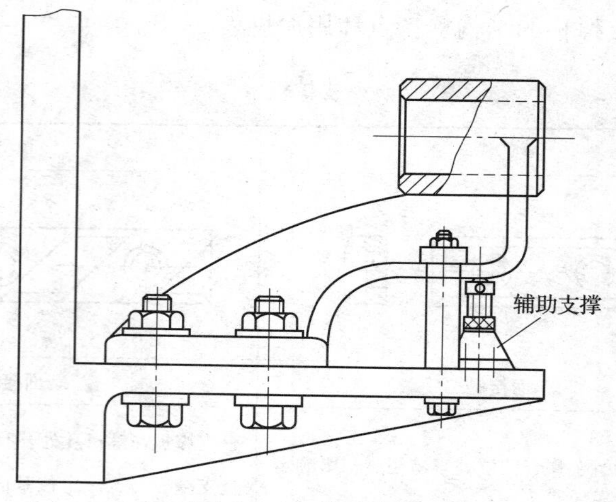

图 6—12　辅助支撑

2）工件以外圆定位。车削时，工件以外圆定位的情况很多，如台阶轴、曲轴及套类工件等的加工常以外圆定位。除通用夹具外，常用的定位元件有 V 形架、定位套和半圆弧定位套等。

①在 V 形架上定位。V 形架是应用很广泛的定位元件，工件在 V 形架上定位的情况如图 6—13 所示。不难看出，它限制了 $\overset{\leftrightarrow}{x}$、$\overset{\leftrightarrow}{z}$、$\overset{\frown}{x}$、$\overset{\frown}{z}$ 四个自由度。V 形架定位可用于粗基准和精基准的定位。

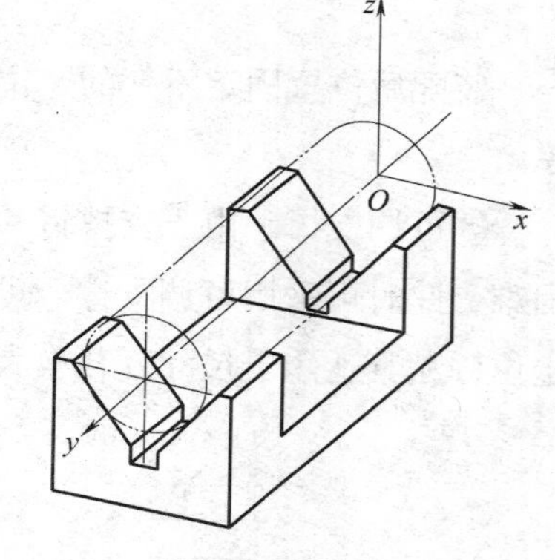

图 6—13　工件在 V 形架上定位

②在定位套中定位。定位套常用于小型形状简单的轴类工件的精基准定位，如图 6—14 所示为定位套的几种常见结构。定位套内孔轴线是定位基准，内孔面是定位面。为了限制工件沿轴向的自由度，常与端面联合定位。以端面作为主要定位面时，应控制套的定位长度，以免夹紧时工件产生变形。

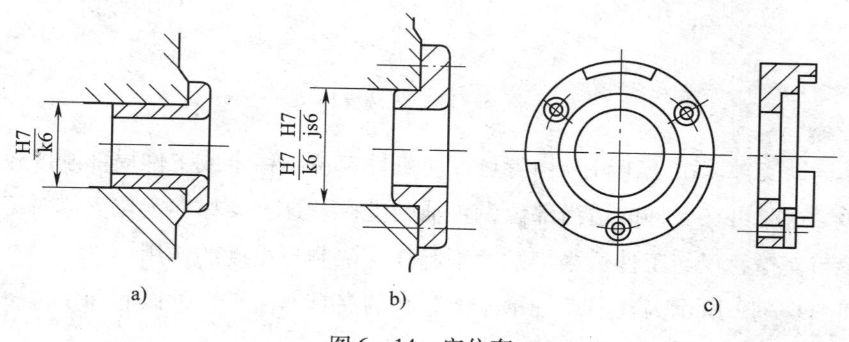

图 6—14　定位套

③在半圆弧定位套上定位。半圆弧定位套的结构如图6—15所示，其下面的半圆弧定位套是定位元件，上面的半圆弧定位套起夹紧作用。它主要用于大型轴类工件及不便于轴向装夹的工件。

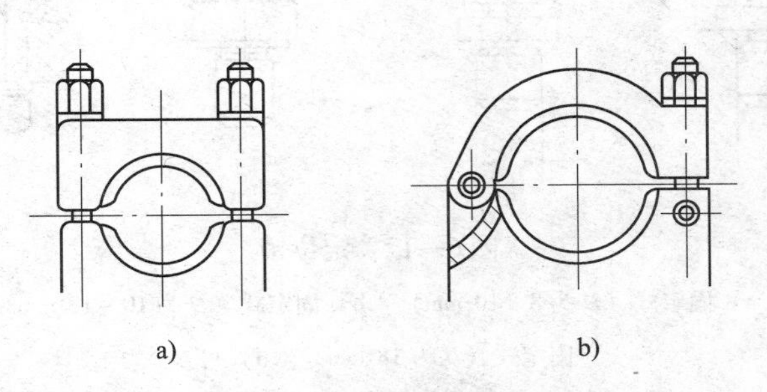

图6—15　半圆弧定位套

④圆锥定位夹具。其结构如图6—16所示，由顶尖体、螺钉和圆锥套组成。工件以圆柱面的端部在圆锥套的锥孔中定位，锥孔中有齿纹，以便带动工件旋转。顶尖体的锥柄部分插入车床主轴孔中，螺钉用以传递转矩。

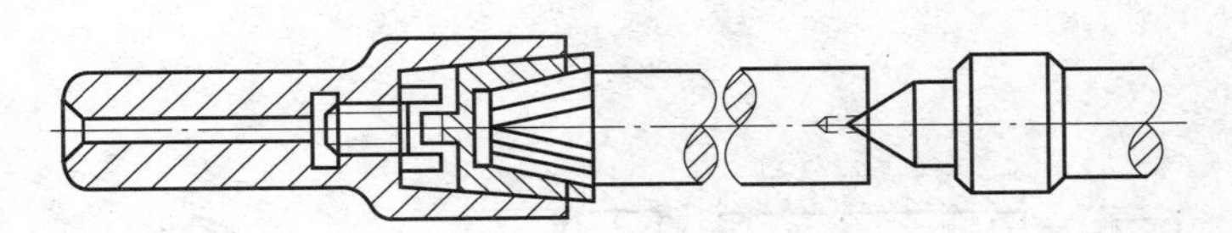

图6—16　圆锥定位夹具

3）工件以内孔定位。工件以内孔定位在车削中应用广泛，如连杆、套筒、齿轮和盘盖等工件，常以加工好的内孔作为定位基准定位。用这种方法定位，不仅装夹方便，而且能很好地保证内、外圆表面的同轴度。工件以内孔定位时，其定位元件主要有定位销、定位心轴及定心夹紧装置。

①定位销。定位销常用于圆柱孔的定位，是组合定位中常用的定位元件之一，定位销分为固定式和可换式两类，其结构如图6—17所示。定位销能限制工件的两个自由度。

固定式定位销通过过盈配合与夹具体连接，其定位精度较高。可换式定位销的夹具体中压有衬套，衬套与定位销为间隙配合，定位销下端用螺母锁紧，其优点是更换方便，但由于存在装配间隙，因而影响定位销的位置精度。定位销的头部有15°的倒角，以方便工件的顺利装入。

②定位心轴。在加工齿轮、轴套、轮盘等工件时，为了保证外圆轴线和内孔轴线的同轴度要求，常以心轴定位加工外圆和端面。工件的圆柱孔常用间隙配合心轴、过盈配合心轴等定位（见图6—18）。

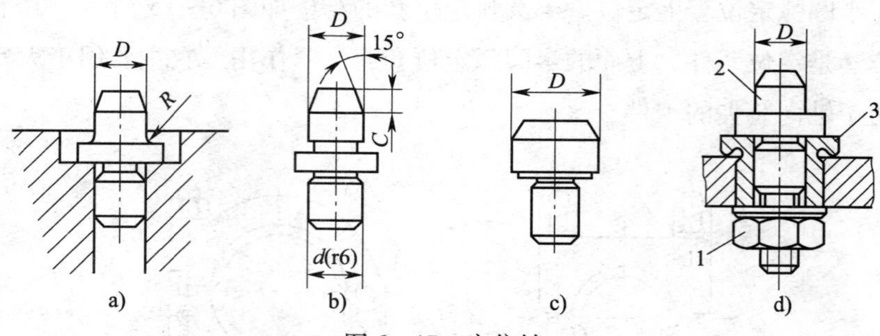

图6—17 定位销

a）固定式（D为3～10 mm） b）固定式（D为10～18 mm）

c）固定式（D为18 mm） d）可换式

1—螺母 2—可换式定位销 3—衬套

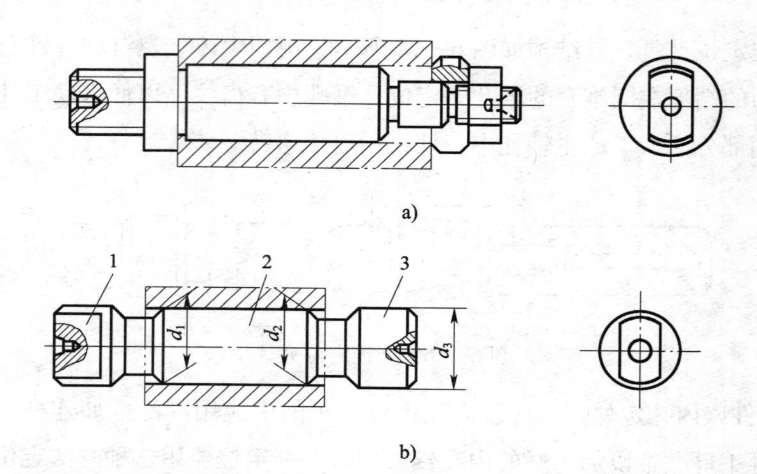

图6—18 圆柱心轴

a）间隙配合心轴 b）过盈配合心轴

1—传动部分 2—工作部分 3—引导部分

对于圆锥孔、螺纹孔、花键孔，则分别用圆锥心轴、螺纹心轴和花键心轴定位，如图6—19至图6—21所示。

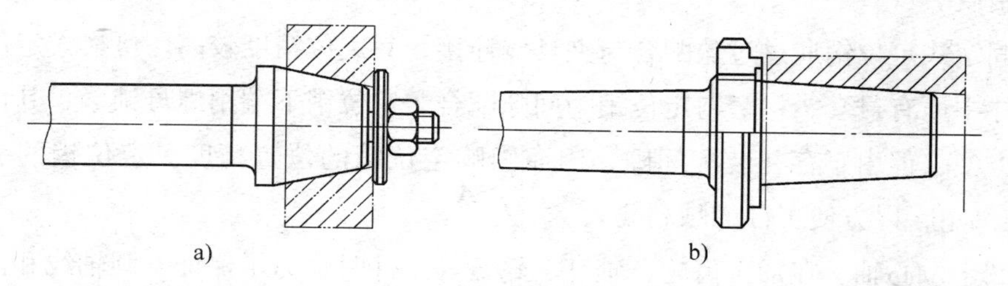

图6—19 圆锥心轴

a）普通圆锥心轴 b）带螺母的圆锥心轴

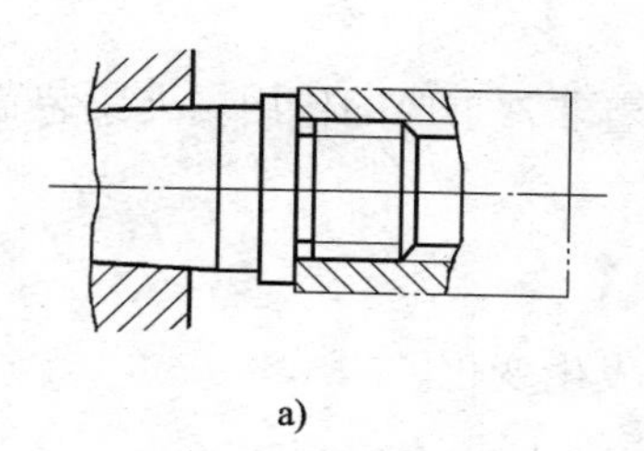

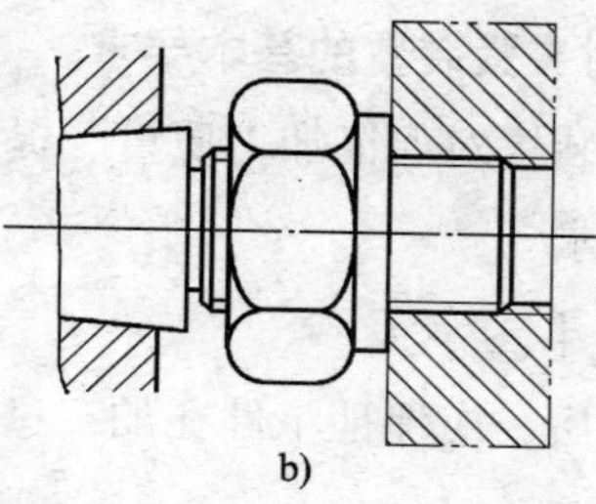

图6—20　螺纹心轴

a）简易螺纹心轴　b）带螺母的螺纹心轴

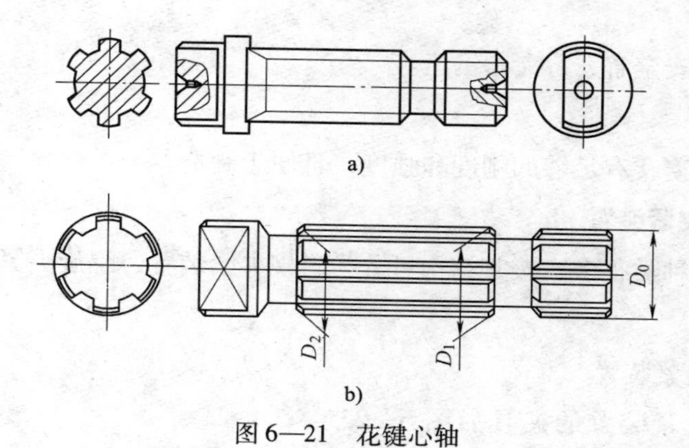

图6—21　花键心轴

a）普通花键心轴　b）带锥度的花键心轴

4）工件以两孔一面定位。当工件以两个轴线互相平行的孔和与其相垂直的平面定位时，可用一个圆柱销、一个削边销和一个平面作为定位基准，如图6—22所示。这种定位方式在加工轴承座或箱体类工件时经常采用。

使用削边销时应注意，要使它的横截面长轴垂直于两销的轴心连线，否则削边销不但起不到其应有的作用，还可能使工件无法装夹。

三、工件的夹紧

工件的装夹包括定位和夹紧两个既有本质区别又有密切联系的工作过程。在加工过程中，工件会受到切削力、惯性力和重力等外力的作用。为了保证工件在这些外力的作用下不发生振动或位移，仍能在夹具中保持正确的加工位置，一般在夹具中都设置夹紧装置将工件可靠地夹紧。

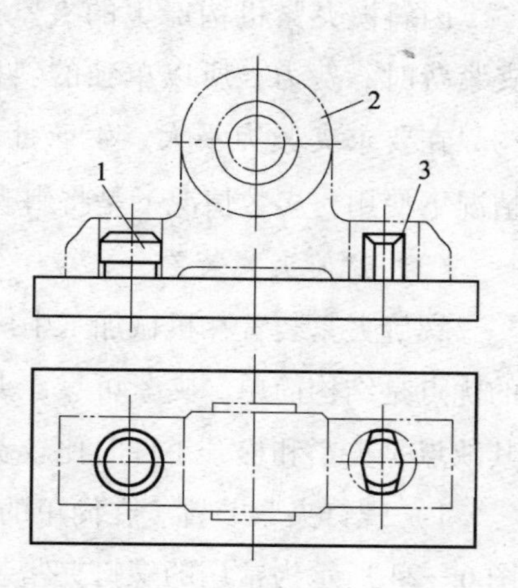

图6—22　两孔一面定位

1—圆柱销　2—轴承座　3—削边销

1. 对夹紧装置的基本要求

夹紧装置对保证加工质量、提高生产率等起着非常重要的作用。夹紧装置应满足下列要求：

（1）牢

夹紧后，应保证工件在加工过程中的位置不发生变化。

（2）正

夹紧后，应不破坏工件的正确位置。

（3）快

操作方便，安全省力，夹紧迅速。

（4）简

结构简单紧凑，有足够的刚度和强度，且便于制造。

2. 常见的夹紧装置

夹紧装置的种类很多，按其结构可分为斜楔夹紧装置、螺旋夹紧装置和螺旋压板夹紧装置等。

（1）斜楔夹紧装置

应用斜楔夹紧装置的夹具如图 6—23 所示，它主要是利用斜楔斜面移动时所产生的压力夹紧工件。图 6—23 所示夹紧机构的工作原理是：转动螺杆推动楔块前移，使铰链压板转动从而夹紧工件。

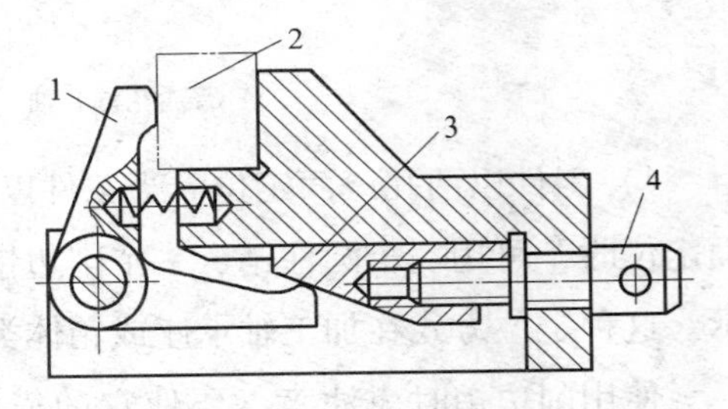

图 6—23　斜楔夹紧装置

1—铰链压板　2—工件　3—楔块　4—螺杆

因斜楔夹紧机构产生的夹紧力小，且夹紧费时、费力，所以单独的斜楔夹紧机构只在要求夹紧力不大、生产批量较小的情况下使用，多数情况下是将斜楔与其他元件或机构组合起来使用。

（2）螺旋夹紧装置

螺旋夹紧装置在机械加工中应用非常普遍，特别适合手动夹紧。螺旋夹紧装置的优点是结构简单，夹紧可靠，夹紧行程大；特别便于增大夹紧力，自锁性能好。其缺点是夹紧和松开工件时比较费时、费力。

1）螺钉夹紧装置。在简单的夹紧机构中，螺钉夹紧机构的使用最为广泛。如图 6—24 所示为常用的螺钉夹紧装置，其工作原理是通过旋转螺钉使其直接压在工件上。为了防止螺钉头部被挤压变形后拧不出来，通常使螺钉前端的圆柱部分直径变小并淬硬。钢质螺母套可保护夹具体不被过快磨损。

为防止螺钉拧紧时损伤工件表面或带动工件旋转，可在螺钉头部装上摆动压块，如图 6—25 所示。摆动压块只随螺钉移动而不随螺钉一起转动，所以能防止螺钉拧紧时损伤工件表面，而且可以增大接触面积，使夹紧更加可靠。

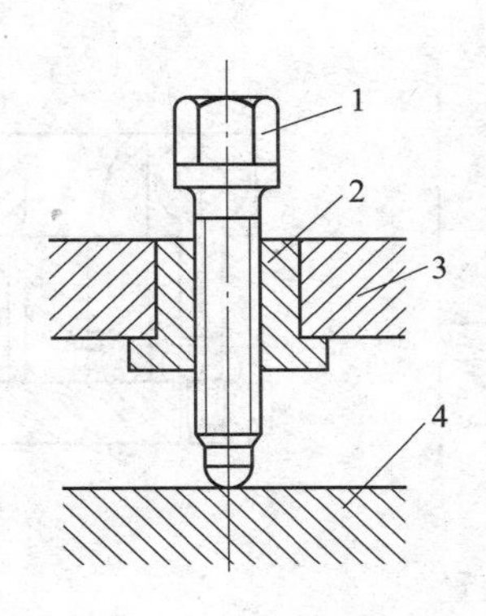

图 6—24　螺钉夹紧装置

1—螺钉　2—钢质螺母套

3—夹具体　4—工件

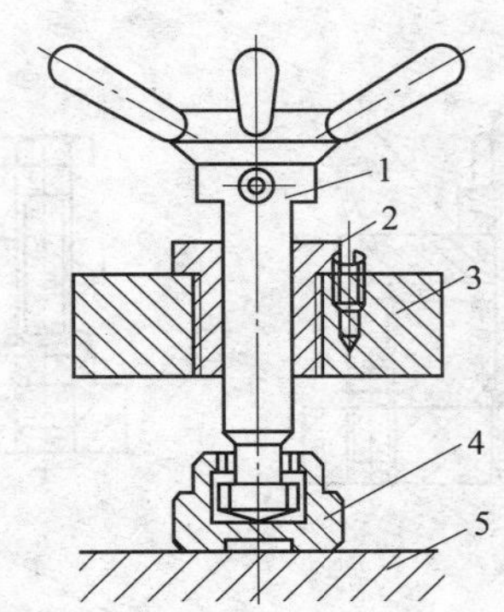

图 6—25　带摆动压块的螺钉夹紧装置

1—螺钉　2—钢质螺母套　3—夹具体

4—摆动压块　5—工件

2）螺母夹紧装置。当工件以孔定位时，常采用螺母夹紧装置，其结构如图 6—26 所示。螺母夹紧装置的夹紧力大，自锁性能好，适用于手动夹紧。其缺点是装卸工件时必须把螺母从螺杆上卸下，如采用开口垫圈可解决这一问题。采用开口垫圈时，垫圈应做厚些，并在淬硬后把两端面磨平，使螺母外径明显小于定位孔内径，以使工件方便地从夹具上卸下。

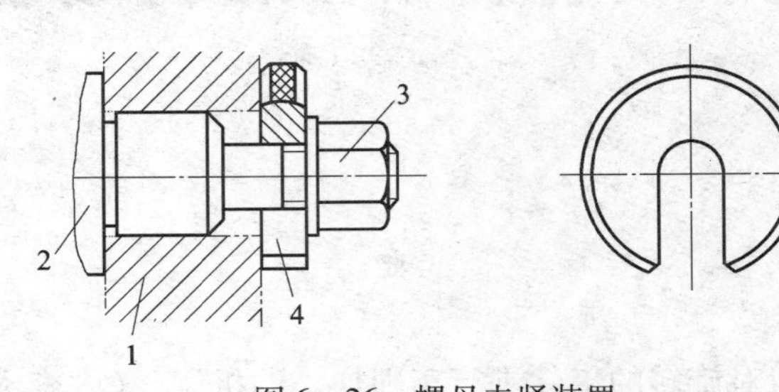

图 6—26.　螺母夹紧装置

1—工件　2—圆柱心轴　3—螺母　4—开口垫圈

（3）螺旋压板夹紧装置

螺旋压板夹紧装置也是一种应用很广泛的夹紧装置，其结构形式变化较多，图 6—27 所示为三种典型结构。

如图 6—27a 所示的螺旋压板夹紧装置由螺旋机构、压板及支柱等组成，夹紧时螺杆连接在夹具体上，通过旋转螺母使压板夹紧工件。支柱可调整高度。压板底面上有放置支柱的纵向槽，以便在旋紧螺母时压板不随其转动。在压板的中间有一长腰形孔，装卸工件时，只要旋松螺母并把压板右移，即可装卸工件。当松开螺母后，由于弹簧的作用，压板自动抬起。为了避免由于压板倾斜而使螺杆弯曲，采用了自动定心的球面垫圈。

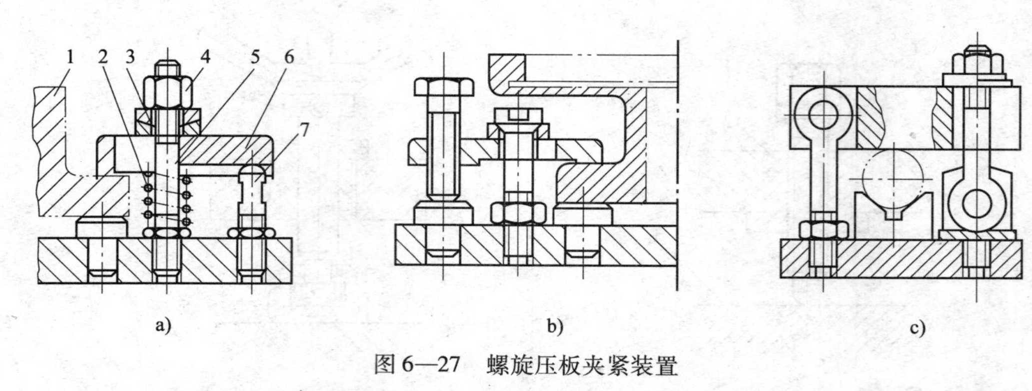

图6—27　螺旋压板夹紧装置

a）结构完善的夹紧装置　b）旁边压紧的夹紧装置　c）中间压紧的夹紧装置

1—工件　2—弹簧　3—球面垫圈　4—螺母　5—螺杆　6—压板　7—支柱

当工件由于结构原因无法采用中间压紧压板时，可采用如图6—27b所示的旁边压紧的螺旋压板夹紧装置。如图6—27c所示为采用铰链压板的中间压紧的夹紧装置，该装置操作快捷、夹紧可靠。

第2节　机械加工常用设备

一、普通机床

1. 车床

车床是主要用车刀对旋转的工件进行车削加工的机床。（内容本书略）

2. 铣床

铣削是铣刀旋转做主运动、工件或铣刀做进给运动的切削加工方法。铣削的切削运动由铣床提供。

铣削是加工平面的主要方法之一。在铣床上使用不同的铣刀，可以加工平面（水平面、垂直平面、斜面）、台阶、沟槽（直角沟槽、V形槽、T形槽、燕尾槽等）、特形面和切断材料等。此外，使用分度装置可加工需周向等分的花键、齿轮和螺旋槽等。在铣床上还可以进行钻孔、铰孔和铣孔等工作。

铣床的种类很多，主要有卧式及立式升降台铣床、工具铣床、龙门铣床、仿形铣床、仪表铣床和床身铣床等。其中，应用最普遍的是卧式升降台铣床。下面以 X6132 型万能升降台铣床为例，对其主要部件及其功用做简要介绍。

（1）X6132 型万能升降台铣床外形

铣床外形如图 6—28 所示。

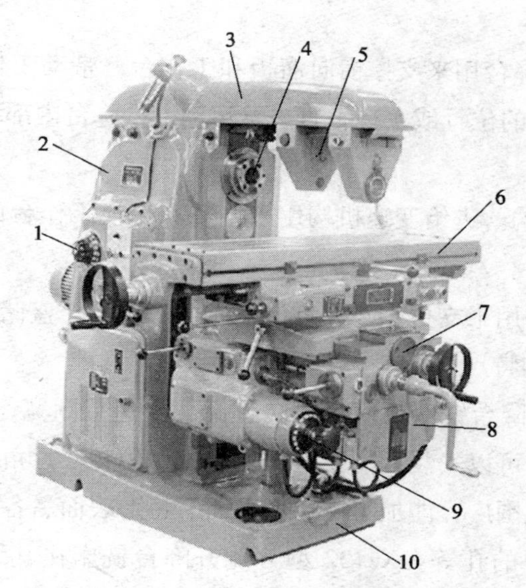

图 6—28　X6132 型万能升降台铣床

1—主轴变速机构　2—床身　3—横梁　4—主轴　5—挂架
6—工作台　7—横向溜板　8—升降台　9—进给变速机构　10—底座

（2）主要部件及其功用

1）主轴变速机构。主轴变速机构安装在床身内，其功用是将主电动机的额定转速通过齿轮变速，变换成 18 种不同的转速，传递给主轴，以适应铣削的需要。

2）床身。床身是机床的主体，用来安装和连接机床其他部件。床身正面有垂直导轨，可引导升降台上、下移动。床身顶部有燕尾形水平导轨，用以安装横梁并按需要引导横梁水平移动。床身内部装有主轴和主轴变速机构。

3）横梁。横梁可沿床身顶部燕尾形导轨移动，并可按需要调节其伸出床身的长度。横梁上可安装挂架。

4）主轴。主轴是一前端带锥孔的空心轴，锥孔的锥度为 7∶24，用来安装铣刀刀杆和铣刀。主电动机输出的回转运动，经主轴变速机构驱动主轴连同铣刀一起回转，实现主运动。

5）挂架。挂架安装在横梁上，用以支撑刀杆的外端，提高刀杆的刚度。

6）工作台。工作台用以安装需用的铣床夹具和工件，铣削时带动工件实现纵向进给运动。

7）横向溜板。铣削时，横向溜板用来带动工作台实现横向进给运动。在横向溜板与工作台之间设有回转盘，可以使工作台在水平面内做±45°范围内的扳转。

8）升降台。升降台用来支撑横向溜板和工作台，带动工作台上、下移动，调整工作台在垂直方向的位置或实现垂直进给运动。升降台内部装有进给电动机和进给变速机构。

9）进给变速机构。进给变速机构用来调整和变换工作台的进给速度，以适应铣削的需要。

10）底座。底座用来支持床身，承受铣床全部重量，盛储切削液。

（3）性能及结构特点

X6132型万能升降台铣床功率大，转速高，变速范围宽，刚度高，操作方便、灵活，通用性强。它可以安装万能立铣头，使铣刀偏转任意角度，完成立式铣床的工作。该铣床加工范围广，能加工中小型平面、特形表面、各种沟槽、齿轮、螺旋槽和小型箱体工件上的孔等。X6132型万能升降台铣床在其结构上还具有下列特点：

1）机床工作台的机动进给操纵手柄，操纵时所指示的方向就是工作台进给运动的方向，操作时不易产生错误。

2）机床的前面和左侧各有一组按钮和手柄的复式操纵装置，便于操作者在不同位置上进行操作。

3）机床采用速度预选机构来变换主轴转速和工作台的进给速度，使操作简便、明确。

4）机床工作台的纵向传动丝杠上，有双螺母间隙调整机构，所以既可进行逆铣又能进行顺铣。

5）机床工作台可以在水平面内±45°范围内偏转，因而可进行各种螺旋槽的铣削。

6）机床采用转速控制继电器（或电磁离合器）进行制动，能使主轴迅速停止回转。

7）机床工作台有快速进给运动装置，采用按钮操纵，方便省时。

(4) 铣床的运动

X6132 型万能升降台铣床的运动如图 6—29 所示。

1) 主运动——主轴(铣刀)的回转运动。主电动机的回转运动，经主轴变速机构传递到主轴，使主轴回转。主轴转速共 18 级(转速范围为 30 ~ 1 500 r/min)。

2) 进给运动——工作台(工件)的纵向、横向和垂直方向的移动进给。电动机的回转运动，经进给变速机构，分别传递给三个进给方向的进给丝杠，获得工作台的纵向运动、横向溜板的横向运动和升降台的垂直方向运动，进给速度各 18 级，纵向、横向进给速度范围为 12 ~ 960 mm/min，垂直方向为 4 ~ 320 mm/min，并可实现快速移动。

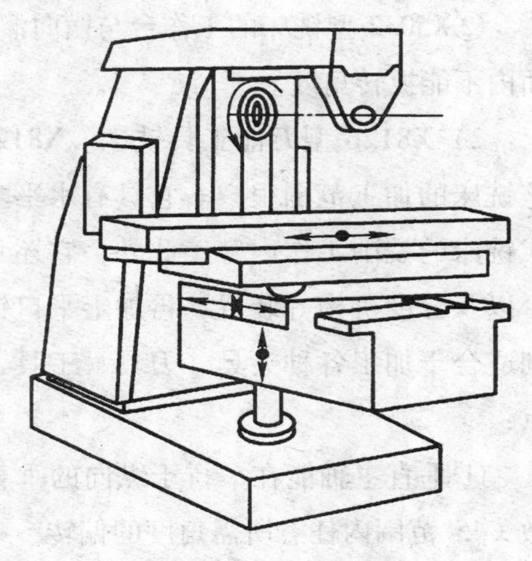

图 6—29 卧式铣床运动示意图

(5) 其他常用铣床简介

1) X5032 型立式升降台铣床。X5032 型立式升降台铣床的外形如图 6—30 所示。其规格、操纵机构、传动及变速机构等与 X6132 型铣床基本相同。主要不同点是:

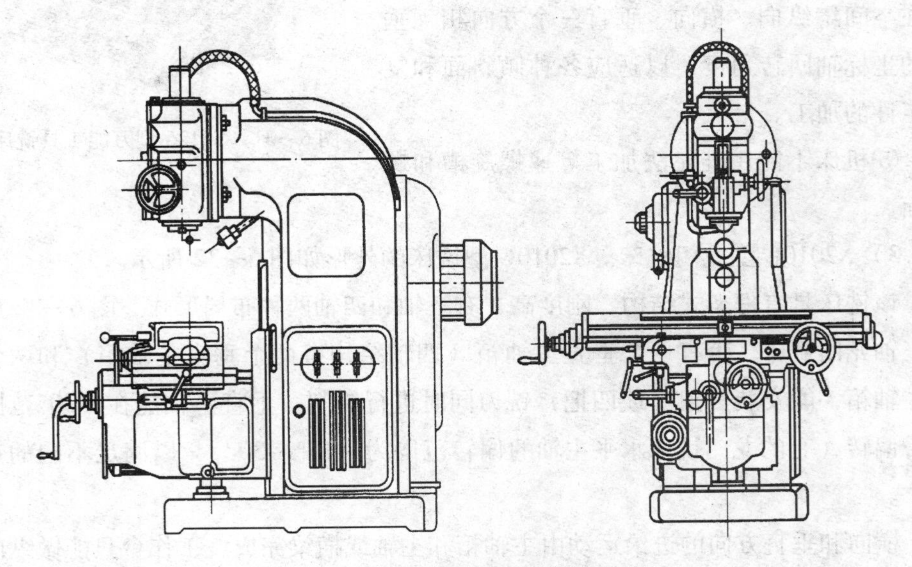

图 6—30 X5032 型立式升降台铣床

①X5032 型铣床的主轴位置与工作台台面垂直，安装在可以偏转的铣头壳体内。

②X5032 型铣床的工作台与横向溜板连接处没有回转盘，所以，工作台在水平面内不能扳转角度。

2）X8126 型万能工具铣床。X8126 型万能工具铣床的外形如图 6—31 所示。该铣床的加工范围很广。它具有水平主轴和垂直主轴，所以能完成卧式铣床与立式铣床的铣削工作内容。此外，它还具有万能角度工作台、圆工作台、水平工作台以及分度机构等装置，再加上平口钳和分度头等常用附件，因此用途广泛，特别适合于加工各种夹具、刀具、工具、模具和小型复杂工件。该铣床具有以下特点：

①垂直主轴能在平行于纵向的垂直平面内做 ±45°范围内任意所需角度的偏转。

②在垂直台面上可安装水平工作台，工作台可实现纵向和垂直方向的进给运动，而横向进给运动由主轴体完成。

③安装、使用圆工作台后，机床可实现圆周进给运动和在水平面内做简单的圆周等分，可加工圆弧轮廓面等曲面。

④安装、使用万能角度工作台，可使工作台在空间绕纵向、横向、垂直三个方向相互垂直的坐标轴回转角度，以适应各种倾斜面和复杂工件的加工。

图 6—31　X8126 型万能工具铣床

⑤机床不能用挂轮法加工等速螺旋槽和螺旋面。

3）X2010C 型龙门铣床。X2010C 型铣床的外形如图 6—32 所示。

该铣床具有框架式结构，刚度高，有三轴和四轴两种布局形式。图 6—32 所示的三轴龙门铣床，带有一个垂直主轴箱（四轴结构有两个垂直主轴箱）和两个水平主轴箱，能安装三把（或四把）铣刀同时进行铣削。垂直主轴能在 ±30°范围内按需偏转（有的龙门铣床水平主轴的偏转范围为 －15°～30°），以满足不同的铣削要求。

横向和垂直方向的进给运动由主轴箱和主轴或横梁完成，工作台只能做纵向进给运动。

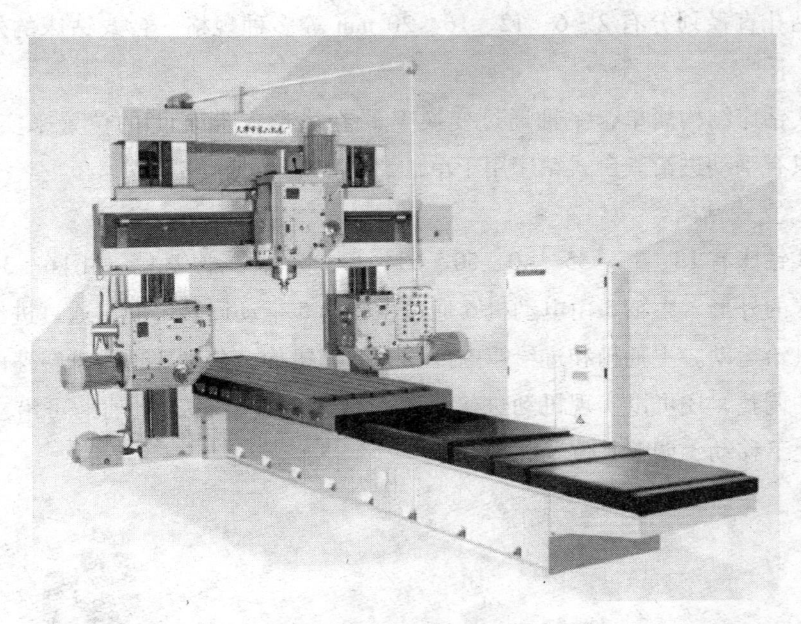

图 6—32　X2010C 型三轴龙门铣床

机床工作台直接安放在床身上，载重量大，可加工重型工件。由于机床刚度高，适宜进行高速铣削和强力铣削。

（6）铣削的工艺特点

1）在金属切削加工中，铣削的应用仅次于车削。铣削的主运动是铣刀的回转运动，切削速度较高，除加工狭长的平面外，其生产率均高于刨削。

2）铣刀种类多，铣床的功能强，因此铣削的适应性好，能完成多种表面的加工。

3）铣刀为多刃刀具，铣削时，各刀齿轮流承担切削，冷却条件好，刀具使用寿命长。

4）铣削时，铣刀各刀齿的切削是断续的，铣削过程中同时参与切削的刀齿数是变化的，切削厚度也是变化的，因此切削力是变化的，存在冲击。

5）铣削的经济加工精度为 IT9 ~ IT7，表面粗糙度 *Ra* 值为 12. 5 ~ 1. 6 μm。

3．钻床

钻削在钻床上进行。钻削时，钻头或扩孔钻的回转运动是主运动，钻头或扩孔钻沿自身轴线方向的移动是进给运动。

常用的钻床有台式钻床、立式钻床和摇臂钻床等。

（1）台式钻床

台式钻床是放置在台桌上使用的小型钻床，用于钻削中、小型工件上的小孔，按最大钻孔直径划分有 2、6、12、16、20 mm 等多种规格。台式钻床的外形如图 6—33 所示。

台式钻床结构简单，主轴通过变换 V 带在塔形 V 带轮上的位置来实现变速，钻削时只有手动进给。台式钻床用于单件、小批量生产。

（2）立式钻床

立式钻床有 18、25、35、40、50、63、80 mm 等多种规格。如图 6—34 所示为立式钻床的外形。主轴 3 由电动机 6 通过主轴箱 5 带动回转，同时通过进给箱 4 获得轴向进给运动。主轴箱和进给箱内部均有变速机构，分别实现主轴转速的变换和进给量的调整，还可以实现机动进给。工作台 2 和进给箱（主轴）可沿立柱 7 上的导轨上下移动，调整其位置高低。

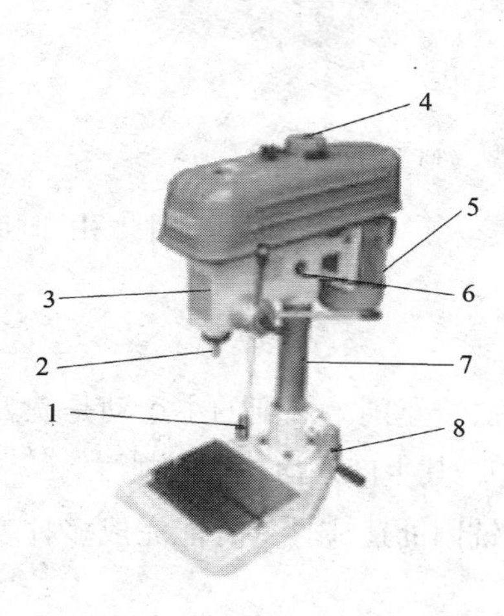

图 6—33　台式钻床

1—进给手柄　2—主轴　3—头架

4—机头升降手柄　5—电动机

6—锁紧手柄　7—立柱　8—底座

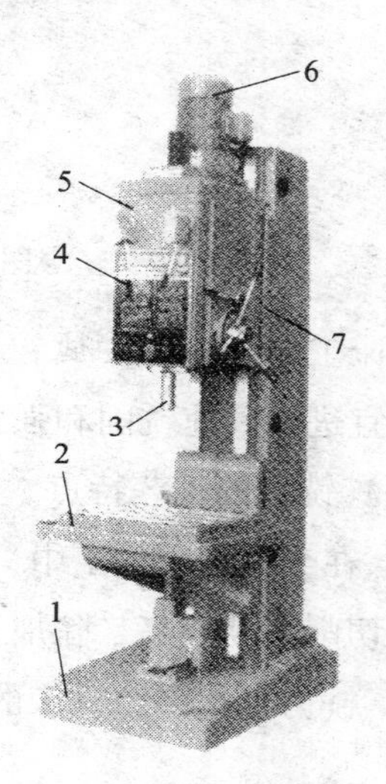

图 6—34　Z5135 型立式钻床

1—底座　2—工作台　3—主轴

4—进给箱　5—主轴箱

6—电动机　7—立柱

立式钻床与台式钻床一样，主轴（刀具）回转中心固定，需要靠移动工件使加工孔轴线与主轴轴线重合以实现工件的定位，因此，只适合于加工中、小型工件，用于单件、小批量生产。

（3）摇臂钻床

摇臂钻床外形如图 6—35 所示。它有一个能绕立柱 2 回转的摇臂 3，摇臂带着主轴箱可沿立柱轴线上下移动，主轴箱可沿摇臂的水平导轨做手动或机动移动，因此，操作时能方便地调整主轴（刀具）的位置，使它对准所需钻削的孔的中心而不必移动工件。摇臂钻床适合于大型工件或多孔工件的钻削加工。

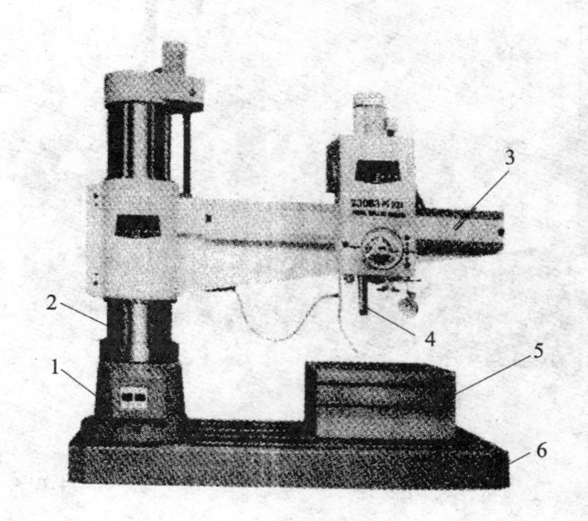

图 6—35 摇臂钻床

1—立柱座 2—立柱 3—摇臂

4—主轴 5—工作台 6—底座

4. 镗床

镗削是镗刀旋转做主运动，工件或镗刀做进给运动的切削加工方法。镗削时，工件装夹在工作台上，并由工作台带动做进给运动；镗刀用镗刀杆或镗刀盘装夹，由主轴带动回转做主运动。主轴在回转的同时，可根据需要做轴向移动，以取代工作台做进给运动。

用镗削的方法扩大工件的孔称为镗孔。镗削是孔加工的主要方法之一。

镗削在镗床上进行。

（1）镗床的主要部件

常用的镗床有立式镗床、卧式镗床、坐标镗床等，以卧式镗床应用最普遍。如图 6—36 所示为卧式镗床的外形图。其主要部件有：

1）主轴箱。主轴箱 1 上装有主轴 3 和平旋盘 4。主轴可回转做主运动，并可沿其轴向移动实现进给运动。主轴前端的莫氏 5 号锥孔，用来安装各类刀夹、镗刀杆等。平旋盘上有数条 T 形槽，用来安装刀架。利用刀架上的溜板，可在镗削浅的大直径孔时调节背吃刀量，或在加工孔侧端面时做径向进给。主轴箱可沿主立柱 2 上的导轨上、下移动，调节主轴的竖直位置和实现沿主立柱方向的上、下进给运动。

图6—36　卧式镗床的外形图

1—主轴箱　2—主立柱　3—主轴　4—平旋盘　5—工作台

6—上滑座　7—下滑座　8—床身　9—镗刀杆支撑座　10—尾立柱

2）工作台。工作台5用于装夹工件。镗削时，由下滑座7或上滑座6实现工作台的纵向或横向进给运动。上滑座的圆导轨还可实现工作台在水平面内的回转，以适应轴线互成一定角度的孔或平面的加工。

3）床身。床身8用于支撑镗床各部件，其上的导轨为工作台的纵向进给运动导向。

4）主立柱。主立柱用于支撑主轴箱，其上的导轨引导主轴箱（主轴）的上升或下降。

5）尾立柱。尾立柱10上有镗刀杆支撑座9，用于支撑长镗刀杆的尾端，以实现镗刀杆跨越工作台的镗孔。支撑座可沿尾立柱上的导轨升降，以调节镗刀杆的竖直位置。

（2）镗床的主要工作内容

在镗床上除镗孔外，还可以进行钻孔、铰孔，以及用多种刀具进行平面、沟槽和螺纹的加工。如图6—37所示为卧式镗床的主要工作内容。

（3）镗床的其他工作内容

1）钻孔、扩孔与铰孔。若孔径不大时，可在镗床主轴中安装钻头、扩孔钻、铰刀等刀具，由主轴带动其回转做主运动，主轴沿轴向移动实现进给运动，对箱体工件进行钻孔、扩孔与铰孔。

2）加工螺纹。将螺纹镗刀装夹在可调节背吃刀量的特制刀架（或刀夹）上，再将刀架安装在平旋盘上，由主轴箱带动回转。工作台带动工件沿床身按刀具每回

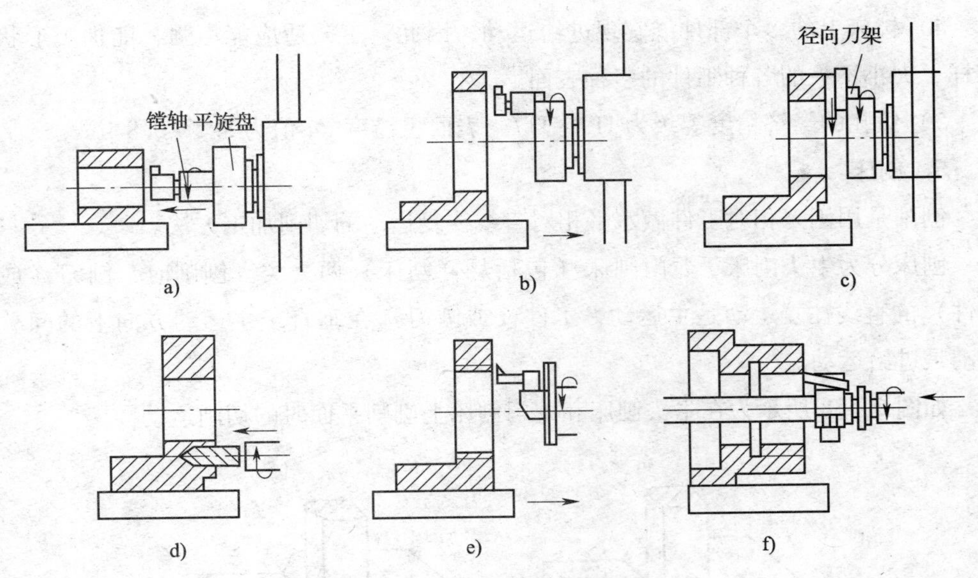

图 6—37　卧式镗床的主要工作内容

a）用主轴安装镗刀杆镗直径不大的孔　b）用平旋盘上的镗刀镗大直径孔

c）用平旋盘上的径向刀架加工平面　d）钻孔　e）用工作台进给加工螺纹　f）用主轴进给加工螺纹

转一周移动一个螺距（或导程）的规律做进给运动，便可以加工出箱体工件上的螺纹孔。如果将螺纹镗刀刀头指向轴心装夹，则可以加工长度较短的外螺纹。如果将装有螺纹镗刀的特制刀夹装在镗刀杆上，镗刀杆既回转，又按要求做轴向进给，也可以加工内螺纹。

3）在镗床上铣削。在镗床主轴锥孔内安装立铣刀或端铣刀，可以进行箱体工件侧面上的平面和沟槽的铣削。

（4）镗削的工艺特点

1）在镗床上镗孔是以刀具的回转为主运动，与以工件的回转为主运动的孔加工方法（如车孔）相比，特别适合箱体、机架等结构复杂的大型工件上的孔加工，这是因为：

①大型工件回转做主运动时，由于工件外形尺寸大，转速不宜太高，而工件上的孔或孔系直径相对较小，不易实现高速切削。

②工件结构复杂，外形不规则，孔或孔系在工件上的位置往往不处于对称中心或平衡中心，工件回转时平衡较困难，容易因平衡不良而引起加工中的振动。

2）镗削可以方便地加工直径很大的孔。

3）镗削能方便地实现对孔系的加工。用坐标镗床、数控镗床进行孔系加工，可以获得很高的孔距精度。

4）镗床上的多个部件能实现进给运动，因此，工艺适应能力强，能加工形状多样、大小不一的各种工件的多种表面。

5）镗孔的经济精度等级为IT9～IT7，表面粗糙度 Ra 值为3.2～0.8 μm。

5. 刨床

刨削是用刨刀相对工件做水平相对直线往复运动的切削加工方法。

刨床分为牛头刨床、龙门刨床（包括悬臂刨床）两大类。刨削时，刨刀（或工件）的直线往复运动是主运动，工件（或刨刀）在垂直于主运动方向上的间歇移动是进给运动。

如图6—38所示为在牛头刨床和龙门刨床上刨削平面时的切削运动。

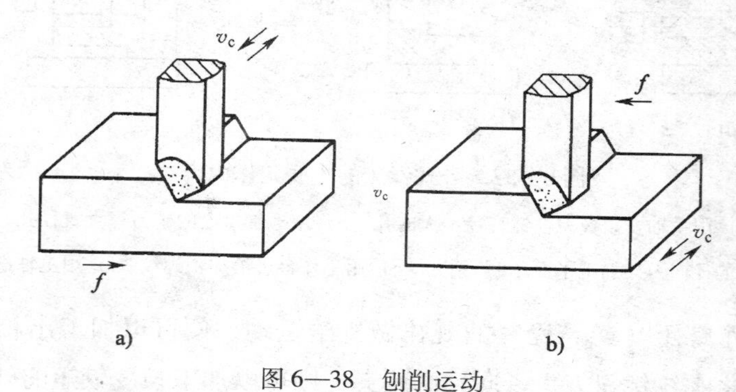

图6—38　刨削运动

a）在牛头刨床上刨削平面　b）在龙门刨床上刨削平面

（1）牛头刨床的主要部件及其功用

牛头刨床的外形如图6—39所示。

图6—39　牛头刨床

1—工作台　2—横梁　3—刀架　4—滑枕　5—床身　6—底座

牛头刨床由床身、滑枕、刀架、工作台等主要部件组成。

1）床身。床身用以支撑刨床的各个部件。床身的顶部和前侧面分别设有水平导轨和垂直导轨。滑枕连同刀架可沿水平导轨做直线往复运动（主运动）；横梁连同工作台可沿垂直导轨实现升降。床身内部有变速机构和驱动滑枕的摆动导杆机构。

2）滑枕。滑枕前端装有刀架，用来带动刨刀做直线往复运动，实现刨削。

3）刀架。刀架用来装夹刨刀和实现刨刀沿所需方向的移动。刀架与滑枕连接部位有转盘，可使刨刀按需要偏转一定角度。转盘上有导轨，摇动刀架手柄，滑板连同刀座沿导轨移动，可实现刨刀的间歇进给（手动），或调整背吃刀量。刀架上的抬刀板在刨刀回程时抬起，以防止擦伤工件和减小刀具的磨损。刀架的结构如图 6—40 所示。

4）工作台。工作台用来安装工件，可沿横梁横向移动和随横梁一起沿床身垂直导轨升降，以便调整工件的位置。在横向进给机构驱动下，工作台可实现横向进给运动。

（2）牛头刨床的运动

牛头刨床的运动如图 6—41 所示。

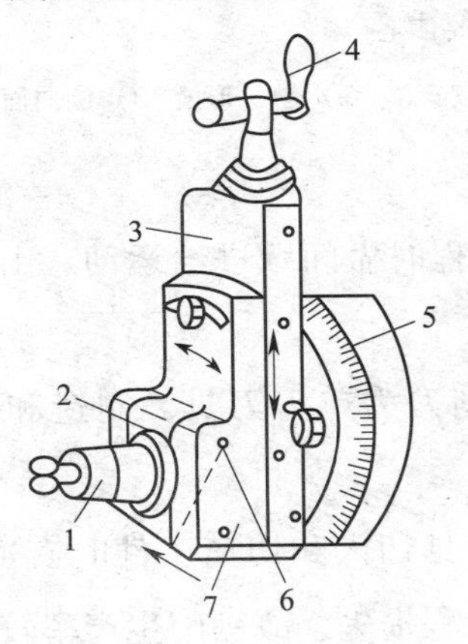

图 6—40　牛头刨床的刀架

1—刀夹　2—抬刀板　3—滑板　4—刀架手柄

5—转盘　6—转销　7—刀座

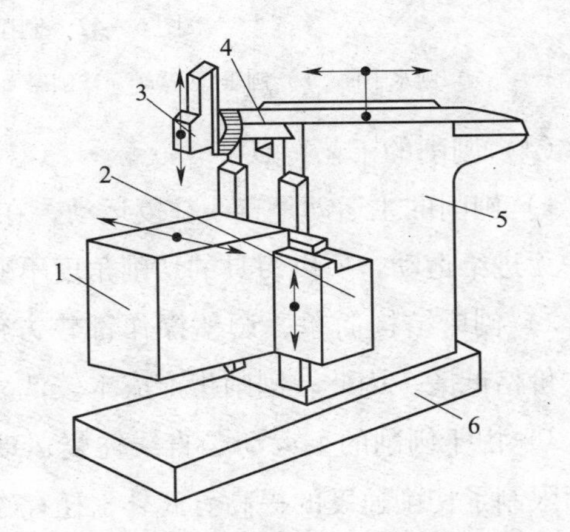

图 6—41　牛头刨床运动示意图

1—工作台　2—横梁　3—刀架

4—滑枕　5—床身　6—底座

1）主运动。牛头刨床的主运动为刀架（滑枕）的直线往复运动。电动机的回转运动经带传动机构传递到床身内的变速机构，然后由摆动导杆机构将回转运动转换成滑枕的直线往复运动。

2）进给运动。牛头刨床的进给运动包括工作台的横向移动和刨刀的垂直（或斜向）移动。工作台的横向进给由曲柄摇杆机构带动横向运动丝杠间歇转动实现，在滑枕每一次直线往复运动结束后到下一次工作行程开始前的间歇中完成。刨刀的垂直（或倾斜）进给则通过手动转动刀架手柄使其做间歇移动完成。

（3）刨削的主要内容

刨削是平面加工的主要方法之一。在刨床上可以刨平面（水平面、垂直面和斜面）、沟槽（直槽、V形槽、T形槽和燕尾槽）和曲面等，如图6—42所示。

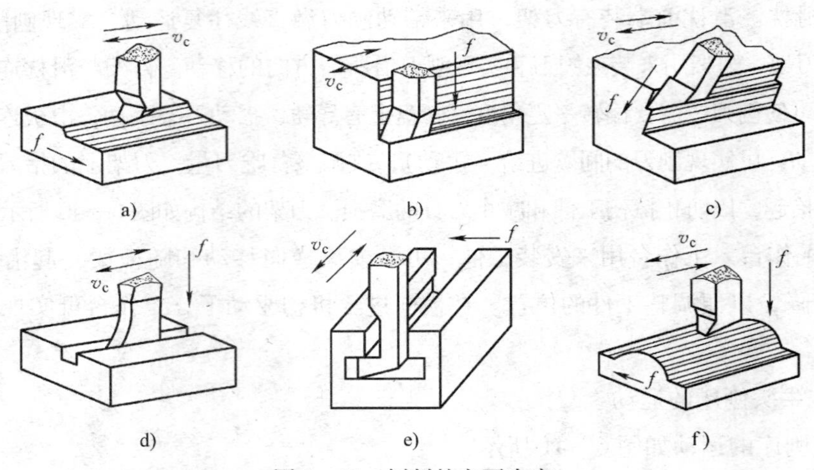

图6—42 刨削的主要内容

a）刨水平面 b）刨垂直平面 c）刨斜面 d）刨直槽 e）刨T形槽 f）刨曲面

（4）刨削的工艺特点

1）刨削的主运动是直线往复运动，在空行程时做间歇进给运动。由于刨削过程中无进给运动，所以刀具的切削角度不变。

2）刨床结构简单，调整操作都较方便；刨刀为单刃刀具，制造和刃磨较容易，价格低廉。因此，刨削生产成本较低。

3）由于刨削的主运动是直线往复运动，刀具切入和切离工件时有冲击负载，因而限制了切削速度的提高。此外，还存在空行程损失，故刨削生产率较低。

4）刨削的加工精度通常为IT9~IT7，表面粗糙度 Ra 值为12.5~1.6 μm；采用宽刃刀精刨时，加工精度可达IT6，表面粗糙度 Ra 值可达0.8~0.2 μm。

基于以上特点，牛头刨床主要适用于各种小型工件的单件、小批量生产。

6. 磨床

磨削是用磨具以较高的线速度对工件表面进行加工的方法。磨削在各类磨床上实现。

磨削时，砂轮的回转运动是主运动。根据不同的磨削内容，进给运动可以是砂轮的轴向、径向移动，工件的回转运动，工件的纵向、横向移动等。磨削的主要加工内容有：磨外圆，磨孔（磨内圆），磨内、外圆锥面，磨平面，磨成形面，磨螺纹，磨齿轮，以及磨花键、曲轴和各种刀具等。

磨削的主要内容如图 6—43 所示。

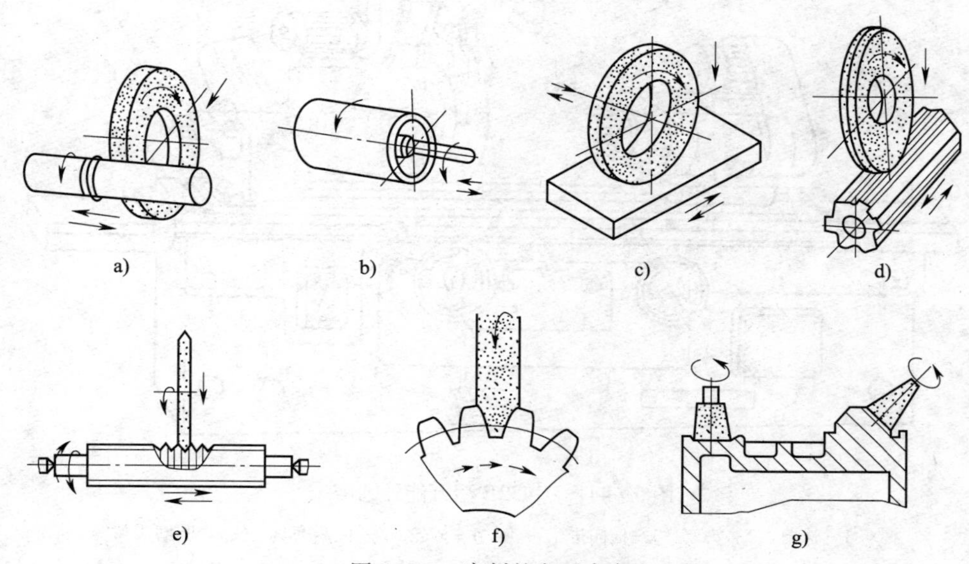

图 6—43　磨削的主要内容

a）磨外圆　b）磨孔　c）磨平面　d）磨花键　e）磨螺纹　f）磨齿轮　g）磨导轨

磨床的种类很多，主要有外圆磨床、内圆磨床、平面及端面磨床、工具磨床等，此外还有导轨磨床、曲轴磨床、凸轮轴磨床、花键轴磨床及轧辊磨床等专用磨床。其中，应用最多的是万能外圆磨床和卧轴矩台平面磨床。

（1）M1432B 型万能外圆磨床简介

如图 6—44 所示为常用的 M1432B 型万能外圆磨床的外形图。在这种磨床上，可以磨削内、外圆柱面和圆锥面。

主要部件及其功用

1）床身。床身用以支撑磨床其他部件。床身上面有纵向导轨和横向导轨，分别为磨床工作台 9 和砂轮架 7 的移动导向。

2）头架。头架主轴可与卡盘连接或安装顶尖，用以装夹工件。头架主轴由头架上的电动机经带传动、头架内的变速机构带动回转，实现工件的圆周进给，共有 25 ~ 224 r/min 六级转速。头架可绕垂直轴线逆时针回转 0° ~ 90°。

3）砂轮架。砂轮架用以支撑砂轮主轴，可沿床身横向导轨移动，实现砂轮的径向（横向）进给。砂轮的径向进给量可以通过手轮 3 手动调节。安装于主轴上的砂轮由一独立的电动机通过带传动使其回转，转速为 1 670 r/min。砂轮架可绕垂直轴线回转 -30° ~ +30°。

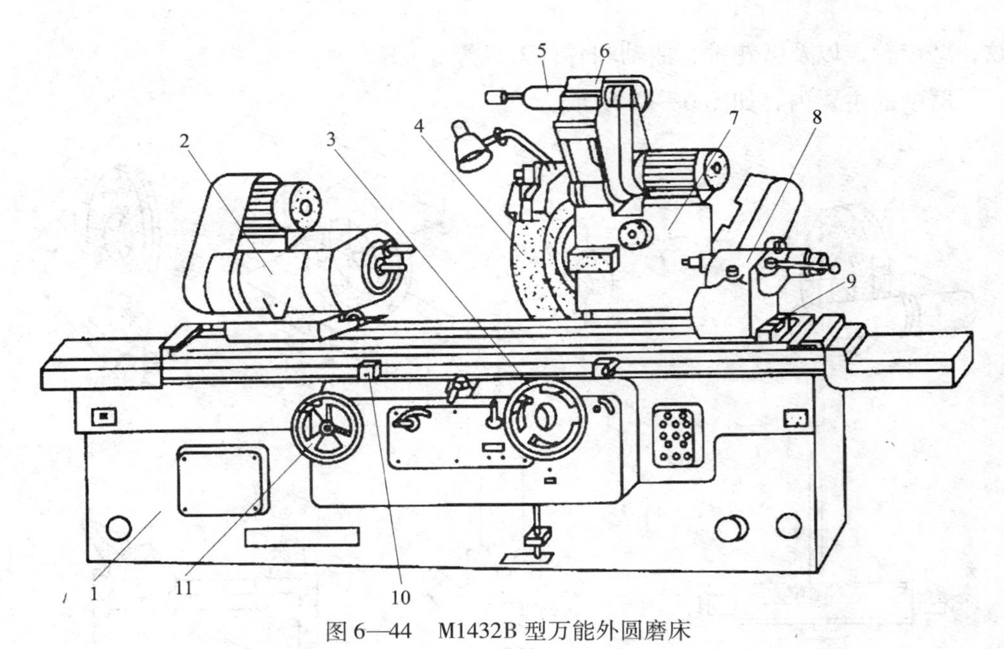

图6—44　M1432B型万能外圆磨床

1—床身　2—头架　3—横向进给手轮　4—砂轮　5—内圆磨具　6—内圆磨头
7—砂轮架　8—尾座　9—工作台　10—挡块　11—纵向进给手轮

4）工作台。工作台由上、下两层组成。上层工作台可绕下层工作台中心轴线在水平面内顺（逆）时针回转3°（6°），以便磨削小锥角的长锥体工件。工作台上层用以安装头架和尾座，工作台下层连同上层一起沿床身纵向导轨移动，实现工件的纵向进给。纵向进给可通过手轮11手动调节。工作台的纵向进给运动由床身内的液压传动装置驱动。

5）尾座。尾座套筒内安装尾顶尖，用以支撑工件的另一端。尾座后端装有弹簧，利用可调节的弹簧力顶紧工件，也可以在长工件受磨削热影响而伸长或弯曲变形的情况下便于工件装卸。装卸工件时，可采用手动或液动方式使尾座套筒缩回。

6）内圆磨头。内圆磨头上装有内圆磨具5，用来磨削内圆。它由专门的电动机经平带传动，其主轴高速回转（10 000 r/min以上），实现内圆磨削的主运动。不用时，内圆磨头翻转到砂轮架上方，磨内圆时将其翻下使用。

（2）主运动与进给运动

1）主运动。磨削外圆时的主运动为砂轮的回转运动；磨削内圆时的主运动为内圆磨头的磨具（砂轮）的回转运动。

2）进给运动

①工件的圆周进给运动，即头架主轴的回转运动。

②工作台的纵向进给运动，由液压传动实现。

③砂轮架的横向进给运动，为步进运动，即每当工作台一个纵向往复运动终了，由机械传动机构使砂轮架横向移动一个位移量（控制磨削深度）。

（3）M7120A 型卧轴矩台平面磨床简介

1）平面磨床的类型。常用的平面磨床按其砂轮轴线的位置和工作台的结构特点，可分为卧轴矩台平面磨床、立轴矩台平面磨床、卧轴圆台平面磨床、立轴圆台平面磨床等几种类型（见图6—45）。其中，卧轴矩台平面磨床应用最广。

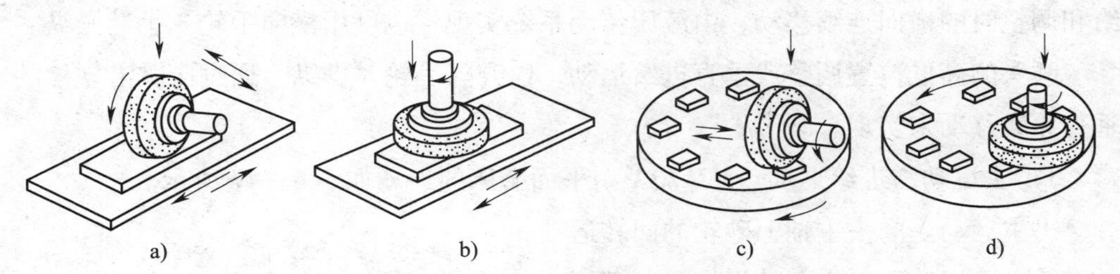

图6—45　平面磨床的几种类型及其磨削运动

a）卧轴矩台平面磨床　b）立轴矩台平面磨床

c）卧轴圆台平面磨床　d）立轴圆台平面磨床

2）M7120A 型平面磨床。M7120A 型平面磨床是一种常用的卧轴矩台平面磨床，其外形如图6—46 所示。它由床身9、立柱5、工作台7、磨头1 和修整器4 等主要部件组成。

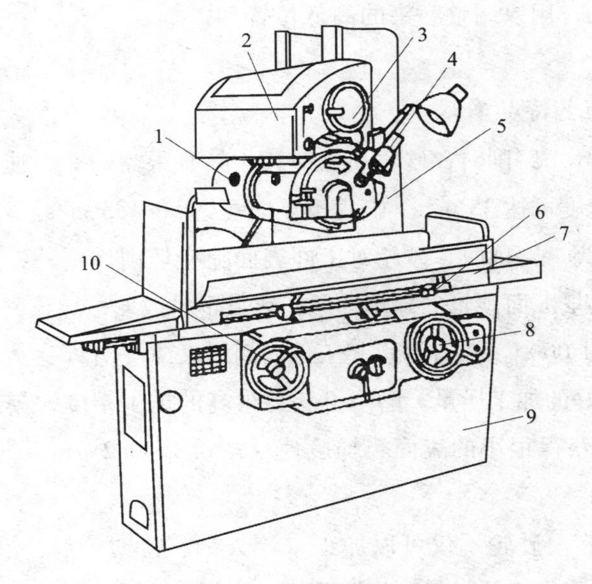

图6—46　M7120A 型平面磨床

1—磨头　2—床鞍　3—横向手轮　4—修整器　5—立柱

6—撞块　7—工作台　8—升降手轮　9—床身　10—纵向手轮

磨床的主要部件及其功用如下：

矩形工作台安装在床身的水平纵向导轨上，由液压传动系统实现纵向直线往复移动，并利用撞块6自动控制换向。此外，工作台也可用纵向手轮10通过机械传动系统手动操纵往复移动或进行调整。工作台上装有电磁吸盘，用于固定、装夹工件或夹具。

装有砂轮主轴的磨头可沿床鞍2上的水平燕尾导轨移动，磨削时的横向步进进给和调整时的横向连续移动，由液压传动系统实现，也可用横向手轮3手动操纵。

磨头的高低位置调整或垂直进给运动，由升降手轮8操纵，通过床鞍沿立柱的垂直导轨移动来实现。

3）主运动与进给运动。M7120A型平面磨床的运动如图6—47所示。

①主运动。磨头主轴上砂轮的回转运动。

②进给运动。工作台的纵向进给运动，由液压传动系统实现，移动速度为1～18 m/min。

砂轮的横向进给运动，在工作台每一个往复行程终了时，由磨头沿床鞍的水平导轨横向步进实现。

砂轮的垂直进给运动，指手动使床鞍沿立柱垂直导轨上下移动，用以调整磨头的高低位置和控制磨削深度。

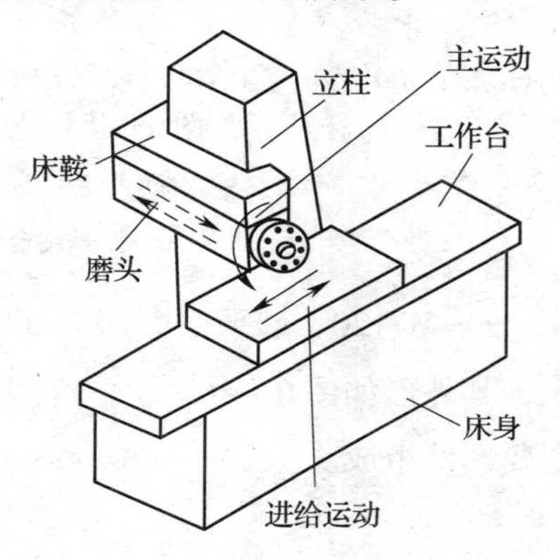

图6—47　M7120A型平面磨床运动示意图

（4）磨削的工艺特点

1）磨削速度高。磨削时，砂轮高速回转，具有很高的圆周速度。目前，一般磨削的砂轮圆周速度可达35 m/s，高速磨削时可达50～85 m/s。

2）磨削温度高。磨削时，砂轮对工件表面除有切削作用外，还有强烈的摩擦作用，产生大量热量。而砂轮的导热性差，热量不易散发，导致磨削区域温度急剧升高（可达400～1 000℃），容易引起工件表面退火或烧伤。

3）能获得很好的加工质量。磨削可获得很高的加工精度，其经济加工精度为IT7～IT6；磨削可获得很小的表面粗糙度值（*Ra*0.8～0.2 μm），因此磨削被广泛用于工件的精加工。

4）磨削范围广。砂轮不仅可以加工未淬火钢、铸铁、铜、铝等较软的材料，而且还可以磨削硬度很高的材料，如淬硬钢、高速钢、钛合金、硬质合金以及非金属材料（如玻璃）等。

5）少切屑。磨削是一种少切屑加工方法，一般磨削深度较小，在一次行程中所能切除的材料层较薄，因此，金属切除效率较低。

6）砂轮在磨削中具有自锐作用。磨削时，部分磨钝的磨粒，在一定条件下能自动脱落或崩碎，从而露出新的磨粒，使砂轮保持良好的磨削性能的现象称为“自锐作用”。这是砂轮具有的独特能力。

二、数控机床

1. 数控车床

数控车床是用计算机数字技术控制的车床。它是通过将编好的加工程序输入到数控系统中，由数控系统通过车床横向和纵向坐标轴的伺服电动机去控制车床进给运动部件的动作顺序、移动量和进给速度，再配以主轴的转速和转向，便能加工出各种形状不同的轴类或盘类回转体零件。数控车床是目前使用较为广泛的数控机床。

（1）数控车床的组成

数控车床与普通车床相比较，其结构上仍然是由主轴箱、刀架、进给传动系统、床身、液压系统、冷却系统、润滑系统等部分组成，只是两者的进给系统在结构上存在着本质的区别。普通车床主轴的运动经过挂轮架、进给箱、溜板箱传到刀架，实现纵向和横向的进给运动；而数控车床直接通过伺服电动机驱动丝杠实现纵向和横向的进给运动。可见数控车床进给系统的结构较普通车床大为简化。数控车床也有加工各种螺纹的功能，那么主轴的旋转与刀架的移动是如何保持同步的呢？一般是采取伺服电动机驱动主轴旋转，并且在主轴箱内安装有脉冲编码器，主轴的运动通过同步齿形带 1∶1 地传到脉冲编码器。当主轴旋转时，脉冲编码器便发出检测脉冲信号给数控系统，使主轴电动机的旋转与刀架的切削进给保持同步关系，实现加工螺纹时主轴转一转，刀架 Z 向移动一个导程的运动关系。

（2）数控车床床身导轨及刀架的布局

1）床身导轨的布局。数控车床床身导轨与水平面的相对位置可以分为四种布局形式：水平床身、斜床身、平床身斜滑板、立床身。

2）刀架的布局。刀架作为数控车床的重要部件，其布局形式对机床整体布局及工作性能影响很大。目前两坐标轴联动数控车床多采用 12 工位的回转刀架，也有采用 4 工位、6 工位、8 工位、10 工位回转刀架的。回转刀架在机床上的布局有两种形式，一种是用于加工盘类零件的回转刀架，其回转轴垂直于主轴；另一种是用于加工轴类和盘类零件的回转刀架，其回转轴平行于主轴。

（3）数控车床的用途

数控车床与普通车床一样，也是用来加工轴类或盘类的回转体零件。但是由于数控车床是自动完成内外圆柱面、圆锥面、圆弧面、端面、螺纹等的切削加工的，所以特别适合加工形状复杂的轴类或盘类零件。

数控车床具有加工灵活、通用性强、能适应产品的品种和规格频繁变化的特点，能够满足新产品的开发和多品种、小批量、生产自动化的要求，因此被广泛用于机械制造业。

（4）数控车床的分类

1）按数控系统的功能，分为全功能型数控车床、经济型数控车床。

2）按主轴的配置形式，分为卧式数控车床、立式数控车床。

3）按数控系统控制的轴数，分为两轴联动的数控车床、四轴联动的数控车床。

2. 数控铣床

数控铣床是一种加工功能很强的数控机床，在数控加工中占据了重要地位。世界上首台数控机床就是一部三坐标铣床，这主要是因为铣床具有 X、Y、Z 三轴向可移动的特性，更加灵活，且可完成较多的加工工序。现在数控铣床已全面向多轴化发展。目前迅速发展的加工中心和柔性制造单元，也是在数控铣床和数控镗床的基础上产生的。

（1）数控铣床的功能和特点

数控铣床从结构上可分为立式、卧式和立卧两用式几种，配置不同的数控系统，其功能也有差别。除各自特点之外，数控铣床一般具有的主要功能有以下几方面。

1）点位控制功能。利用这一功能，数控铣床可以进行只需要做点位控制的钻孔、扩孔、铰孔和镗孔等加工。

2）连续轮廓控制功能。数控铣床通过直线插补和圆弧插补，可以实现对刀具运动轨迹的连续轮廓控制，加工出由直线和圆弧两种几何要素构成的平面轮廓工件。对非圆曲线构成的平面轮廓，在经过直线和圆弧插补后也可以加工。除此之外，还可以加工一些空间曲面。

3）刀具半径自动补偿功能。各类数控铣床大都具有刀具半径补偿功能，为程序的编制提供方便。总的来说，该功能有以下几方面的用途。

①利用这一功能，在编程时可以很方便地按工件实际轮廓形状和尺寸进行编程计算，而加工中使刀具中心自动偏离工件轮廓一个刀具半径，加工出符合要求的轮廓表面。

②利用该功能，通过改变刀具半径补偿量的方法来弥补铣刀制造的尺寸精度误差，扩大刀具直径选用范围和刀具返修刃磨的允许误差。

③利用改变刀具半径补偿值的方法，以同一加工程序实现分层铣削和粗、精加工，或者用于提高加工精度。

④通过改变刀具半径补偿值的正负号，还可以用同一加工程序加工某些需要相互配合的工件，如相互配合的凹凸模等。

4）镜像加工功能。镜像加工也称为轴对称加工。对于一个轴对称形状的工件来说，利用这一功能，只要编出一半形状的加工程序就可完成全部加工。

5）固定循环功能。利用数控铣床对孔进行钻、扩、铰和镗加工时，加工的基本动作是相同的，即刀具快速到达孔位→慢速切削进给→快速退回。对于这种典型化动作，可以专门设计一段程序，在需要的时候进行调用来实现上述加工循环。特别是在加工许多相同的孔时，应用固定循环功能可以大大简化程序。在利用数控铣床的连续轮廓控制功能时，也常常遇到一些典型化的动作，如铣整圆、方槽等，也可以实现循环加工。

固定循环功能是一种子程序，采用参数方式进行编制。在加工中根据不同的需要对子程序中设定的参数赋值并调用，以此加工出大小、形状不同的工件轮廓及孔径、孔深不同的孔。目前，已有不少数控铣床的数控系统附带有各种已编好的子程序，并可进行多重嵌套，用户可以直接加以调用，编程就显得更加方便了。

除以上的常备功能外，有些数控铣床还加入了一些特殊功能，如增加了计算机仿形加工装置，使铣床可以在数控和靠模两种控制方式中任选一种来进行加工，从而扩大了机床的使用范围。具备自适应功能的数控铣床，可以在加工过程中根据感受到的切削状况（如切削力、温度等）的变化，通过适应性控制系统及时控制机床改变切削用量，使铣床及刀具始终保持最佳状态，从而可获得较高的切削效率和加工质量，延长刀具使用寿命。配置了数据采集系统的数控铣床，可以通过传感器（通常为电磁感应式、红外线或激光扫描式）对工件或实物（样板、模型等）进行测量和采集所需要的数据，这种功能为那些必须依据实物生产的工件实现数控加工带来了很大的方便，大大减少了对实样的依赖，为仿制与逆向设计——制造一体化工作提供了有效手段。目前已出现既能对实物进行扫描采集数据，又能对采集到的数据进行自动处理并生成数控加工程序的系统，简称录返系统。

（2）数控铣床的加工工艺范围

铣削是机械加工中最常用的加工方法之一，主要包括平面铣削和轮廓铣削，也可以对零件进行钻、扩、铰和镗孔加工与攻螺纹等。适于采用数控铣削的零件有平面类零件、变斜角类零件和曲面类零件。

1）平面类零件。平面类零件的特点是各个加工表面是平面，或可以展开为平面。目前在数控铣床上加工的绝大多数零件属于平面类零件。平面类零件是数控铣削加工对象中最简单的一类，一般只需用三坐标数控铣床的两坐标联动（即两轴半坐标加工）就可以加工。

2）变斜角类零件。加工面与水平面的夹角成连续变化的零件称为变斜角类零件。加工变斜角类零件最好采用四坐标或五坐标数控铣床摆角加工，若没有上述机床，也可在三坐标数控铣床上采用两轴半控制的行切法进行近似加工。

3）曲面类零件。加工面为空间曲面的零件称为曲面类零件。曲面类零件的加工面与铣刀始终为点接触，一般采用三坐标数控铣床加工，常用的加工方法主要有以下两种。

①采用两轴半坐标行切法加工。行切法是在加工时只有两个坐标联动，另一个坐标按一定行距周期性进给。这种方法常用于不太复杂的空间曲面的加工。

②采用三轴联动方法加工。所用的铣床必须具有 X、Y、Z 三坐标联动加工功能，可进行空间直线插补。这种方法常用于发动机及模具等较复杂空间曲面的加工。

3. 数控加工中心

（1）数控加工中心的概念

数控加工中心把铣削、镗削、钻削、攻螺纹和切削螺纹等功能集中在一台设备上，使其具有多种工艺手段；又由于工件经一次装夹后能对两个以上的表面自动完成加工，并且有多种换刀或选刀功能及自动工作台交换装置（APC），从而使生产效率和自动化程度大大提高。加工中心为了加工出零件所需形状，至少要有三个坐标运动，即由三个直线运动坐标 X、Y、Z 和三个旋转坐标 A、B、C 适当组合而成，多者能达到十几个运动坐标。其控制功能应最少两轴半联动，多的可实现五轴联动、六轴联动，现在又出现了多轴联动数控机床，从而保证刀具按复杂的轨迹运动。加工中心应具有各种辅助功能，如各种加工固定循环、刀具半径自动补偿、刀具长度自动补偿、刀具破损报警、刀具寿命管理、过载自动保护、丝杠螺距误差补偿、丝杠间隙补偿、故障自动诊断、工件加工过程显示、工件在线检测和加工自动补偿、切削力控制或切削功率控制、提供直接数控（DNC）接口等，这些辅助功能使加工中心更加自动化、高效和高精度。同样，生产的柔性促进了产品试制、试验效率的提高，使产品改型换代成为易事，从而适应灵活多变的市场竞争战略。

加工中心作为一种高效多功能机床，在现代化生产中扮演着重要角色。它的制造工艺与传统工艺及普通数控加工有很大不同。加工中心自动化程度的不断提高和工具系统的发展，使其工艺范围不断扩展。现代加工中心更大程度地使工件一次装夹后实现多表面、多特征、多工位的连续、高效、高精度加工，即工序集中，但一台加工中心只有在合适的条件下才能发挥出最佳效益。

（2）适合于加工中心加工的零件

1）周期性重复投产的零件。有些产品的市场需求具有周期性和季节性，如果采用专门生产线则得不偿失，采用普通设备加工效率又太低，且质量不稳定，数量也难以保证，以上两种方式在市场中必然被淘汰。而采用加工中心首件（批）试切完后，程序和相关生产信息可以保留下来，下次产品再生产时，只要很短的准备时间就可以开始生产。进一步说，加工中心工时包括准备工时和加工工时，由于加工中心把很长的单件准备工时平均分配到每一个零件上，从而使每次生产的平均实际工时减少，生产周期大大缩短。

2）高精度的零件。有些零件需求甚少，但属关键件，要求精度高且工期短，用传统工艺需用多台机床协调工作，周期长、效率低，在长工序流程中，受人为影响容易出废品，从而造成重大经济损失。而采用加工中心进行加工，生产完全由程序自动控制，避免了长工艺流程，减少了硬件投资及人为干扰，具有生产效益高及质量稳定的特点。

3）具有合适批量的零件。加工中心生产的柔性不仅体现在对特殊要求的快速反应上，而且可以快速实现批量生产，拥有并提高市场竞争能力。加工中心适合于中小批量生产，特别是小批量生产。在使用加工中心时，应尽量使批量大于经济批量，以达到良好的经济效果。随着加工中心及辅具的不断发展，经济批量越来越小，对一些复杂零件，5～10件就可以生产，甚至单件生产时也可以考虑使用加工中心。

4）多工位和工序可集中的零件。

5）形状复杂的零件。四轴联动、五轴联动加工中心的应用以及CAD/CAM技术的成熟、发展，使加工零件的复杂程度大幅度提高。DNC的使用使同一程序的加工内容足以满足各种加工需要，使复杂零件的自动加工成为易事。

6）难测量的零件。

（3）加工中心的分类及功能特点

加工中心一般可分为立式加工中心、卧式加工中心和复合加工中心三种。

1）立式加工中心。立式加工中心装夹工件方便，便于操作，找正容易，易于观察切削情况，调试程序容易，占地面积小，应用广泛。但它受立柱高度及ATC

的限制，不能加工太高的零件，且不适合加工箱体类零件。

2）卧式加工中心。一般情况下卧式加工中心比立式加工中心复杂、占地面积大，有能精确分度的数控回转工作台，可实现对工件的一次装夹多工位加工，适合于加工箱体类零件及小型模具型腔。但调试程序及试切时不宜观察，生产时不宜监视，工件装夹不便，测量不便，加工深孔时切削液不易到位（若没有使用内冷却钻孔装置）。由于许多不便，卧式加工中心准备时间比立式加工中心长，但加工件数越多，其多工位加工、主轴转速高、机床精度高的优势就表现得越明显，所以卧式加工中心适合于批量加工。

3）复合加工中心。复合加工中心兼有立式加工中心和卧式加工中心的功能，工艺范围更广，使本来要两台机床完成的任务能在一台机床上完成，工序更加集中。由于没有二次定位，加工精度也更高，但机床价格昂贵。

（4）加工中心的主要加工对象及加工要点

在制订零件的加工工艺方案时，首先要分析零件结构、加工内容等是否适合用加工中心加工，以确定其加工设备。对于工艺复杂、工序多（需多种普通机床、刀具及夹具）、精度要求较高，需经多次装夹、调整才能完成加工的零件，则适合在加工中心上加工。

1）箱体类零件。箱体类零件一般是指具有两个或更多孔系，内部有一定型腔，在长、宽、高方向上具有一定比例要求的零件。这类零件在汽车、飞机、船舶等运输工具中使用较广。由于这类零件形体复杂，加工精度要求较高，所以需要的工序和刀具较多。在加工中心上经一次装夹后，可完成需多台普通机床才能完成的绝大部分工序内容，零件精度高，质量稳定，同时能够减少大量的工装，节省工时费用。因此，箱体类零件最适合在加工中心上进行加工。

在加工箱体类零件时，对于加工工位较多、需工作台多次旋转角度才能完成的零件，一般选择卧式加工中心；当加工的工位较少，且跨距不大时，可选用立式加工中心。在加工中心上加工箱体类零件时，应注意以下几点：

①当既有面又有孔时，应先铣面，后加工孔。

②待所有孔系全都完成粗加工后，再进行精加工。

③通常情况下，直径大于或等于 $\phi30$ mm 的孔都应预制出毛坯孔，在普通机床上先完成毛坯粗加工，预留余量 4～6 mm，再由加工中心进行半精加工和精加工。直径小于 $\phi30$ mm 的孔可以直接由加工中心来完成。

④在孔系加工中，先加工大孔，后加工小孔。

⑤对于箱体上跨距较大的同轴孔，尽量采取调头加工，以缩短刀具、辅具的长

径比，提高刀具的刚度，确保加工质量。

⑥一般情况下，在 M6 ~ M20 范围内的螺孔可在加工中心上直接完成。对于 M6 以下或 M20 以上的螺孔宜采用其他机床加工完成，但底孔可由加工中心完成。

2）复杂曲面。复杂曲面（如叶轮、导风轮、螺旋桨、各种曲面成形模具等）在机械制造业，特别是在航天航空工业中占有十分重要的地位。由于这类零件的形状复杂，有的精度要求极高，采用普通机床难以加工甚至无法加工，而利用加工中心采用三、四轴联动甚至五轴联动就能够将这类零件加工出来，并且质量稳定、精度高、互换性好。

加工中心在加工复杂曲面时，编程工作量很大，只能采用自动编程。由于加工中心不具备空间刀具半径补偿功能，因此在加工过程中可能会出现平面和空间的“过切”现象，在编程时应特别注意到这一点。

3）异形件。所谓异形件即外形特异的零件，大都需要利用点、线、面多工位混合加工，如水泵体、支撑架及各种大型靠模等。异形件的总体刚度一般较低，在装夹过程中易变形，采用普通机床加工难以保证加工精度。而加工中心具有多工位点、线、面混合加工的特点，能够完成多道工序或全部工序的加工。实践证明，异形件的形状越复杂、加工精度要求越高，使用加工中心便越能显示其优越性。

4）盘、套、板类零件。主要指带有键槽或径向孔、端面有分布孔系或曲面的盘、套和轴类零件以及有较多孔的板类零件。

加工端面有分布孔系或曲面的盘类零件，宜选用立式加工中心；有径向孔的零件则宜选用卧式加工中心。

总之，加工中心适宜于切削条件多变、形状结构复杂、精度要求高、加工一致性要求好的零件的加工。同时，利用加工中心还可以实现一些特殊工艺的加工，如在金属表面上刻字、刻分度线、刻图案等；在加工中心的主轴上装上高频专用电源，对金属表面进行表面淬火。

（5）加工中心与其他机床的加工特点比较

虽然加工中心与普通机床加工都属于机床加工，但是加工中心是一种综合加工能力较强、高效、可靠的自动化设备，其加工工艺与普通机床的加工工艺有着显著区别。前者是以“工序集中”为原则来制订加工工艺方案；后者是以“工序分散”为原则来制订加工工艺方案。

1）普通机床的加工特点

①机床设备及工、夹具比较简单，调整也比较容易。

②对工人的理论知识要求较低。

③生产准备工作量较小。

④设备数量及操作的人数多，总的生产面积大。

2）加工中心的加工特点

①可减少工件的装夹次数，消除多次装夹所带来的定位误差，提高了加工精度。

②可减少机床数量，并相应减少操作机床的人数，以一机代多机，节省了总的生产面积。

③缩短了生产周期，简化了生产计划调度和管理工作，提高了生产效率。

④加工中心采用半闭环或全闭环控制，机床的定位精度和重复定位精度高。同时，有的加工中心还具有自适应控制功能，使切削参数随刀具和工件材料等因素的变化而自动调整，而不受操作者技能、视觉误差等因素的影响。因此，加工中心能够显著提高零件的加工质量，且加工零件的一致性好。

⑤加工中心具有较强的故障自诊断功能，当加工过程中出现偏差时，可自动修正或报警，确保了零件的正常加工及质量，还使检查、调整的工作量大大减少。

⑥零件的加工内容、切削用量、工艺参数等都可以编制到机内程序中去，并以软件的形式出现。其软件的适应性很强，可以随时修改，这给新产品试制及实行新的工艺流程和试验提供了极大的方便。

4. 数控电火花线切割机床

（1）电火花加工的基本概念

电火花加工又称放电加工（Electrical Discharge Machining，简称 EDM）。它是在加工过程中，使工具和工件之间不断产生脉冲性的火花放电，靠放电产生的局部、瞬时的高温将金属蚀除下来。这种利用火花放电时产生的腐蚀现象对金属材料进行加工的方法叫做电火花加工。

（2）电火花加工的特点

随着工业生产的发展和科学技术的进步，很多部门尤其是国防部门要求尖端科技产品向高温、高压、高速、高精度方向发展。目前，具有高熔点、高硬度、高脆性、高黏性、高韧性和高纯度的新型材料不断涌现，同时零件的结构形状也越来越复杂，这使得采用传统的机械加工方法难以加工甚至无法加工。为了解决上述问题，人们努力寻求新的加工方法。电火花加工的发明正适应了人们的这种需求，因此得到了广泛应用。

由于电火花加工较金属切削加工有上述优势，所以它可以加工任何硬度、强度的金属，而且在加工复杂、微细零件方面的表现更为突出。

1）电火花加工的主要优点

①可以加工难以用金属切削方法加工的零件，不受材料硬度、热处理状况的影响。

②由于工具电极与工件电极不直接接触，没有机械切削力，所以在制作工具电极时不必考虑其受力特性，工具电极可以做得十分微细，能进行微细加工和复杂型面加工。

③电火花加工是通过脉冲放电来蚀除金属材料的，而脉冲电源的参数可随时调整，因此在同一情况下，只需调整电参数即可切换粗加工、半精加工、精加工和超精加工。

由于电火花加工具有上述特性，该项技术已广泛应用于航天、航空、机械（特别是模具制造业）、仪器仪表、轻工业及科学研究等部门。

电火花加工虽然具有上述优点，但也存在不足之处。

2）电火花加工的局限性

①电火花加工生产率低。用电火花加工进行成形粗加工时，虽然仿形性较好，但其切削效率只相当于一台仪表车床。所以用金属切削方法可以加工的零件，一般不考虑使用电火花加工。

②工件只能是导电体。

③存在电极损耗。由于电极损耗通常发生在尖角边线处，影响了成形精度。为了达到精度要求，往往需要使用多个电极，增加了电极的费用和更换电极的辅助时间。

④加工表面有变质层。初步研究表明，工件的表面一般都有变质层，如不锈钢和硬质合金表面的变质层对使用是有害的，需要处理掉。

⑤加工过程必须在工作液中进行。电火花加工时放电部位必须在工作液中，否则将引起异常放电。

（3）电火花加工的分类

随着电火花加工技术的发展及应用范围的扩大，电火花加工的工艺方法也逐渐增多，根据目前电火花设备使用情况，可分为三大类。

1）电火花成形加工。采用成形工具电极进行仿形电火花加工。

2）电火花线切割加工。利用金属丝作为电极对工件进行切割。

3）其他类型电火花加工。如电火花磨削加工，电火花回转加工，电火花研磨、珩磨以及金属电火花表面强化、刻字等。

电火花加工以其特有的功能，为各种新型材料的发展和应用开辟了广阔的途径，为各种工业新产品的研发与制造提供了新的加工设备。目前，电火花加工工艺方法日益增多，并逐步渗透到各个领域，显示了其广阔的发展前景。

（4）数控电火花线切割加工原理

数控电火花线切割是在电火花成形加工基础上发展起来的，简称数控线切割，图6—48所示为其基本工作原理。工件装夹在机床的坐标工作台上，作为工件电极，接脉冲电源的正极；采用细金属丝作为工具电极，称为电极丝，接入负极。若在两电极间施加脉冲电压，不断喷注具有一定绝缘性能的水质工作液，并由伺服电动机驱动坐标工作台按预先编制的数控加工程序沿 x、y 两个坐标方向移动，则当两电极间的距离小到一定程度时，工作液被脉冲电压击穿，引发火花放电，蚀除工件材料。控制两电极间始终维持一定的放电间隙，并使电极丝沿其轴向以一定速度做走丝运动，避免电极丝因放电总发生在局部位置而被烧断，即可实现电极丝沿工件预定轨迹边蚀除、边进给，逐步将工件切割加工成形。

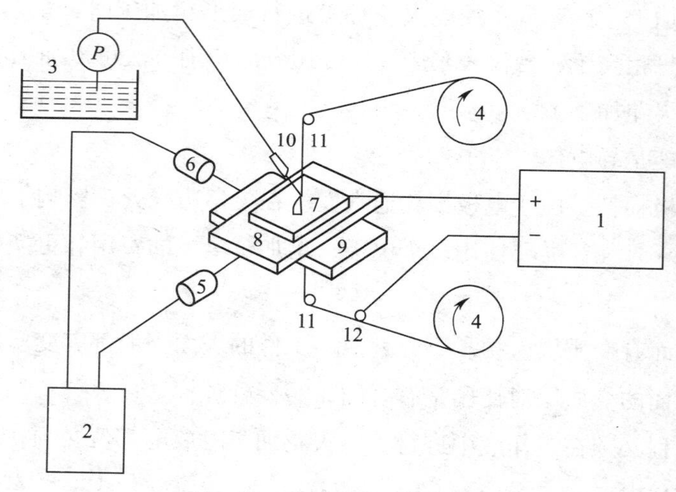

图6—48 数控线切割加工原理

1—脉冲电源 2—控制装置 3—工作液箱 4—走丝机构 5、6—伺服电动机 7—工件 8、9—坐标工作台 10—喷嘴 11—电极丝导向器 12—电源进电柱

1）数控电火花线切割机床加工特点

①数控线切割加工是轮廓切割加工，不需要设计和制造成形工具电极，大大降低了加工费用，缩短了生产周期。

②直接利用电能进行脉冲放电加工，工具电极和工件不直接接触，无机械加工

中的宏观切削力，适宜于加工低刚度零件及细小零件。

③无论工件硬度如何，只要是导电或半导电的材料都能进行加工。

④切缝可窄达 0.005 mm，只对工件材料沿轮廓进行“套料”加工，材料利用率高，能有效节约贵重材料。

⑤移动的长电极丝连续不断地通过切割区，单位长度电极丝的损耗量较小，加工精度高。

⑥一般采用水基工作液，可避免发生火灾，安全可靠，可实现昼夜无人值守连续加工。

⑦通常用于加工零件上的直壁曲面，通过 $X-Y-U-V$ 四轴联动控制，也可进行锥度切割和加工上下截面异形体、形状扭曲的曲面体和球形体等零件。

⑧不能加工盲孔及纵向阶梯表面。

2）数控电火花线切割机床工艺范围

数控线切割加工已在生产中获得广泛应用，目前国内外的线切割机床已占电加工机床的 60% 以上。图 6—49 为数控线切割加工出的多种表面和零件。

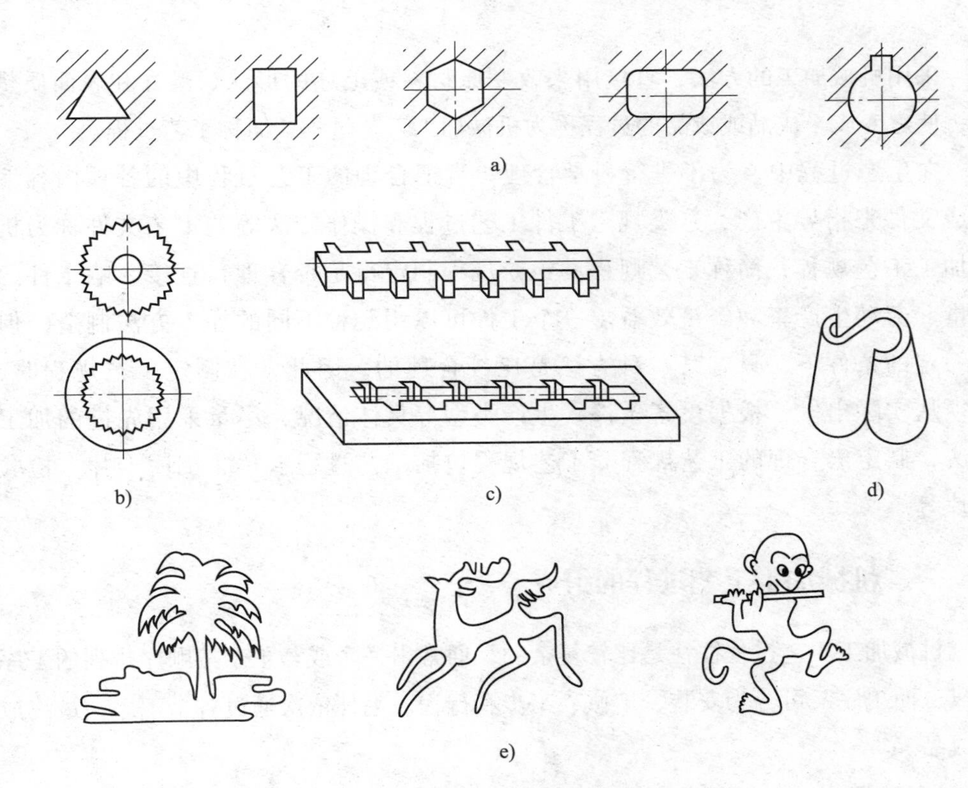

图 6—49　数控线切割加工的生产应用

a）各种形状孔及键槽　b）齿轮内外齿形　c）窄长冲模　d）斜直纹表面曲面体　e）各种平面图案

①加工模具

适用于加工各种形状的冲模、注塑模、挤压模、粉末冶金模、弯曲模等。

②加工电火花成形加工用的电极

一般穿孔加工用、带锥度型腔加工用及微细复杂形状的电极，以及铜钨、银钨合金之类的电极材料，用线切割加工特别经济。

③加工零件

可用于加工材料试验样件、各种型孔、特殊齿轮、样板、成形刀具等复杂形状零件及高硬材料的零件，可进行微细结构、异形槽和标准缺陷的加工；试制新产品时，可在坯料上直接割出零件；加工薄件时可多片叠在一起加工。

第3节 机械加工工艺规程制定

采用机械加工的方法，直接用来改变原材料或毛坯的形状、尺寸和表面质量等，使之变成半成品或成品的过程称为机械加工工艺过程，简称工艺过程。

在生产过程中，为了进行科学管理，常把合理的工艺过程中的各项内容编写成文件来指导生产，这类规定工件工艺过程和操作方法等的工艺文件称为机械加工工艺规程，简称工艺规程。工艺规程制定得是否合理，直接影响工件的质量、劳动生产率和经济效益。一个工件可以用几种不同的加工方法制造，但在一定的条件下，只有某一种方法是比较合理的。因此，在制定工艺规程时，必须从实际出发，根据设备条件、生产类型等具体情况，尽量采用先进的加工方法，制定出合理的工艺规程。工艺规程包括工艺过程卡片、工序卡片、检验卡片等。

一、机械加工工艺过程的组成

机械加工工艺过程往往是比较复杂的，通常由一个或若干个按顺序排列的工序组成，而工序又可分为安装、工位、工步和行程。毛坯依次通过各个工序，最终成为成品。

1. 工序

一个或一组工人，在一个工作地对同一个（或同时对几个）工件所连续完成的那部分加工过程，称为工序。如成批量车削如图6—50所示的轴套，它的工艺方案很多，现介绍两种：

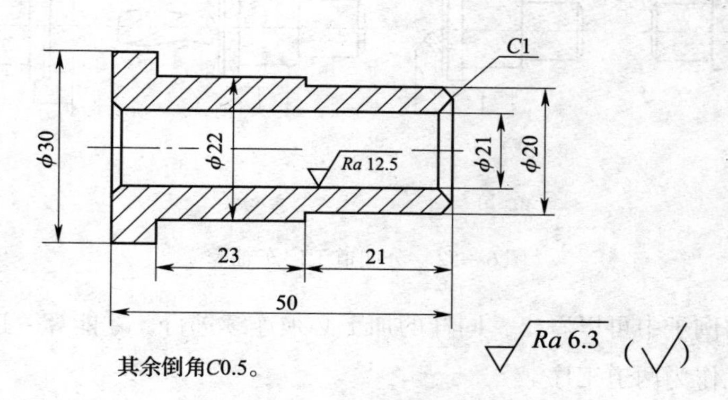

图6—50　轴套

（1）分两道工序（见图6—51，表6—4）。

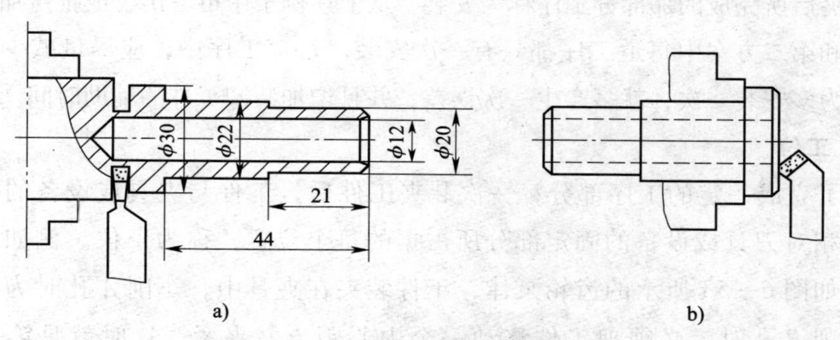

图6—51　分两道工序车轴套

a）工序1　b）工序2

表6—4　　工序加工过程

	工序序号	工种	工序内容
两道工序	1	车	车端面、车外圆及台阶、倒角、钻孔、倒角、切断
	2	车	车端面、倒角
四道工序	1	车	车端面、车外圆及台阶、倒角、切断
	2	车	车端面、倒角
	3	车	钻孔、倒角
	4	车	倒角

注：小批量工件在一台机床上连续加工且多次调头时，视为一道工序的多次安装。

（2）分四道工序（见图6—52，表6—4）。

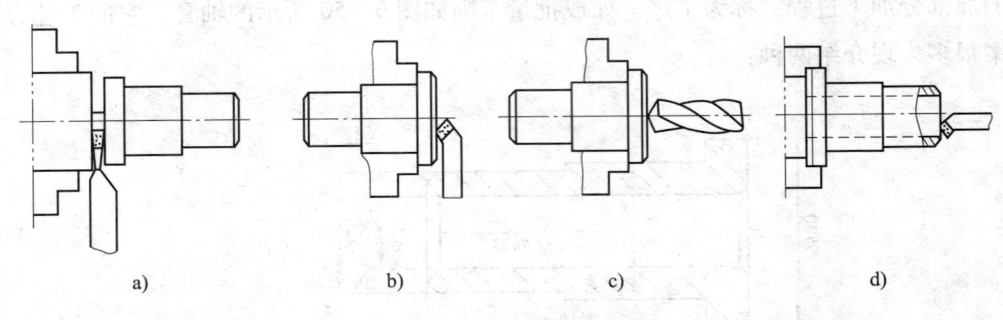

图6—52　分四道工序车轴套

从上面的例子中可以看出，同样的加工必须连续进行，才能算一道工序，如中间有中断，就作为两道工序。

2. 安装

在一道工序中，工件在加工位置上，可以只装夹一次，也可装夹几次。工件经一次装夹后所完成的那部分工序称为安装。从上述例子中可看出，成批量加工的第一方案和第二方案中每道工序都只有一次安装。每道工序中，应尽量减少安装次数。因为多安装一次，就多产生一次误差，并且增加装卸工件的辅助时间。

3. 工位

为了完成一定的工序部分，一次装夹工件后，工件与夹具或设备的可动部分一起相对刀具或设备的固定部分所占据的每个位置，称为工位。例如在车床上加工如图6—53所示的齿轮泵体，工件装夹在夹具中，车削A孔时为一个工位；车削B孔时，必须把工件移动一个中心距L并夹紧，这时就是第二个工位。

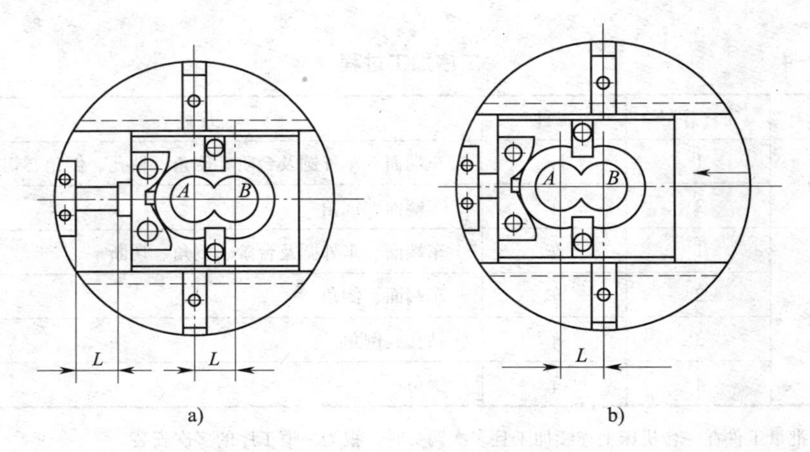

图6—53　两个工位车削齿轮泵体

a）工位1　b）工位2

4. 工步

在加工表面和加工工具不变的情况下，所连续完成的那部分工序称为工步。如其中一个（或两个）因素变化，则为另一个工步。如图 6—51a 所示工序 1 中包括以下八个工步：

车端面→车 ϕ30 mm 外圆→车 ϕ22 mm × 44 mm 外圆→车 ϕ20 mm × 21 mm 外圆→钻 ϕ12 mm × 52 mm 孔→外圆倒角 *C*0.5→孔口倒角 *C*1→切断。

5. 行程

行程分为工作行程和空行程。工作行程是指刀具以加工进给速度相对工件所完成一次进给运动的工步部分。一个工步可包括一个或几个工作行程。如将 ϕ65 mm 外圆车至 ϕ45，需在直径方向车去 20 mm 的余量，车床及车刀等工艺系统的刚度低，不允许一次切除，必须分几次进给，则每次进给运动就是一个工作行程。空行程是指刀具以非加工进给速度相对工件所完成一次进给运动的工步部分。

二、车削工件的基准和定位基准的选择

1. 基准

基准就是用来确定生产对象上几何要素间的几何关系所依据的那些点、线、面。基准可分为设计基准和工艺基准两大类。工艺基准又分为定位基准、测量基准和装配基准等。

（1）设计基准

设计图样上所采用的基准，称为设计基准。如图 6—54 所示机床主轴，各级外圆的设计基准为主轴的轴线；长度尺寸是以端面 *B* 为依据的，因此轴向设计基准是端面 *B*。而如图 6—55 所示轴承座，ϕ40H7 孔中心高的设计基准为底平面 *A*。

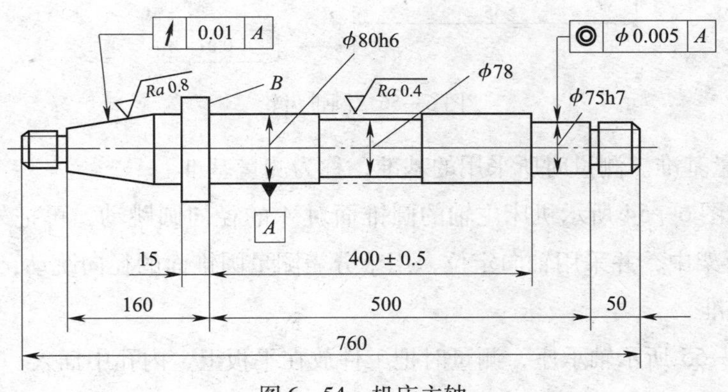

图 6—54　机床主轴

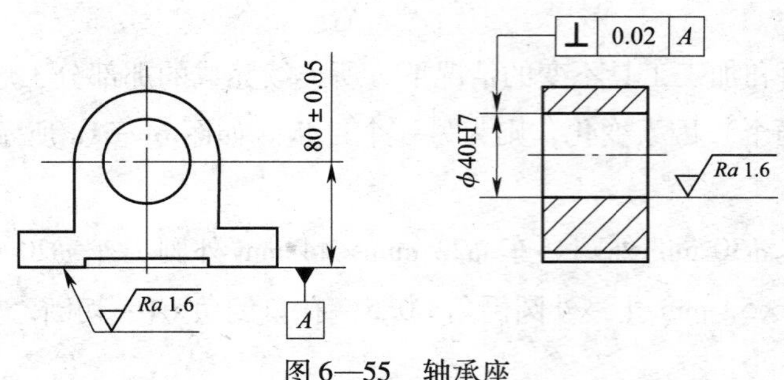

图6—55　轴承座

（2）工艺基准

1）定位基准。在加工中用做定位的基准，称为定位基准。图6—54所示机床主轴，用两顶尖装夹车削和磨削时，其定位基准是两端中心孔。而图6—55所示轴承座，用花盘弯板装夹车削轴承孔时，底面装夹在弯板上，底面*A*即为定位基准。

如图6—56所示圆锥齿轮，在车削齿轮坯时，以ϕ25H7孔和端面*B*装夹在心轴上，以保证齿坯圆锥面与孔的同轴度以及长度尺寸18.53$_{-0.07}^{\ 0}$ mm，ϕ25H7孔为径向定位基准，端面*B*为轴向定位基准。

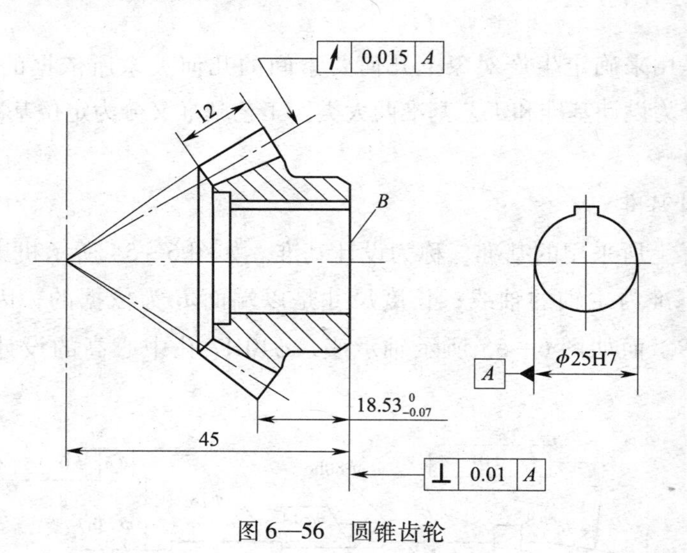

图6—56　圆锥齿轮

2）测量基准。测量时所采用的基准，称为测量基准。

检验如图6—54所示机床主轴的圆锥面对*A*的径向圆跳动，可把外圆ϕ480h6安放在V形架中，并采用轴向定位，用千分表测量圆锥面的径向跳动，外圆ϕ80h6就是测量基准。

如图6—55所示轴承座，测量时把工件放在平板上，内孔中插入一根心轴，以底平面为依据，用百分表根据量块的高度，用比较测量法来测量中心高（80 mm ±

0.05 mm）；再用百分表在心轴的两端测量轴承孔与底平面的平行度误差（见图 6—57），轴承座的底平面就是测量基准。

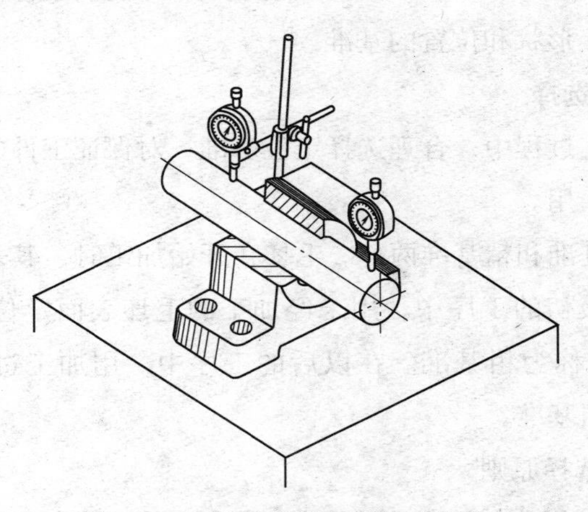

图 6—57　测量轴承座的平行度误差

3）装配基准。装配时用来确定零件或部件在产品中的相对位置所采用的基准，称为装配基准。

在如图 6—58 所示圆锥齿轮装配图中，ϕ25H7 为径向装配基准，端面 B 为轴向装配基准。加工此圆锥齿轮的齿形时，应装夹在心轴上，以孔和端面作为测量基准。因此，齿轮轴线和端面 B 既是设计基准，又是定位基准、测量基准和装配基准，这称为基准重合。基准重合是保证工件和产品质量最理想的工艺手段。

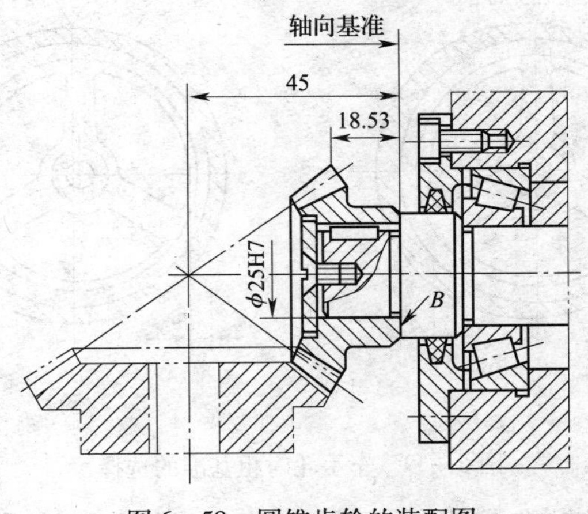

图 6—58　圆锥齿轮的装配图

必须指出，作为工艺基准的点和线，总是以具体表面来体现的，这个表面就称为定位基面。如图 6—58 所示的圆锥齿轮轴线并不具体存在，而是由内孔表面来体现的，因而内孔和端面就是圆锥齿轮的定位、测量和装配的定位基面。

4）工序基准。在工序图上用来确定本工序加工表面加工后的尺寸、形状、位置的基准称为工序基准。工序基准也就是用来在工序简图上标注本工序加工表面加工后应保证的尺寸、形状和位置的基准。

2. 定位基准的选择

在机械加工工艺过程中，合理选择定位基准，对保证工件的尺寸精度和相互位置精度起决定性的作用。

定位基准有粗基准和精基准两种。毛坯在开始加工时，其表面都是未经加工的毛坯表面。因此在最初的工序中，用未经加工的毛坯表面定位（或根据某毛坯表面找正），这种基准称为粗基准。在以后的工序中，用加工过的表面作为定位基准，这种基准称为精基准。

（1）粗基准的选择原则

选择粗基准时，必须达到以下两个基本要求：其一，应保证所有加工表面都有足够的加工余量；其二，应保证工件加工表面和不加工表面之间具有一定的位置精度。

粗基准的选择原则如下：

1）应选择不加工表面作为粗基准。车削如图6—59所示手轮，因为铸造时有一定的形位误差，在第一次装夹车削时，应选择手轮内缘的不加工表面作为粗基准，加工后就能保证轮缘厚度 a 基本相等（见图6—59a）。

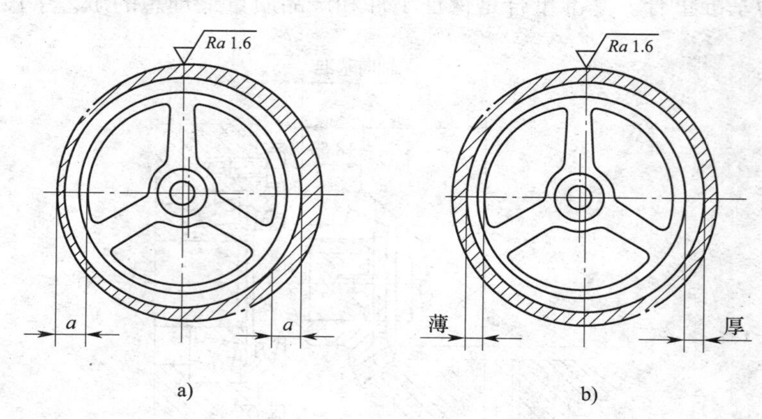

图6—59　车手轮时粗基准的选择

a）以内圆作为粗基准（正确）　b）以外圆作为粗基准（错误）

如果选择手轮外缘（加工表面）作为粗基准，加工后因铸造误差不能消除，使轮缘厚薄明显不一致（见图6—59b）。也就是说，在车削前应该找正手轮内缘，或用三爪自定心卡盘反撑在手轮的内缘上进行车削。

2）对于所有表面都需要加工的工件，应根据加工余量最小的表面找正，这样不会因位置的偏移而造成余量太小的部位车不出来。

如图 6—60 所示台阶轴是锻件毛坯，*A* 段余量较小，*B* 段余量较大，粗车时应找正 *A* 段，再适当考虑 *B* 段的加工余量。

3）应选择比较牢固可靠的表面作为粗基准，否则会夹坏工件或使工件松动。

4）粗基准应尽量平整光滑，没有飞边、浇口、冒口、毛刺或其他缺陷，以使工件定位准确、夹紧可靠。

5）粗基准不能重复使用。车削如图 6—61 所示小轴，如重复使用毛坯面 *B* 定位去加工表面 *A* 和 *C*，则必然会使表面 *A* 与 *C* 的轴线产生较大的同轴度误差。因此，加工中粗基准应避免重复使用。

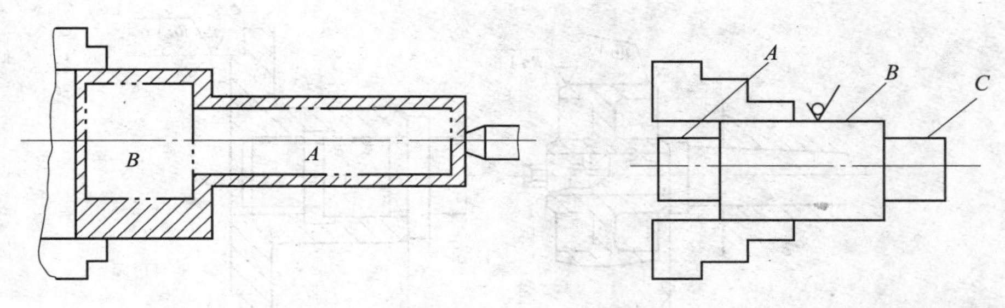

图 6—60 根据余量最小的表面找正　　图 6—61 粗基准重复使用实例

当然，若毛坯制造精度较高，而工件加工精度要求较低，则粗基准也可重复使用。

（2）精基准的选择原则

1）尽可能采用设计基准（或装配基准）作为定位基准。一般的套、齿轮和带轮在精加工时，多数利用心轴以内孔作为定位基准来加工外圆及其他表面（见图 6—62a、b、c）。这样，定位基准与装配基准重合，装配时较容易达到设计所要求的精度。在车配卡盘的连接盘时（见图 6—62d），一般先车好内孔和螺纹，然后把连接盘旋在主轴上，再车配安装卡盘的凸肩和端面，这样容易保证卡盘和主轴的同轴度。

2）尽可能使定位基准与测量基准重合。如图 6—63a 所示套，要求端面 *A* 与 *B* 之间的距离为 $42_{-0.020}^{\ 0}$ mm，测量基准为 *A*。用如图 6—63b 所示心轴加工时，因为轴向定位基准是 *A* 面，这样定位基准与测量基准重合，使工件容易达到长度公差要求。如果以 *C* 面作为长度定位基准（见图 6—63c），由于 *C* 面与 *A* 面之间有一定误差，则很难保证长度要求。

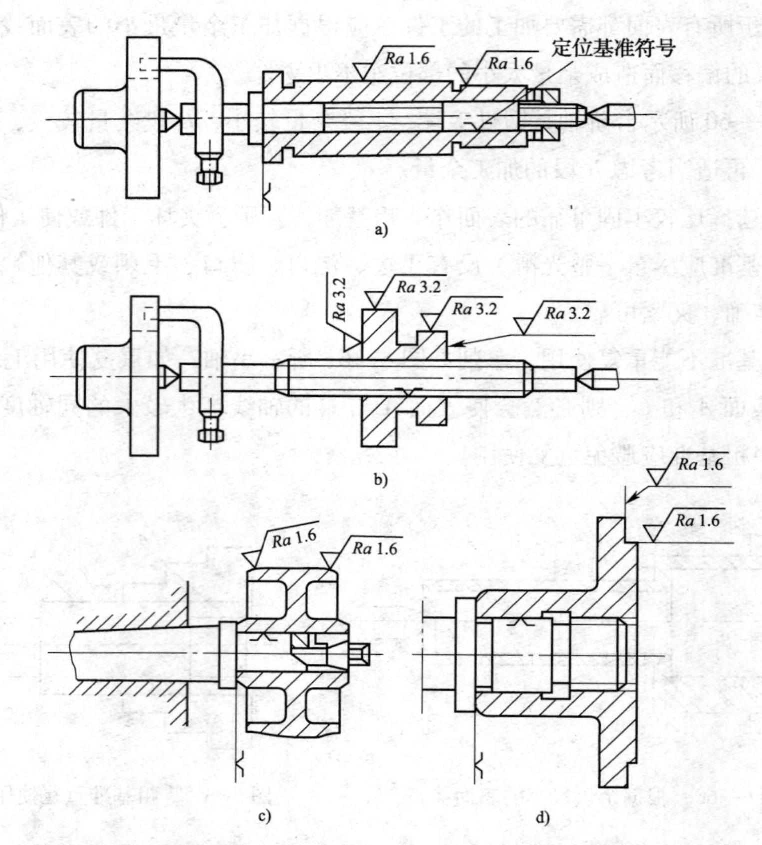

图 6—62　设计基准（或装配基准）与定位基准重合

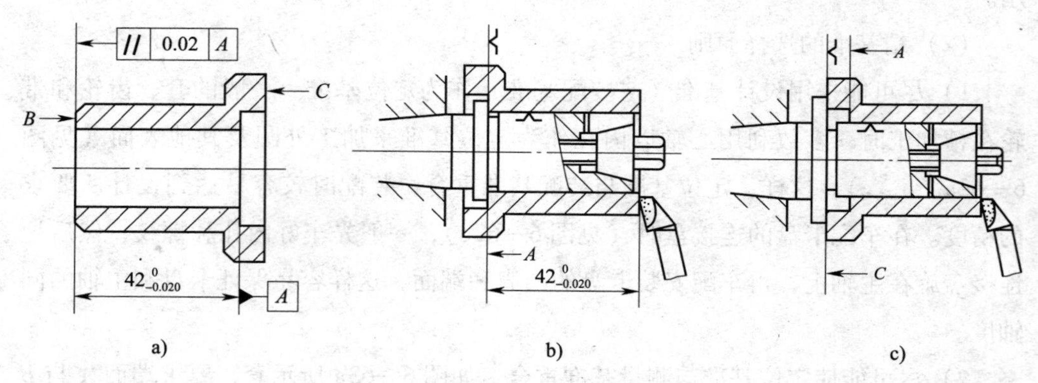

图 6—63　测量基准和定位基准重合

a）工件　b）直接定位（正确）　c）间接定位（不正确）

3）尽可能使基准统一。除第一道工序外，其余工序尽量采用同一个精基准。因为基准统一后，可以减小定位误差，提高加工精度，并且使装夹方便。如一般轴类零件的中心孔，在车、铣、磨等工序中，始终以它作为精基准；又如加工齿轮时，先把内孔加工好，然后始终以孔作为精基准。

必须指出，当基准统一原则与上述基准重合原则相抵触而不能保证加工精度时，就必须放弃这个原则。

4）选择精度较高、装夹稳定可靠的表面作为精基准，并尽可能选用形状简单和尺寸较大的表面作为精基准，这样可以减小定位误差和使定位稳固。如图6—64a所示内圆磨具套筒，外圆长度较长，形状简单，而两端要加工的内孔长度较短，形状复杂。在车削和磨削内孔时，应以外圆作为精基准。

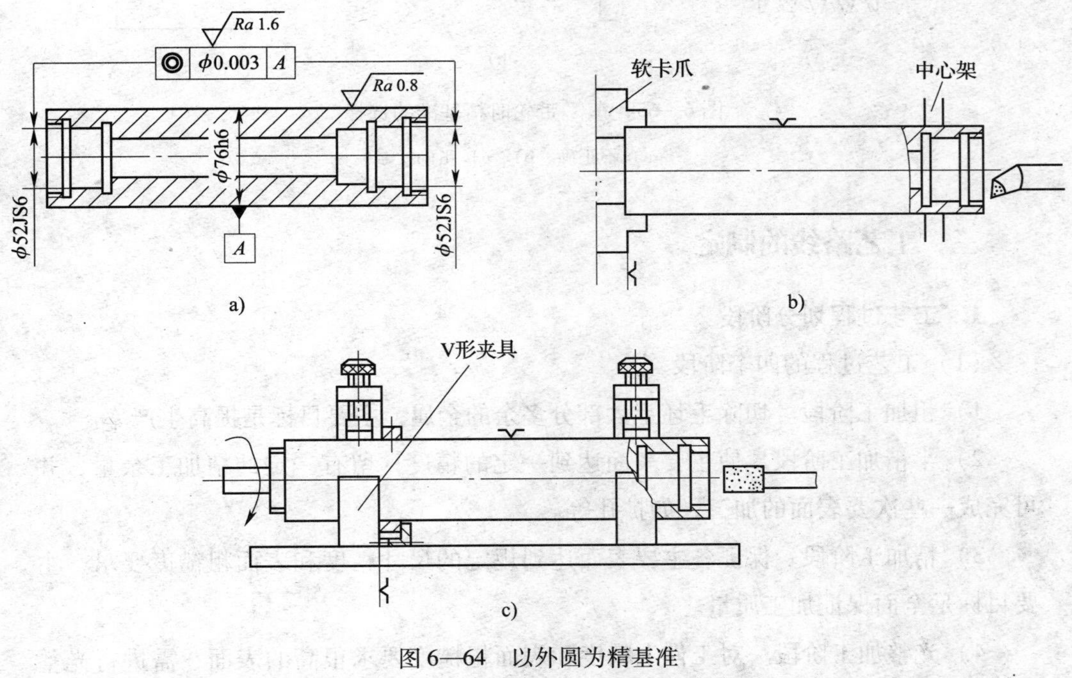

图 6—64　以外圆为精基准

a）工件　b）车内孔　c）磨内孔

车削内孔和内螺纹时，应将工件一端用软卡爪夹住，另一端搭中心架，以外圆作为精基准（见图 6—64b）。磨削两端内孔时，把工件装夹在 V 形夹具（见图 6—64c）中，同样以外圆作为精基准。

又如加工内孔较小、外径较大的 V 带轮时，就不能以内孔装夹在心轴上车削外缘上的 V 形槽。这是因为心轴刚度不够，容易引起振动（见图 6—65a），并使切削用量无法提高。车削直径较大的 V 带轮时，可采用反撑的方法（见图 6—65b），使内孔和各条 V 形槽在一次装夹中加工完毕；或先把外圆、端面及 V 形槽车好后，装夹在软卡爪中以外圆为基准精车内孔（见图 6—65c）。

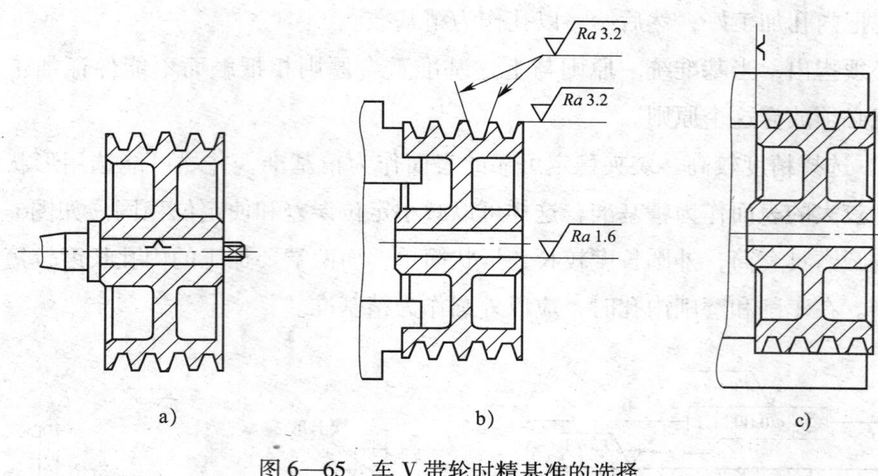

图6—65　车V带轮时精基准的选择

a）不正确　b）、c）正确

三、工艺路线的制定

1. 工艺过程划分阶段

（1）工艺过程的四个阶段

1）粗加工阶段。切除毛坯上大部分多余的金属，主要目标是提高生产率。

2）半精加工阶段。使主要表面达到一定的精度，留有一定的精加工余量，并可完成一些次要表面的加工，如扩孔等。

3）精加工阶段。保证各主要表面达到规定的尺寸精度和表面粗糙度要求，主要目标是全面保证加工质量。

4）光整加工阶段。对工件上精度和表面粗糙度要求很高的表面，需进行光整加工，主要目标是提高尺寸精度、减小表面粗糙度值。此阶段一般不能用来提高位置精度。

（2）划分加工阶段的目的

1）保证加工质量。按加工阶段加工，粗加工造成的加工误差可以通过半精加工和精加工来纠正。

2）合理使用机床。粗加工可采用功率大、刚度高、效率高而精度低的机床，精加工可采用高精度机床。这样可发挥设备各自的特点，既能提高生产率，又能延长精密设备的使用寿命。

3）便于及时发现毛坯缺陷。对于毛坯的各种缺陷，如铸件的气孔、砂眼和余量不足等，在粗加工后即可发现，便于及时修补或决定报废。

4）便于安排热处理工序。粗加工后一般要安排去应力热处理，以消除内应力。精加工前要安排淬火等最终热处理。

加工阶段的划分也不应绝对化，应根据工件的质量要求、结构特点和生产批量灵活掌握。

2. 切削加工工序的安排

切削加工工序通常按以下原则安排：

（1）基面先行原则。用做精基准的表面应先加工出来，因为定位基准的表面越精确，装夹误差就越小。如加工轴类零件时，总是先加工中心孔，再以中心孔为基准加工外圆表面和台阶。

（2）先粗后精原则。各个表面的加工按照粗加工—半精加工—精加工—光整加工的顺序依次进行，逐步提高表面的加工精度并减小表面粗糙度值。

（3）先主后次原则。零件的主要表面、装配基面应先加工，从而及早发现毛坯中主要表面可能存在的缺陷。次要表面可穿插进行，放在主要表面加工到一定程度后，精加工之前进行。

（4）先面后孔原则。对于复杂零件，一般先加工平面再加工孔。这是因为：一方面平面定位稳定可靠；另一方面在加工过的平面上加工孔比较容易，并能提高孔的加工精度，特别是钻出的孔轴线不易偏斜。

3. 热处理工序的安排

根据不同的热处理目的，一般将热处理工序分为预备热处理和最终热处理，具体内容见表 6—5。

表 6—5　　热处理工序

工序	工艺	工艺代号	应　用	工序位置安排	目的
预备热处理	退火	5111	用于铸铁或锻件毛坯，以改善其切削功能	毛坯制造后、粗加工之前	改善材料的力学性能，消除毛坯制造时的内应力，细化晶粒，均匀组织，并为最终热处理准备良好的金相组织
	正火	5121			
	低温时效		用于各种精密零件，消除切削加工的内应力，保持尺寸的稳定性。对于特别重要的高精度的零件，要经过几次低温时效处理。有些轴类零件在校直工序后，也要安排低温时效处理	半精车后，或粗磨、半精磨后	
	调质	5151	调质零件的综合力学性能良好，对某些硬度和耐磨性要求不高的零件，也可作为最终热处理	粗加工后、半精加工之前	

续表

工序	工艺	工艺代号	应用	工序位置安排	目的
最终热处理	淬火	5131	适用于碳素结构钢。由于零件淬火后表面硬度高，除磨削和线切割等加工外，一般方法不能对其切削	半精加工后、磨削加工之前	提高材料的硬度、耐磨性和强度等力学性能
	渗碳淬火	5310－131	适用于低碳钢和低合金钢（如15、15Cr、20、20Cr等），其目的是先使工件表层含碳量增加，然后经淬火使表层获得高的硬度和耐磨性，而心部仍保持一定的强度和较高的韧性和塑性。渗碳淬火还可以解决工件上部分表面不淬硬的工艺问题	半精加工与精加工之间	
	渗氮	5330	渗氮是使氮原子渗入金属表面，从而获得一层含氮化合物的热处理方法。渗氮层较薄，一般不超过0.6～0.7 mm。渗氮后的表面硬度很高，不需淬火	精磨或研磨之前	

4．辅助工序的安排

辅助工序主要包括：检验、清洗、去毛刺、去磁、倒棱边、涂防锈油和平衡等。其中检验工序是主要的辅助工序，是保证产品质量的主要措施之一，一般安排在粗加工之后、精加工之前、重要工序之后、工件在不同车间之间转移前后和工件全部加工结束后进行。

5．普通机械加工工序与数控加工工序的衔接

数控加工工序前后一般都穿插有其他普通加工工序，如衔接不好就容易产生矛盾，因此，要解决好数控加工工序与非数控加工工序之间的衔接问题。最好的办法是建立相互状态要求，例如，要不要为后道工序留加工余量，留多少；定位面与孔的精度要求及几何公差等。其目的是相互能满足加工需要，且质量目标与技术要求明确，交接验收有依据。

有关手续问题，如果是在同一个车间，可由编程人员与主管该工件的工艺员协商确定，在制定工序工艺文件中互审会签，共同负责；如果不是在同一个车间，则应用交接状态表进行规定，共同会签，然后反映在工艺规程中。

6．典型零件工艺线路简介

（1）轴类零件工艺线路

加工轴类零件主要是加工外圆表面及相关端面，轴线为设计基准，两端中心孔为定位基面。

一般主轴的加工工艺路线如下：下料→锻造→退火（正火）→粗加工→调质→半精加工→表面淬火→粗磨→低温时效→精磨。

（2）套类零件工艺路线

套类零件一般由孔、外圆、端面和沟槽组成。套类零件的主要表面是同轴度要求较高的内、外圆表面，而孔是套类零件中起支撑或导向作用的最主要表面。支撑孔或导向孔的轴线是设计基准，而支撑孔或导向孔则是定位基面。

具有花键孔的双联齿轮的加工工艺路线如下：下料→锻造→粗车→调质→半精车→拉花键孔→套花键心轴车外圆→插齿（或滚齿）→齿部倒角→齿面淬火→珩齿或磨齿。

7．工序余量的确定

工件相邻两工序的工序尺寸之差，称为工序余量（加工余量）。选择毛坯时表面应留的加工余量称为毛坯余量。例如粗车后，要在直径上留 1 mm 余量精车，1 mm是精车余量；又如精车后要留 0.4 mm 磨削，0.4 mm 是磨削余量。

在制定工艺卡时，必须确定适当的工序余量。如淬火工件，磨削余量留得太多，磨削时容易使工件表面退火；余量太少，又往往因工件淬火后变形等原因，下道工序无法把上道工序的痕迹切除而使工件报废。

工序余量一般采用查表法获得。轴类工件毛坯在长度上的工序余量不宜留得过大。

四、典型零件的技术要求

1．轴类零件的技术要求

（1）尺寸精度

轴颈是轴类零件的主要表面，轴颈的公差等级一般为 IT6 ~ IT9，特别精密的可达 IT5。

（2）几何形状精度

轴颈的几何形状精度一般限制在直径公差范围内。

（3）位置精度

主要是指配合轴颈相对于轴承支撑轴颈的同轴度，通常用配合轴颈对支撑轴颈的径向圆跳动来表示。根据使用要求，一般精度的轴为 0.01 ~ 0.03 mm。此外，还有内外圆的同轴度以及轴向定位端面与轴线的垂直度要求等。

2. 套类零件的技术要求

套类零件起支撑或导向作用的主要表面是孔和外圆，其主要技术要求如下：

（1）内孔

内孔是套类零件的最主要表面。孔径公差等级一般为IT7。孔的形状精度应控制在孔径公差范围内。对于长套筒，除了圆度要求外，还应注意孔的圆柱度和孔轴线的直线度要求。内孔的表面粗糙度值应控制在*Ra*1.6～0.16 μm范围内。

（2）外圆

外圆一般是套类零件的支撑表面，外径尺寸公差等级通常取IT6～IT7；形状精度控制在外径公差范围内，表面粗糙度值为*Ra*3.2～0.4 μm。

（3）位置精度

套类零件的内外圆之间的同轴度要求较高，一般为0.01～0.05 mm；若套筒的端面在使用中承受轴向载荷或在加工中作为定位基准时，其内孔轴线与端面的垂直度公差一般为0.01～0.05 mm。

思考题

1. 工件的定位方法有哪几种？
2. 在工件的装夹过程中有时采用重复定位，主要目的是什么？
3. 工序基准是在什么图上用以标定被加工表面位置尺寸和位置精度的基准？
4. 一个或一组工人在一个工作地对一个或同时对几个工件所连续完成的那一部分工艺过程称为安装吗？能解释吗？
5. 解释工序定义中“一个工作地”和“连续”完成的含义。
6. 工件上有些表面要加工，有些表面不需要加工，选择粗基准时，能选择加工表面作为粗基准吗？
7. 常用机床可分为哪几类？其工作原理是什么？
8. 机械加工工艺过程由几部分组成？
9. 什么是基准？设计基准和工艺基准有何区别？
10. 工艺过程划分为几个阶段？分别是什么？

第7章

钳工相关基础知识

钳工是使用钳工工具或设备，按技术要求对工件进行加工、修整、装配的工种。其特点是手工操作多、灵活性强、工作范围广、技术要求高，且操作者本身的技能水平直接影响加工质量。

第1节　划 线 知 识

划线是机械加工中的重要工序之一，广泛应用于单件或小批量生产。

一、划线概述

根据图样和技术要求，在毛坯或半成品上用划线工具划出加工界线，或划出作为基准的点、线的操作过程称为划线。

1. 划线的分类

划线分为平面划线和立体划线两种。只需要在工件一个表面上划线后即能明确表示加工界线的，称为平面划线；需要在工件几个互成不同角度（一般是互相垂直）的表面上划线，才能明确表示加工界线的，称为立体划线。

2. 划线的基本要求

对划线的基本要求是：线条清晰均匀，定形、定位尺寸准确。由于划线的线条有一定的宽度，一般要求划线精度达到 0.25 ~ 0.5 mm。应当注意，工件的加工精度（尺寸、形状及位置精度）不能完全由划线确定，而应该在加工过程中通过测量来保证。

3. 划线的作用

划线的作用主要有：

（1）确定工件的加工余量，使加工有明显的尺寸界限。

（2）为便于复杂工件在机床上的装夹，可按划线找正定位。

（3）能及时发现和处理不合格的毛坯。

（4）当毛坯误差不大时，可通过借料划线的方法进行补救，提高毛坯的合格率。

二、划线工具

1. 划线平台

划线平台（又称划线平板）是由铸铁毛坯经精刨或刮削制成。其作用是用来安放工件和划线工具，并在平台工作面上完成划线过程。

2. 划针

划针是直接在毛坯或工件上划线的工具。在已加工表面上划线时，常使用 $\phi3\sim\phi5$ mm 的弹簧钢丝或高速钢制成的划针，将划针尖部磨成 15°～20°，并经淬火处理以提高其硬度和耐磨性。在铸件、锻件等表面上划线时，常用尖部焊有硬质合金的划针。划针及其使用如图 7—1 所示。

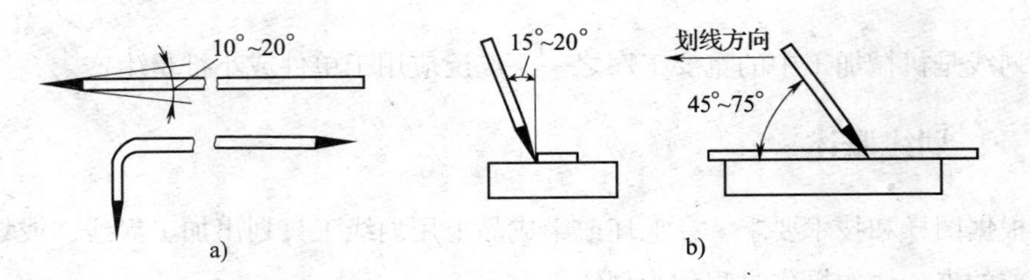

图 7—1　划针及其使用

a）划针　b）划针的使用

3. 划规

划规如图 7—2 所示，是用来划圆和圆弧、等分线段、等分角度和量取尺寸的工具。

划规两脚长度要磨得稍有不等，两脚合拢时脚尖才能靠紧，划圆弧时应将手力作用到作为圆心的一脚，以防中心滑移。

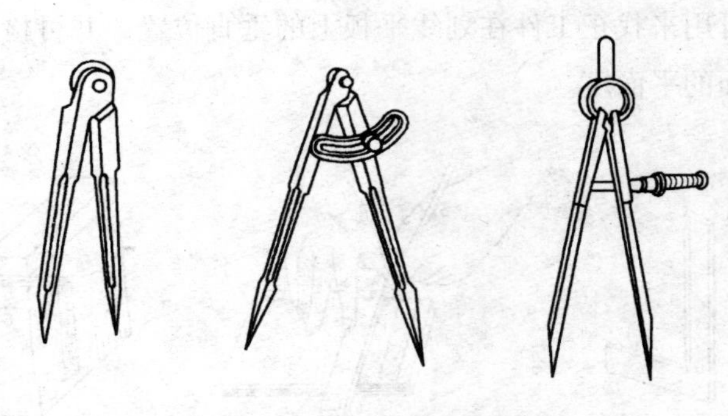

图 7—2　划规

4. 划线盘

划线盘如图 7—3 所示，是直接划线或找正工件位置的工具。一般情况下，划针的直头用来划线，弯头用来找正工件。

5. 钢直尺

钢直尺是一种简单的测量工具和划线的导向工具。

6. 游标高度尺

游标高度尺如图 7—4 所示，是一种比较精密的量具及划线工具。它可以用来测量高度，又可以用量爪直接划线。

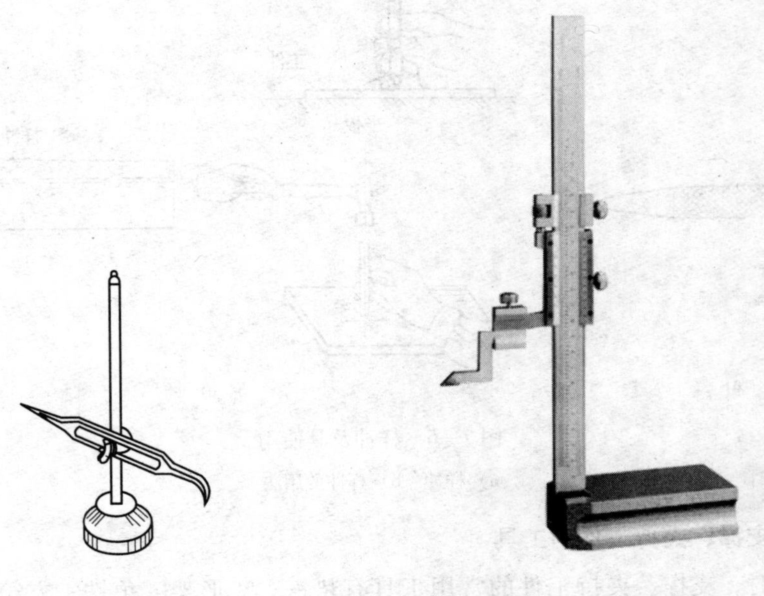

图 7—3　划线盘　　　　图 7—4　游标高度尺

7. 90°角尺

90°角尺如图 7—5 所示，在钳工制作中应用广泛。它可作为划平行线、垂直线的导向工具，还可用来找正工件在划线平板上的垂直位置，并可检验工件两平面的垂直度或单个平面的平面度。

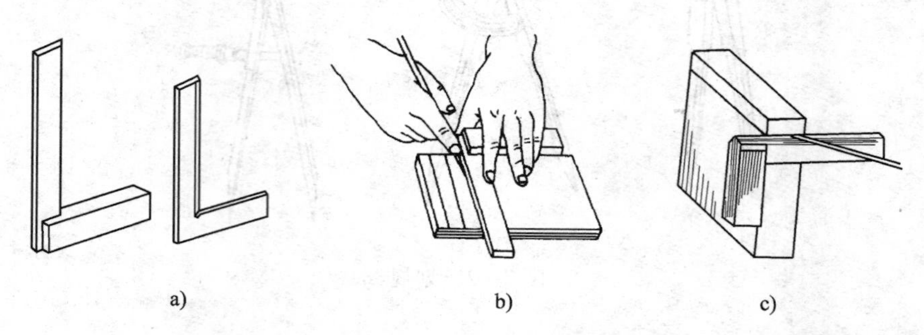

图7—5　90°角尺及其使用

a）90°角尺　b）、c）90°角尺的用法

8. 万能角度尺

万能角度尺除测量角度、锥度之外，还可以作为划线工具划角度线。

9. 样冲

样冲如图7—6所示，用于在工件上所划的加工线条上打样冲眼，作为加强加工界限标志，还用于在圆弧中心或钻孔时的定位中心打眼（称为中心样冲眼）。

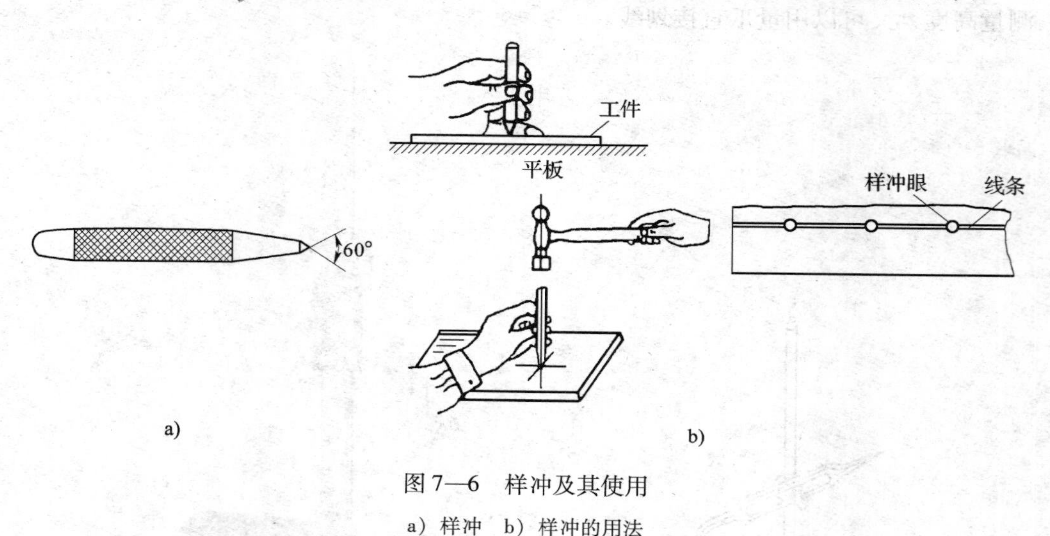

图7—6　样冲及其使用

a）样冲　b）样冲的用法

10. 支撑、夹持工件的工具

划线时，支撑、夹持工件的常用工具有垫铁、V形架、角铁、方箱和千斤顶等，如图7—7所示 。

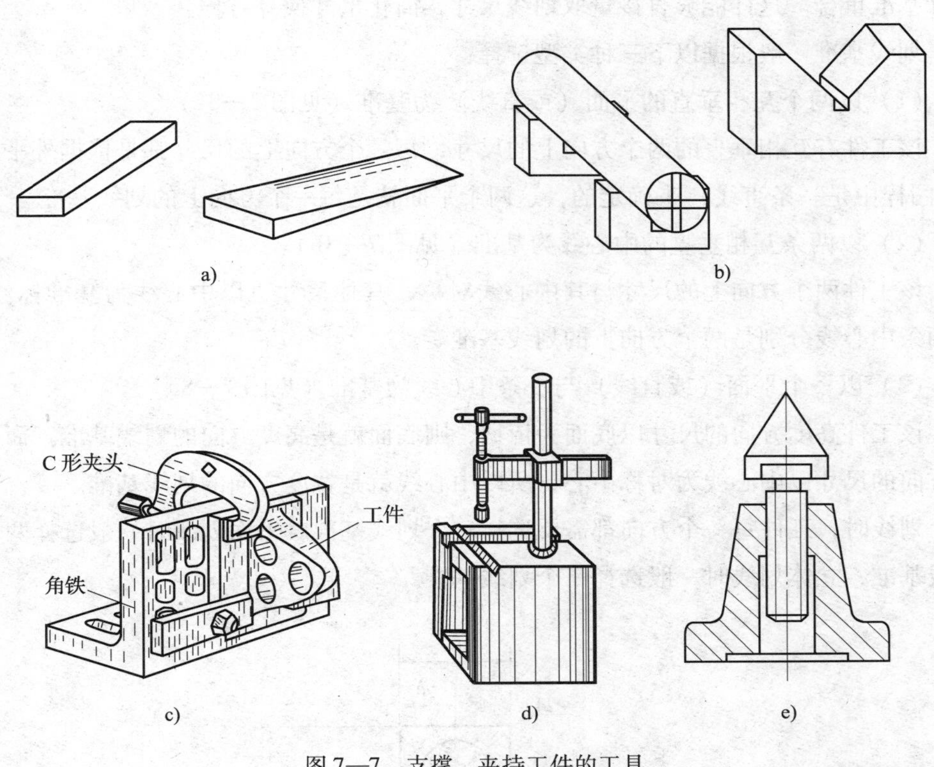

图 7—7　支撑、夹持工件的工具

a）垫铁　b）V 形架　c）角铁　d）方箱　e）千斤顶

三、划线前的准备与划线基准

划线前，首先要看懂图样和工艺要求，明确划线任务，检验毛坯和工件是否合格，然后对划线部位进行清理、涂色，确定划线基准，选择划线工具进行划线。

1. 划线前的准备

划线前的准备包括对工件或毛坯进行清理、涂色及在工件孔中装中心塞块等。

常用涂色的涂料有石灰水和酒精色溶液。石灰水用于铸件毛坯的涂色。为增加石灰水的吸附力，可加入适量的牛皮胶水。酒精色溶液是由 2% ~4% 的龙胆紫、3% ~5% 的虫胶和 91% ~95% 的酒精配制而成的，主要用于已加工表面的涂色。

2. 划线基准的选择

在划线时选择工件上的某个点、线、面作为依据，用它来确定工件的各部分尺寸、几何形状及工件上各要素的相对位置，此依据称为划线基准。

在零件图样上，用来确定其他点、线、面位置的基准，称为设计基准。

划线应从划线基准开始。选择划线基准的基本原则是：应尽可能使划线基准和设计基准重合。这样能够直接量取划线尺寸，简化尺寸换算过程。

划线基准一般根据以下三种类型选择：

（1）以两个互相垂直的平面（或直线）为基准（见图7—8a）。

该工件有互相垂直的两个方向上的尺寸，每一个方向上的尺寸都是依据外平面（在图样中是一条直线）来确定的，这两个平面就是每一个方向上的划线基准。

（2）以两条互相垂直的中心线为基准（见图7—8b）。

该工件两个方向上的尺寸与其中心线对称，其他尺寸也以中心线为基准标注，这两条中心线分别是两个方向上的划线基准。

（3）以一个平面（或直线）与一条中心线为基准（见图7—8c）。

该工件高度方向的尺寸以底面为依据，则底面就是高度方向的划线基准。而宽度方向的尺寸以中心线为对称中心，所以中心线就是宽度方向的划线基准。

划线时，工件每一个方向都需要选择一个划线基准。平面划线时一般选择两个划线基准，立体划线时一般选择三个划线基准。

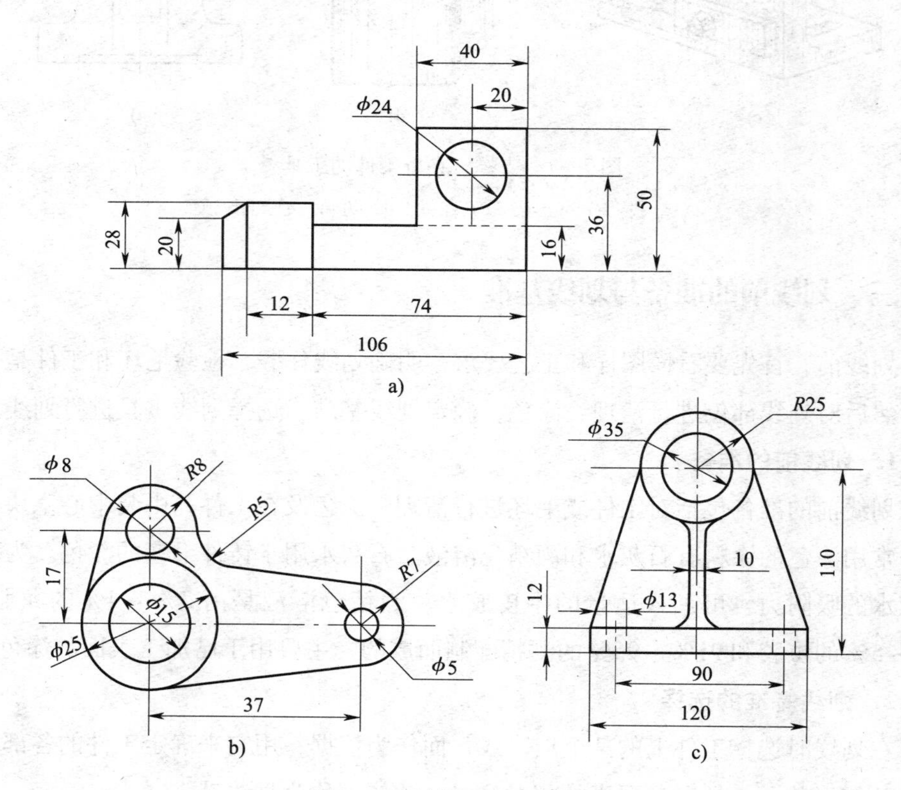

图7—8　划线基准的类型

a）以两个互相垂直的平面（或直线）为基准　b）以两条互相垂直的中心线为基准

c）以一个平面与一条中心线为基准

第 2 节　钻孔、扩孔、铰孔、攻螺纹和套螺纹

一、钻孔

用钻头在实体工件上加工出孔的方法称为钻孔。

在钻床上进行钻孔时，钻头的旋转是主运动，钻头沿轴向的移动是进给运动。

1. 麻花钻

（1）麻花钻的组成

麻花钻由柄部、颈部和工作部分组成，如图 7—9 所示。

1）柄部。麻花钻有锥柄和直柄两种。一般钻头直径小于 $\phi13$ mm 的制成直柄，大于 $\phi13$ mm 的制成锥柄。柄部是麻花钻的夹持部分，它的作用是定心和传递扭矩。

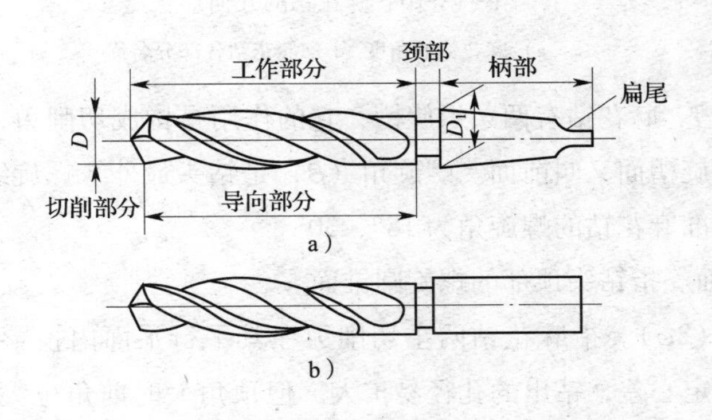

图 7—9　麻花钻

a）锥柄式　b）直柄式

2）颈部。颈部在磨削麻花钻时作为退刀槽使用，钻头的规格、材料及商标常打印在颈部。

3）工作部分。麻花钻工作部分由切削部分和导向部分组成。切削部分主要起切削工件的作用。导向部分的作用不仅是保证钻头钻孔时的正确方向、修光孔壁，同时还是切削部分的后备。

（2）麻花钻工作部分的几何形状

麻花钻工作部分的几何形状如图7—10所示。麻花钻切削部分可以看做是正反两把车刀，所以它的几何角度的定义及辅助平面的概念都和车刀基本相同，但又有其自身的特殊性。

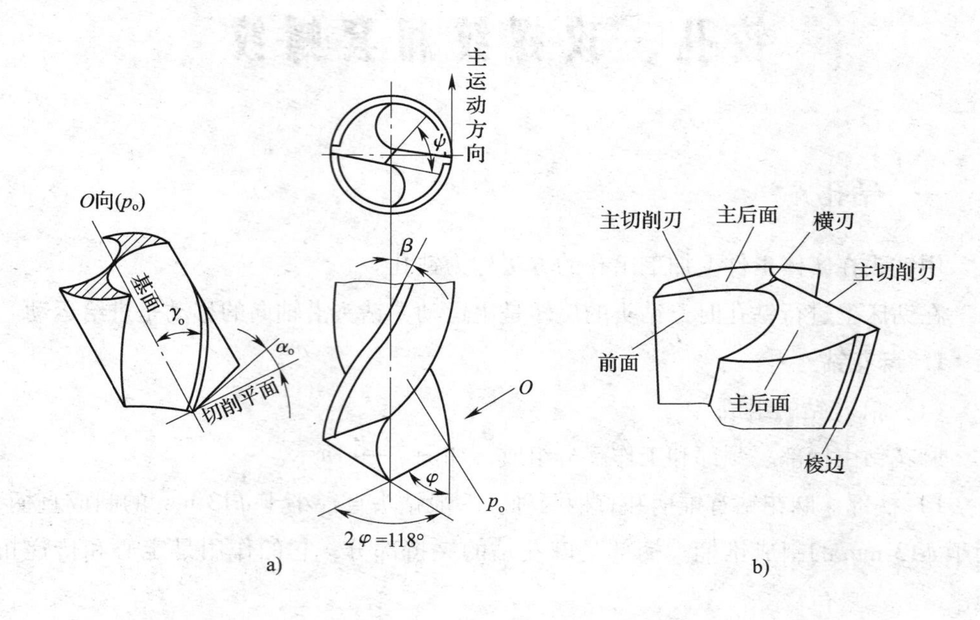

图7—10　麻花钻的几何形状

a）麻花钻的角度　b）麻花钻各部分名称

1）螺旋槽。麻花钻有两条螺旋槽，它的作用是构成切削刃，利于排屑和使切削液畅通。螺旋槽面又叫前面。螺旋角（β）是钻头最外缘螺旋线的切线与钻头轴线的夹角。标准麻花钻的螺旋角为18°～30°。

2）主后面。指钻头顶部的螺旋圆锥面。

3）顶角（2φ）。指麻花钻两主切削刃在其平行平面内投影的夹角。顶角大，主切削刃短，定心差，钻出的孔径易扩大。但顶角大时前角也大，切削比较轻快。标准麻花钻的顶角为118°。顶角为118°时两主切削刃是直线，大于118°时主切削刃呈凹形曲线，小于118°时呈凸形曲线。

4）前角（γ_o）。前角是前面和基面的夹角。前角大小与螺旋角、顶角和钻心直径有关，而影响最大的是螺旋角。螺旋角越大，前角也就越大。前角大小是变化的，其外缘处最大，自外缘向中心逐渐减小，在钻心至$D/3$范围内为负值，接近横刃处的前角约为－30°。

5）后角（α_o）。后角是主后面与切削平面之间的夹角。后角也是变化的，其外缘处最小，越接近钻心后角越大。

6）横刃。麻花钻两主切削刃的连线（就是两主后面的交线）称为横刃。横刃太长，轴向力增大；横刃太短又会影响钻头的强度。

7）横刃斜角（ψ）。在垂直于麻花钻轴线的端面投影中，横刃与主切削刃所夹的锐角，称为横刃斜角。它的大小主要由后角决定，后角大，横刃斜角小，横刃变长。标准麻花钻的横刃斜角一般为55°。

8）棱边。棱边有修光孔壁和作为切削部分后备的作用。为减小与孔壁的摩擦，在麻花钻上制造了两条略带倒锥的棱边（又称刃带）。

（3）麻花钻的刃磨

刃磨麻花钻时，主要是刃磨两个主后面，同时要保证后角、顶角和横刃斜角正确。所以麻花钻的刃磨也是钳工较难掌握的一项操作技能。

麻花钻刃磨后必须达到以下要求：

1）麻花钻两主切削刃对称，也就是两主切削刃和轴线成相等的角度，并且长度相等。

2）横刃斜角为55°。

2. 钻削用量

钻削用量包括背吃刀量（切削深度）、进给量和切削速度。

（1）背吃刀量（a_p）

背吃刀量是指待加工表面到已加工表面之间的垂直距离。钻削时的背吃刀量等于钻头直径的一半。

（2）进给量（f）

进给量是指主轴旋转一周，钻头沿主轴轴线移动的距离。其单位是mm/r。

（3）切削速度（v_c）

切削速度是指钻孔时钻头最外缘处的线速度。切削速度的计算公式：

$$v_c = \frac{\pi dn}{1\,000}$$

式中　v_c——切削速度，m/min；

n——钻床主轴转速，r/min，

d——钻头直径，mm。

二、扩孔

用扩孔工具将工件上原来的孔扩大的加工方法，称为扩孔。

扩孔时背吃刀量（a_p）的计算公式：

$$a_p = \frac{D - d}{2}$$

式中　D——扩孔后的直径（扩孔工具直径），mm；

d——扩孔前的孔径，mm。

常用的扩孔方法有用麻花钻扩孔和用扩孔钻扩孔。

1. 用麻花钻扩孔

用麻花钻扩孔时，由于钻头横刃不参加切削，轴向力小，进给省力。但因钻头外缘处前角较大，易把钻头从钻套中拉下来，所以应把麻花钻外缘处的前角修磨得小一些，并适当控制进给量。

2. 用扩孔钻扩孔

扩孔钻有高速钢扩孔钻和硬质合金扩孔钻两种，如图7—11所示。扩孔钻的主要特点是：

（1）齿数较多（一般有3～4个齿），导向性好，切削平稳。

（2）切削刃不必由外缘一直到中心，没有横刃，可避免横刃对切削的不良影响。

（3）钻心粗，刚度高，可选择较大的切削用量。

用扩孔钻扩孔，生产效率高，加工质量好，精度可达到IT10～IT9，表面粗糙度值可达 Ra 25～6.3 μm，常作为孔的半精加工及铰孔前的预加工。

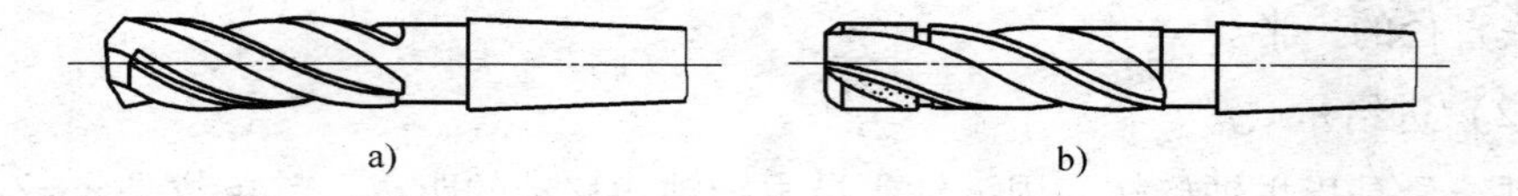

图7—11　扩孔钻

a）高速钢扩孔钻　b）硬质合金扩孔钻

三、铰孔

用铰刀从工件孔壁上切除微量金属层，以获得孔的较高尺寸精度和较小表面粗糙度值的加工方法，称为铰孔。铰孔用的刀具叫做铰刀。铰刀是尺寸精确的多刃刀具，它具有刀齿数量较多、切削余量小、切削阻力小和导向性好等优点。铰孔尺寸精度可达IT9～IT7，表面粗糙度值可达 Ra1.6 μm。

1. 铰刀

（1）铰刀的组成

铰刀由柄部、颈部和工作部分组成，如图7—12所示。

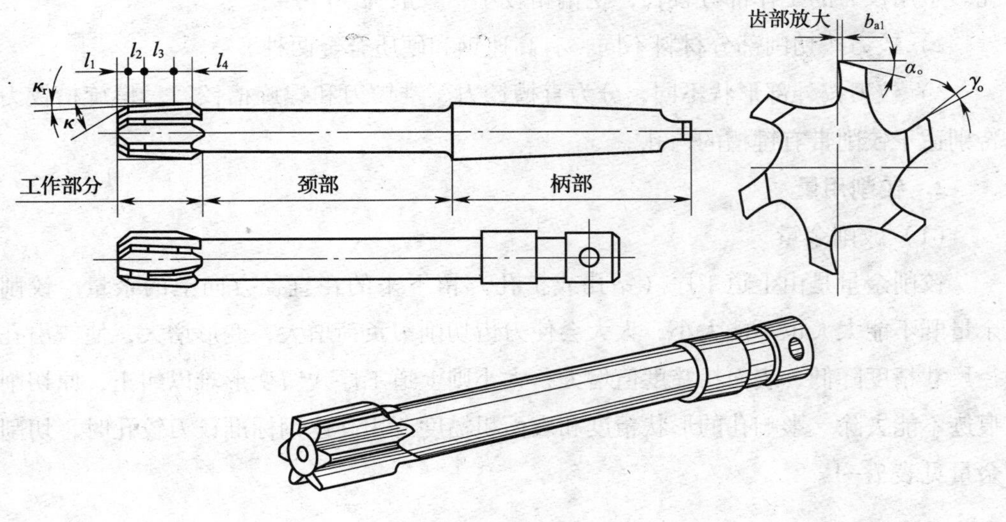

图 7—12　铰刀

1）柄部。柄部的作用是用来被夹持和传递扭矩。柄部形状有锥形、直形和方榫形三种。

2）工作部分。工作部分由引导部分（l_1）、切削部分（l_2）、修光部分（l_3）和倒锥部分（l_4）组成。

①引导部分可引导铰刀头部进入孔内，其导向角（κ）一般为 45°。

②切削部分担负切去铰孔余量的任务。

③修光部分有棱边（b_{a1}），它起定向、修光孔壁、保证铰刀直径和便于测量等作用。

④倒锥部分是为了减小铰刀和孔壁的摩擦。

一般情况下铰刀前角为 0°，后角为 6°～8°，主偏角为 12°～15°。根据工件材料不同，铰刀几何角度也不完全一样，其角度由制造时保证。

铰刀齿数一般为 4～8 齿，为测量直径方便，多采用偶数齿。

铰刀工作时最容易磨损的部位是切削部分与修光部分的过渡处。这个部位直接影响工件表面粗糙度值的大小，不能有尖棱，每一个齿一定要磨得等高。

（2）铰刀的分类

1）铰刀按使用方法不同，可分为机用铰刀和手用铰刀。

①机用铰刀也有锥柄和直柄两种。机用铰刀的特点是工作部分较短，而颈部较长，主偏角较大。标准机用铰刀的主偏角为 15°。

②手用铰刀的柄部做成方榫形，以便扳手或铰杠套入，用手工旋转铰刀进行铰

孔。手用铰刀的工作部分较长，主偏角较小，一般为40′~4°。

2）铰刀按切削部分材料不同，有高速钢和硬质合金两种。

3）铰刀按外部形状不同，分为直槽铰刀、锥铰刀和螺旋槽铰刀。螺旋槽铰刀特别适于铰削带有键槽的内孔。

2. 铰削用量

（1）铰削余量

铰削余量是由上道工序（钻孔或扩孔）留下来的在直径方向上的余量。铰削余量既不能太大也不能太小，太大会使刀齿切削刃负荷增大，变形增大，使铰出孔径尺寸精度降低，表面粗糙度值增大；太小则上道工序残留变形难以纠正，原切削痕迹不能去除，影响孔的形状精度和表面粗糙度。用高速钢标准铰刀铰孔时，切削余量见表7—1。

表7—1　　铰削余量　　mm

铰孔直径	<5	5~20	21~32	33~50	51~70
铰削余量	0.1~0.2	0.2~0.3	0.3	0.5	0.8

（2）进给量（f）

铰削钢件和铸铁件时，$f=0.5\sim1$ mm/r；铰削铜或铝件时，$f=1\sim1.2$ mm/r。

（3）切削速度（v_c）

用高速钢铰刀铰削钢件时，$v_c=4\sim8$ m/min；铰削铸铁件时，$v_c=6\sim8$ m/min；铰削铜件时，$v_c=8\sim12$ m/min。

3. 铰孔时切削液的选用

铰孔时加注乳化液，铰出的孔径略小于铰刀尺寸，且表面粗糙度值较小；铰孔时加注切削油，铰出的孔径略大于铰刀尺寸，且表面粗糙度值较大；铰孔时不加注切削液（干切），铰出的孔径最大，且表面粗糙度值也最大。

四、攻螺纹和套螺纹

1. 攻螺纹

用丝锥在工件孔中切削出内螺纹的加工方法，称为攻螺纹。

（1）攻螺纹用的工具

1）丝维。丝锥分手用丝锥和机用丝锥，如图7—13所示。

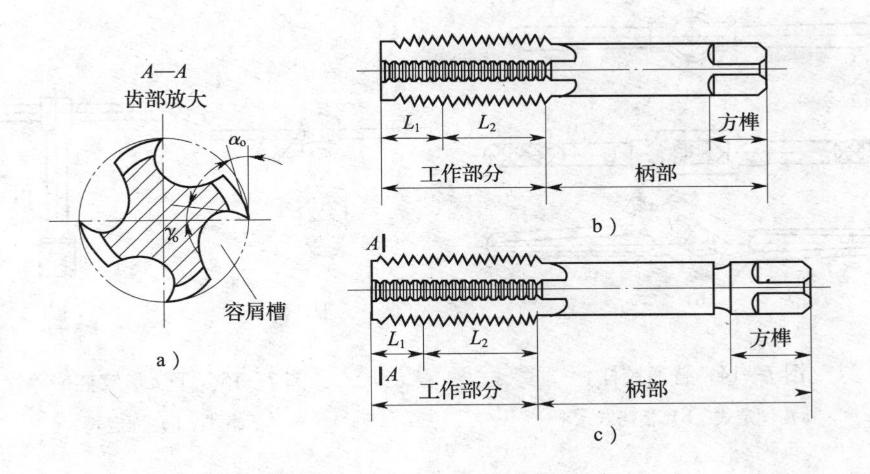

图 7—13　丝锥

a）切削部分齿部放大图　b）手用丝锥　c）机用丝锥

丝锥由柄部和工作部分组成。柄部是攻螺纹时被夹持的部分，起传递转矩的作用。工作部分由切削部分 L_1 和校准部分 L_2 组成。切削部分的前角 $\gamma_o = 8° \sim 10°$，后角 $\alpha_o = 6° \sim 8°$，起切削作用。校准部分有完整的牙型，用来修光和校准已切出的螺纹，并引导丝锥沿轴向前进。校准部分的后角为0°。

攻螺纹时，为了减小切削力和延长丝锥寿命，一般将整个切削工作量分配给几支丝锥来承担。通常 M6 ~ M24 丝锥每组有两支，M6 以下及 M24 以上的丝锥每组有三支，细牙螺纹丝锥为两支一组。成组丝锥切削量的分配形式有两种：锥形分配和柱形分配。

锥形分配（等径丝锥）即一组丝锥中，每支丝锥的大、中、小径都相等，只是切削部分的长度及锥角不等。当攻通孔螺纹时，只用头攻（初锥）一次切削即可完成。攻盲孔螺纹时，为增加螺纹的有效长度，才分别采用头攻（初锥）、二攻（中锥）和三攻（底锥）进行切削。

柱形分配（不等径丝锥）即头攻（第一粗锥）、二攻（第二粗锥）的大径、中径、小径都比三攻（精锥）小。头攻、二攻的中径一样大，大径不一样，头攻大径小，二攻大径大。这种丝锥的切削量分配比较合理，三支一组的丝锥按 6∶3∶1 分担切削量，两支一组的丝锥按 7.5∶2.5 分担切削量。柱形分配的丝锥，切削省力，每支丝锥磨损量差别小，使用寿命长，攻制的螺纹表面粗糙度值小。

2）铰杠。铰杠是手工攻螺纹时用来夹持丝锥的工具。铰杠分普通铰杠（见图 7—14）和丁字形铰杠（见图 7—15）两类。每类铰杠又有固定式和活络式两种。

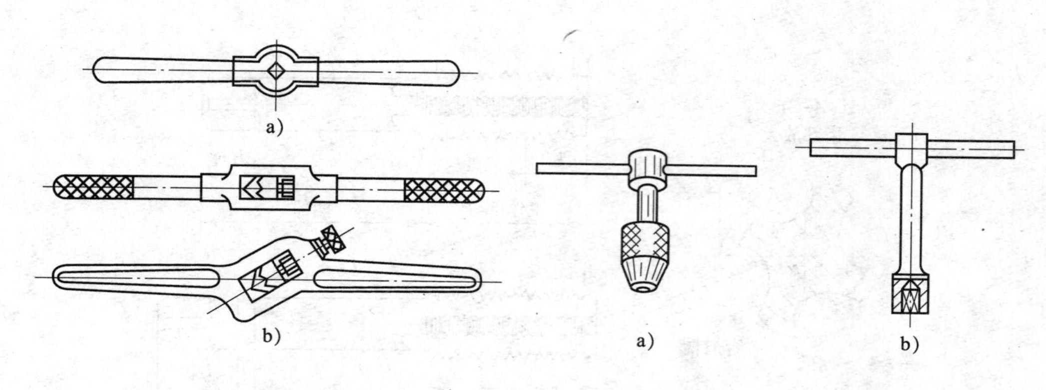

图7—14　普通铰杠

a）固定式　b）活络式

图7—15　丁字形铰杠

a）活络式　b）固定式

（2）攻螺纹前底孔直径与孔深的确定

1）攻螺纹前底孔直径的确定。攻螺纹时，丝锥对金属层有较强的挤压作用，使攻出螺纹的小径小于底孔直径，因此攻螺纹之前的底孔直径应稍大于螺纹小径。

攻制钢件或塑性较大材料时，底孔直径的计算公式为：

$$D_{孔} = D - P$$

式中　$D_{孔}$——螺纹底孔直径，mm；

D——螺纹大径，mm；

P——螺距，mm。

攻制铸铁件或塑性较小材料时，底孔直径的计算公式为：

$$D_{孔} = D - (1.05 \sim 1.1)P$$

式中　D——螺纹大径，mm；

P——螺距，mm。

2）攻螺纹底孔深度的确定。攻盲孔螺纹时，由于丝锥切削部分有锥角，端部不能攻出完整的螺纹牙形，所以钻孔深度要大于螺纹的有效长度。钻孔深度的计算公式为：

$$H_{深} = h_{有效} + 0.7D$$

式中　$H_{深}$——底孔深度，mm；

$h_{有效}$——螺纹有效长度，mm；

D——螺纹大径，mm。

2. 套螺纹

用板牙在外圆柱面（或外圆锥面）上切削出外螺纹的加工方法，称为套螺纹。

套螺纹用的工具有板牙（见图7—16）和板牙架（见图7—17）。板牙有封闭式和开槽式两种结构。

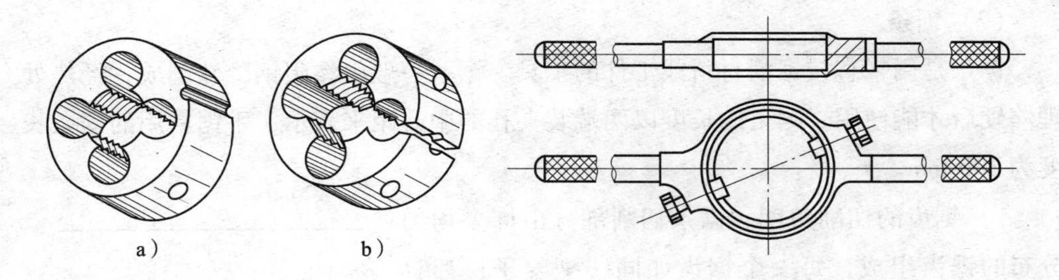

图7—16　板牙

a）封闭式　b）开槽式

图7—17　板牙架

套螺纹时，金属材料因受板牙的挤压而产生变形，牙顶将被挤的高一些，所以套螺纹前圆杆直径应稍小于螺纹大径。圆杆直径的计算公式为：

$$d_{杆} = d - 0.13P$$

式中　$d_{杆}$——套螺纹前圆杆直径，mm；

d——螺纹大径，mm；

P——螺距，mm。

第3节　锯削、锉削知识

一、锯削

用锯对材料或工件进行切断或锯槽的加工方法称为锯削。

1. 手锯

手锯由锯弓和锯条组成，如图7—18所示。

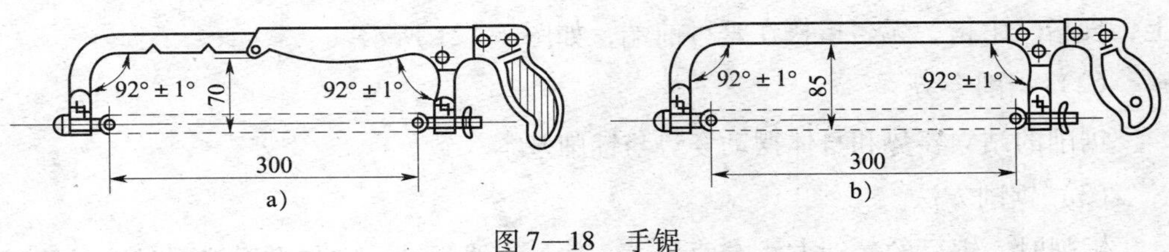

图7—18　手锯

a）活动式　b）固定式

（1）锯弓

锯弓的作用是用来装夹并张紧锯条，且便于双手操作。

（2）锯条

锯条是用来直接锯削材料或工件的工具。锯条一般由渗碳钢冷轧制成，经热处理淬硬后才能使用。锯条的长度以两端装夹孔的中心距来表示，手锯常用的锯条长度为300 mm。

1）锯齿的切削角度。锯条切削部分由许多均匀分布的锯齿组成，每一个锯齿如同一把錾子，都具有切削作用。

锯齿的切削角度如图7—19所示。其中前角γ_o = 0°，后角α_o = 40°，楔角β_o = 50°。

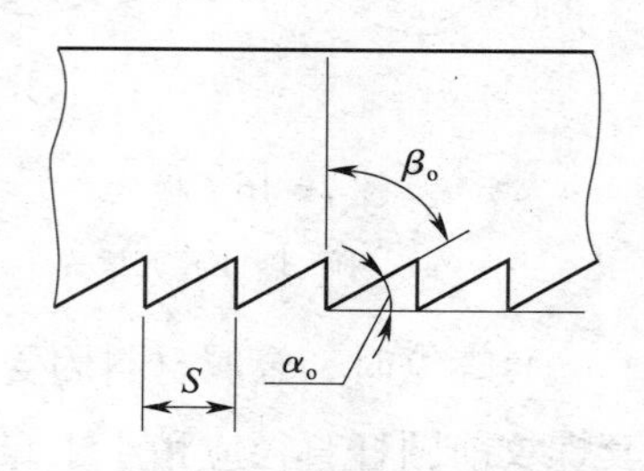

图7—19　锯齿的切削角度

2）锯齿的粗细。锯齿的粗细以锯条每25.4 mm长度内的锯齿数来表示。锯齿粗细规格及应用见表7—2。

表7—2　锯齿粗细规格及应用

锯齿规格	每25.4 mm长度内的锯齿数	应　用
粗	14～18	锯削软钢、黄铜、铝、铸铁、紫铜、人造胶质材料
中	22～24	锯削中等硬度钢、厚壁的钢管、铜管
细	32	锯削薄片金属、薄壁管子
细变中	32～20	一般工厂中使用，易于起锯

3）锯路。锯条制造时，将全部锯齿按一定规律左右错开，并排成一定的形状，称为锯路，如图7—20所示。锯路的作用是减小锯缝对锯条的摩擦，使锯条在锯削时不被锯缝夹住或折断。

2. 锯削

（1）手锯的握法

右手满握锯弓手柄，大拇指压在食指上。左手控制锯弓方向，大拇指在弓背上，食指、中指、无名指扶在锯弓前端，如图7—21所示。

（2）锯削姿势

锯削的站立姿势和身体摆动姿势与锉削基本一致。

（3）锯削方法

锯削时，锯弓的运动方式有两种：一种是直线运动，它与平面锉削时锉刀的运动一样。这种方式适合初学者，常用于有锯削尺寸要求的工件，要求初学者认真掌握。另一种是小幅度的上下摆动式运动，即推进时左手上翘，右手下压，回程时右手上抬，左手自然跟回。

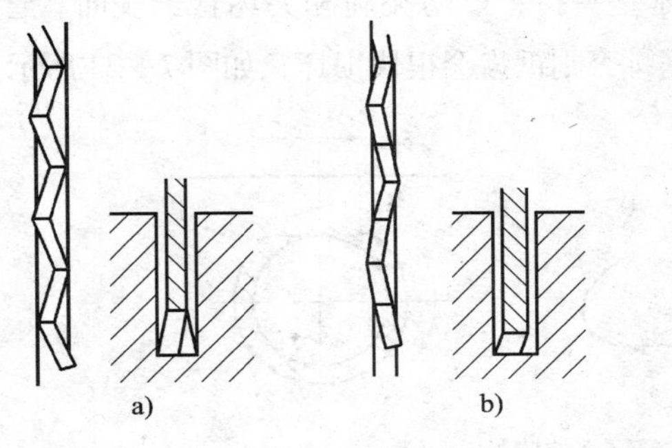

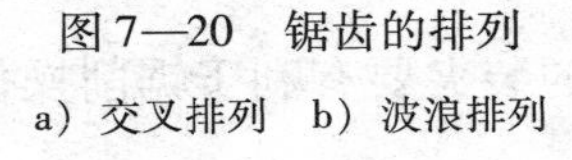

图 7—20　锯齿的排列

a）交叉排列　b）波浪排列

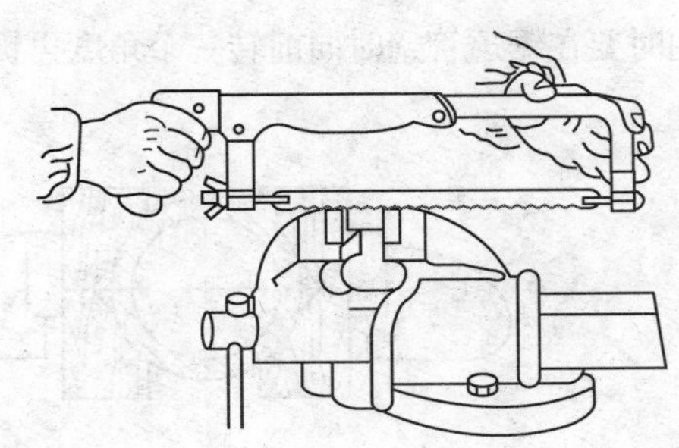

图 7—21　手锯的握法

锯削的速度一般控制在 40 次/min 以内。推进时稍慢，压力适当，保持匀速；回程时不施加压力，速度稍快。

起锯是锯削的开头，直接影响锯削的质量。起锯分近起锯和远起锯，如图 7—22所示。通常情况下采用远起锯，因为这种方法锯齿不易被卡住。无论用远起锯还是近起锯，起锯的角度要小（θ 应在 15°左右为宜）。起锯角太大，切削阻力大，锯齿易被卡住而崩齿；起锯角太小，不易切入材料，容易跑锯而划伤工件。

为使起锯顺利，可用左手大拇指对锯条进行靠导，如图 7—22d 所示。

1）棒料的锯削。如果要求锯削面平整，则应从起锯开始连续锯削至结束。若对锯削面要求不高，则锯削时可以把棒料转过已锯深的锯缝，选择锯削阻力小的地方继续锯削，以利于提高工作效率。

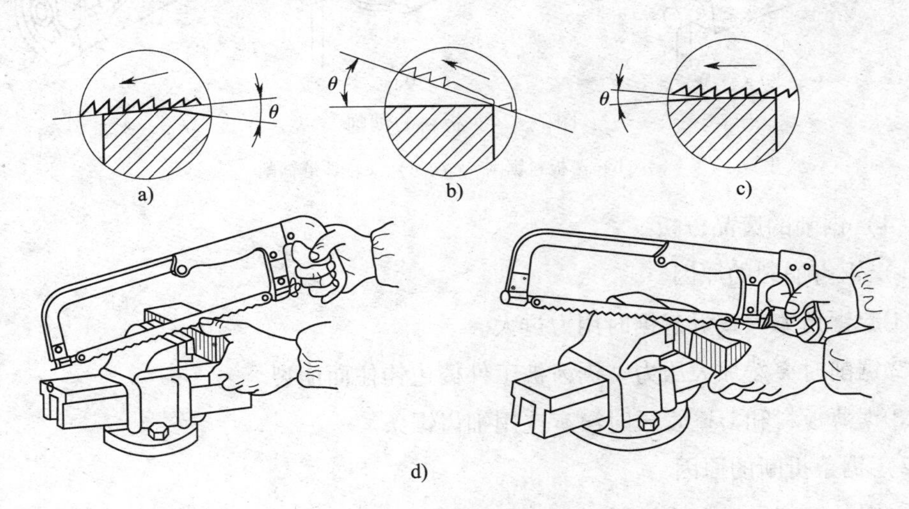

图 7—22　起锯方法

a）远起锯　b）起锯角太大　c）近起锯　d）用拇指靠导起锯

2）管子的锯削。薄壁管子要用V形木垫夹持，以防夹扁和夹坏管子表面。管子锯削时要在锯透管壁时向前转一个角度再锯，否则锯齿会很快损坏，如图7—23所示。

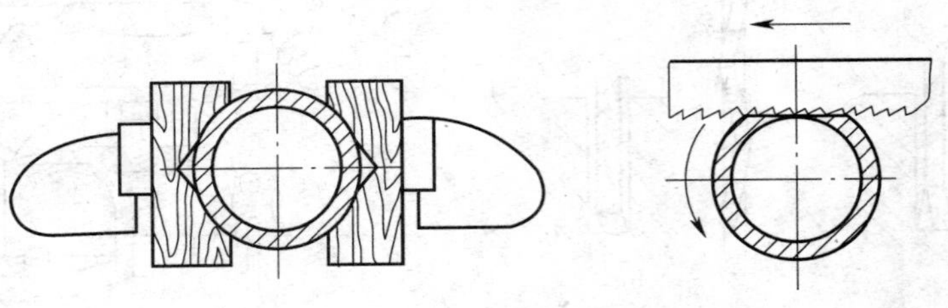

图7—23　管子的起锯

3）板料的锯削。板料的锯缝一般较长，工件的装夹要有利于锯削操作，如图7—24所示。

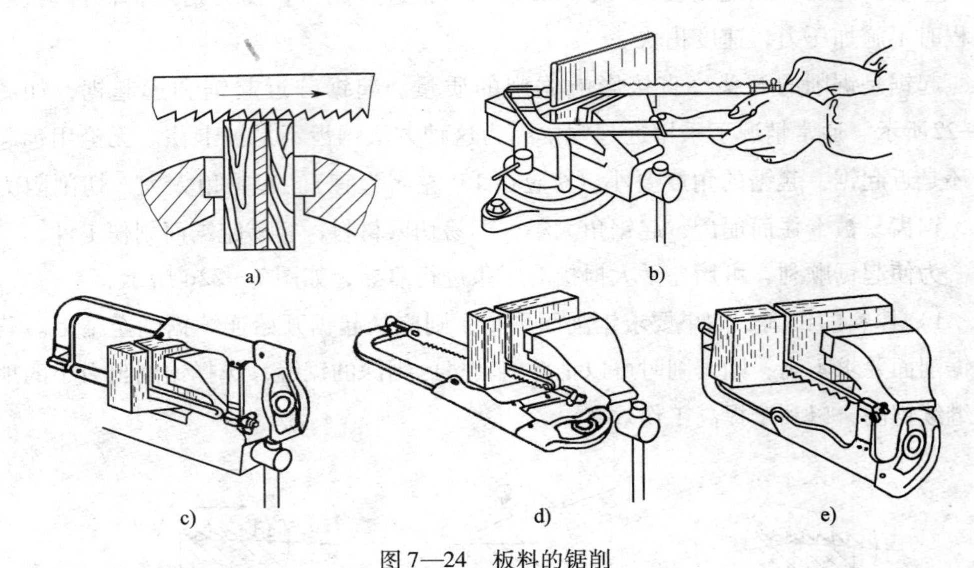

图7—24　板料的锯削

a）、b）薄板料锯削　c）、d）、e）深缝锯削

（4）锯削的废品分析

1）锯齿崩裂的原因

①起锯角太大或近起锯时用力过大。

②锯削时突然加大压力，锯齿被工件棱边钩住而崩裂。

③锯薄板料和薄壁管子时没有选用细齿锯条。

2）锯条折断的原因

①锯条安装得过松或过紧。

②工件装夹不牢固或装夹位置不正确，造成工件松动或抖动。

③锯缝歪斜后强行纠正。

④运动速度过快，压力太大，锯条容易被卡住。

⑤新换锯条仍在老锯缝内锯削，锯削时容易卡锯。

⑥工件被锯断时没有减慢锯削速度和减小锯削用力，使手锯突然失去平衡而折断锯条。

3）锯缝不直或尺寸超差的原因

①装夹工件时，锯缝线没有按竖直线放置。

②锯条安装太松或相对于锯弓平面扭曲。

③锯削时用力不正确和锯削速度、频率太快，使锯条左右偏摆。

④使用磨损不均匀的锯条。

⑤起锯时尺寸控制不准确或起锯时锯路发生歪斜。

⑥锯削过程中没有观察锯条是否与竖直线重合。

（5）锯削时的注意事项

1）工件将要锯断时应减小压力，防止工件断落时砸伤脚。

2）锯削时要控制好用力，防止锯条突然折断、失控使操作者受伤。

二、锉削

用锉刀对工件表面进行切削加工的方法称为锉削。锉削的精度可达到 0.01 mm，表面粗糙度值可达 Ra 0.8 μm。

锉削应用十分广泛，可锉削平面、曲面、内外表面、沟槽和各种形状复杂的表面。锉削还可以配键、制作样板以及装配时对工件进行修整等。

1. 锉刀

锉刀用碳素工具钢 T12、T13 或 T12 A、T13 A 制成，经热处理淬硬，其切削部分的硬度达 62 HRC 以上。

（1）锉刀的组成

锉刀由锉身和锉柄两部分组成。锉刀各部分的名称如图 7—25 所示。锉刀面是锉削的主要工作面，锉刀舌则用来装锉刀柄。

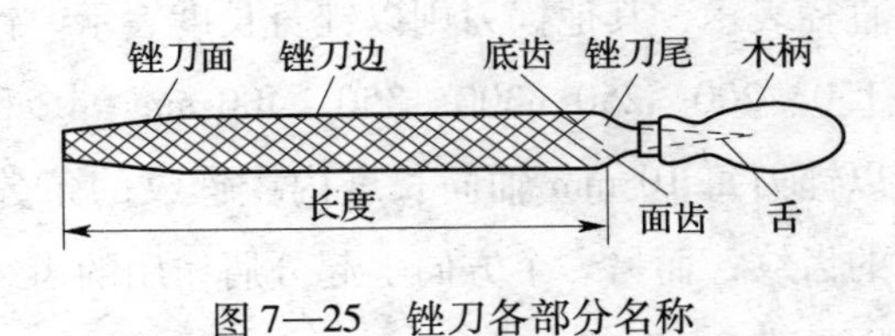

图 7—25　锉刀各部分名称

（2）锉齿和锉纹

锉刀有无数个锉齿，锉削时每个锉齿都相当于一把錾子在对材料进行切削。

锉纹是锉齿有规则排列的图案。锉刀的齿纹有单齿纹和双齿纹两种，如图7—26所示。

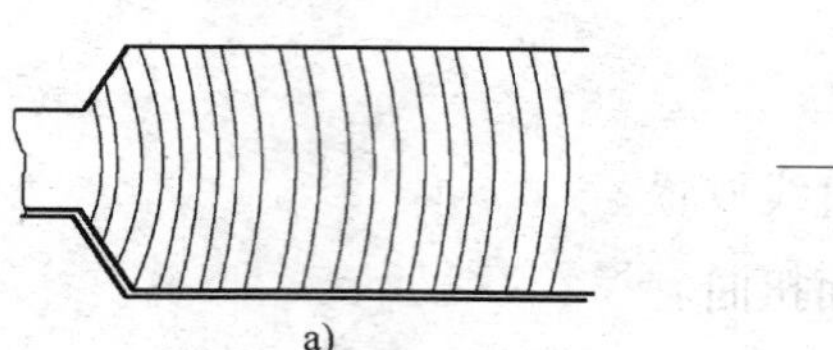

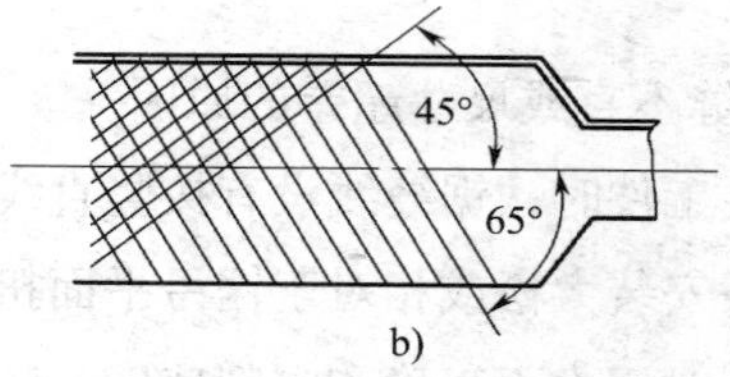

图7—26　锉刀的齿纹

a）单齿纹　b）双齿纹

单齿纹指锉刀上只有一个方向上的齿纹，锉削时全齿宽同时参加切削，切削力大，因此常用来锉削软材料。

双齿纹指锉刀上有两个方向排列的齿纹，齿纹浅的叫底齿纹，齿纹深的叫面齿纹。底齿纹和面齿纹的方向和角度不一样，锉削时能使每一个齿的锉痕交错而不重叠，使锉削表面粗糙度值小。

采用双齿纹锉刀锉削时，锉屑是碎断的，切削力小，再加上锉齿强度高，所以适应于硬材料的锉削。

（3）锉刀的种类

锉刀按其用途不同，可分为普通钳工锉、异形锉和整形锉三种。

1）普通钳工锉按其断面形状，又可分为平锉（板锉）、方锉、三角锉、半圆锉和圆锉五种。

2）异形锉主要用于锉削工件上特殊的表面。异形锉有刀口锉、菱形锉、扁三角锉、椭圆锉、圆肚锉等。

3）整形锉又称什锦锉，主要用于修整工件细小部分的表面。

（4）锉刀的规格及选用

锉刀的规格分尺寸规格和齿纹粗细规格两种。方锉刀的尺寸规格以方形尺寸表示，圆锉刀的规格用直径表示，其他锉刀则以锉身长度表示。钳工常用的锉刀，锉身长度有100、125、150、200、250、300、350、400 mm等多种。

齿纹粗细规格，以锉刀每10 mm轴向长度内主锉纹的条数表示。主锉纹指锉刀上起主要切削作用的齿纹；而另一个方向上起分屑作用的齿纹，称为辅助齿纹。

锉刀齿纹规格选用见表7—3。

表 7—3　　锉刀齿纹粗细规格的选用

锉刀粗细	适用场合		
	锉削余量（mm）	尺寸精度（mm）	表面粗糙度（μm）
1 号（粗齿锉刀）	0.5 ~ 1	0.2 ~ 0.5	*Ra*100 ~ 25
2 号（中齿锉刀）	0.2 ~ 0.5	0.05 ~ 0.2	*Ra*25 ~ 6.3
3 号（细齿锉刀）	0.1 ~ 0.3	0.02 ~ 0.05	*Ra*12.5 ~ 3.2
4 号（双细齿锉刀）	0.1 ~ 0.2	0.01 ~ 0.02	*Ra*6.3 ~ 1.6
5 号（油光锉刀）	0.1 以下	0.01	*Ra*1.6 ~ 0.8

每种锉刀都有其主要的用途，应根据工件表面形状和尺寸大小来选用，其具体选用如图 7—27 所示。

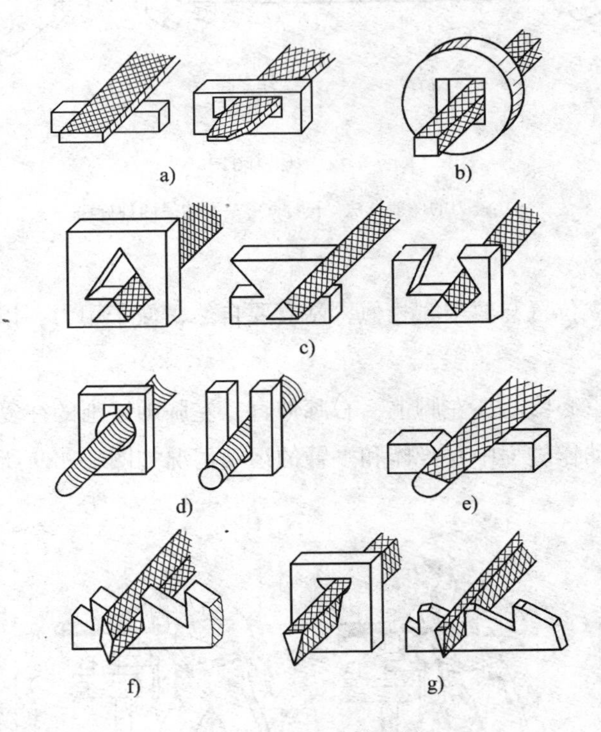

图 7—27　锉刀的选用

a）板锉　b）方锉　c）三角锉　d）圆锉　e）半圆锉　f）菱形锉　g）刀口锉

2. 锉削

（1）锉刀的握法

锉刀的握法正确与否，对锉削质量、锉削力量的发挥和人体疲劳程度都有一定的影响。

大于 250 mm 的板锉，用右手握紧手柄，柄端顶住掌心，拇指放在柄的上部，其余四指满握手柄。左手用中指、无名指捏住锉刀的前端，拇指根部压在锉刀头上，食指、小指自然收拢，如图 7—28 所示。

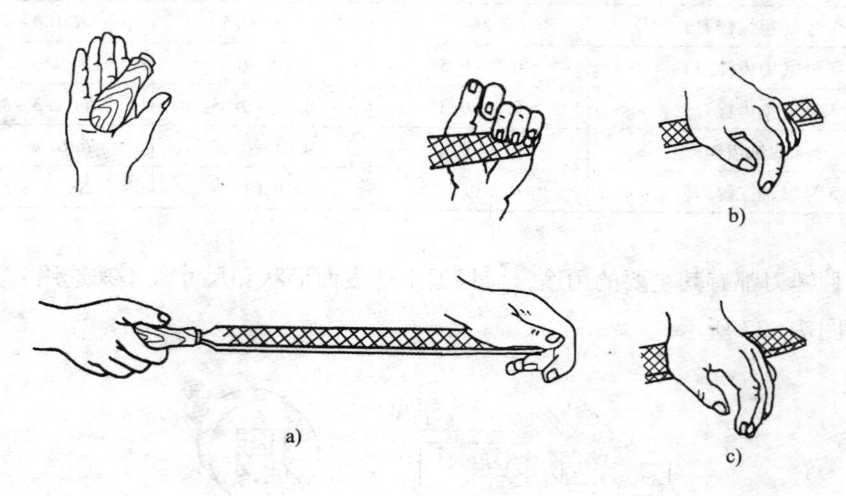

图 7—28　锉刀的握法

a）锉刀的一般握法　b）、c）左手的另两种握法

（2）锉削姿势

锉削时的站立位置与錾削时相似，站立要自然，便于用力，以能适应不同的锉削要求。

锉削时身体重心要落在左脚上，右膝伸直，左膝随锉削的往复运动而屈伸。在锉刀向前锉削的动作过程中，身体和手臂的运动情况如图 7—29 所示。

图 7—29　锉削姿势

开始，身体向前倾斜 10°左右，右肘尽量向后收缩，最初 1/3 行程时，身体前倾到 15°左右，左膝稍有弯曲；锉至 2/3 时，右肘向前推进锉刀，身体逐渐倾斜到

18°左右；锉最后 1/3 行程时，右肘继续推进锉刀，身体则随锉削时的反作用力自然地退回到 15°左右；锉削行程结束后，手和身体都恢复到原来姿势，同时将锉刀略提起退回。

（3）锉削力和锉削速度

要锉出平直的平面，必须使锉刀保持水平直线的锉削运动。这就要求锉刀运动到工件加工表面任意位置时，锉刀前后两端的力矩相等。为此，锉削前进时，左手所加的压力由大逐渐减小，而右手的压力由小逐渐增大，如图 7—30 所示。回程时不加压力，以减少锉齿的磨损。

锉削速度一般控制在 40 次/min 以内，推出时稍慢，回程时稍快，动作协调自如。

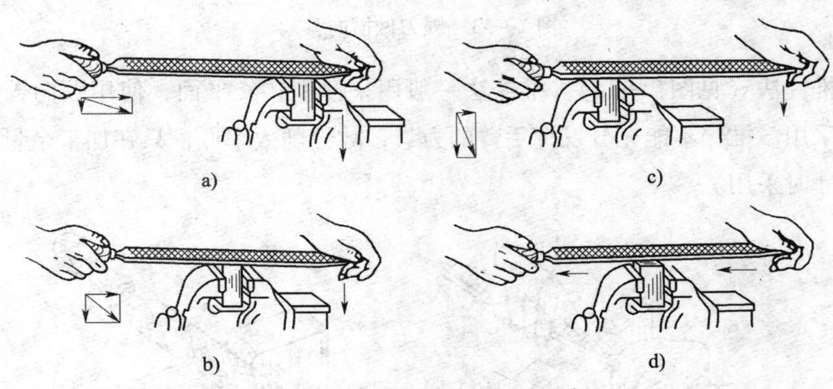

图 7—30　锉平面时的两手用力

（4）锉削方法

1）平面锉削

①顺向锉（见图 7—31）。顺向锉是最普通的锉削方法。锉刀运动方向与工件夹持方向始终一致，面积不大的平面和最后锉光都采用这种方法。顺向锉可得到正直的锉痕，比较整齐美观，精锉时常采用。

②交叉锉（见图 7—32）。锉刀运动方向与工件夹持方向约成 35°，且锉痕交

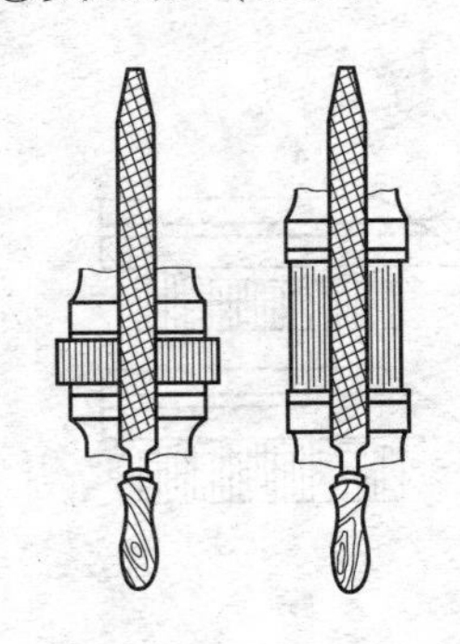

图 7—31　顺向锉法

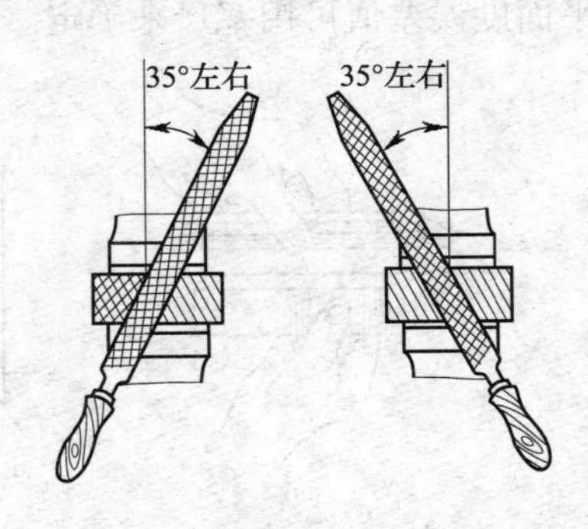

图 7—32　交叉锉法

叉。交叉锉时，锉刀与工件的接触面增大，锉刀容易掌握平稳。交叉锉一般适用于粗锉。

锉平面时，不管是顺向锉还是交叉锉，为了使整个加工面都能均匀地锉到，一般在每次抽回锉刀时，在横向上做适当移动，如图7—33所示。

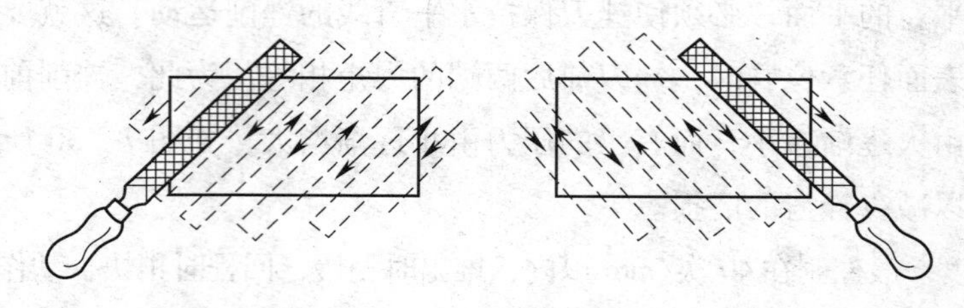

图7—33　锉刀做横向移动

③推锉法（见图7—34）。推锉法一般用来锉削狭长平面，使用顺向锉法锉刀受阻时采用。推锉不能充分发挥手臂的力量，故锉削效率低，只在加工余量较小和修整尺寸时采用。

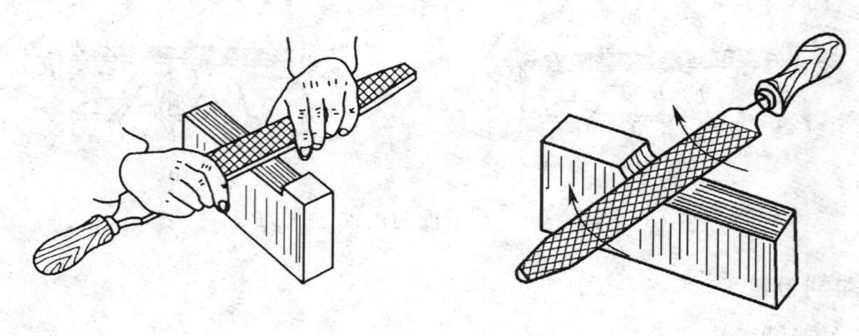

图7—34　推锉法

2）平面度的检验。平面锉削时的平面度一般用钢直尺或刀口形直尺采用透光法检验，如图7—35所示。刀口形直尺沿加工面的纵向、横向和对角线方向逐一检验，以透过光线的均匀强弱来判断加工面是否平直。

平面度误差值可用塞尺来确定。

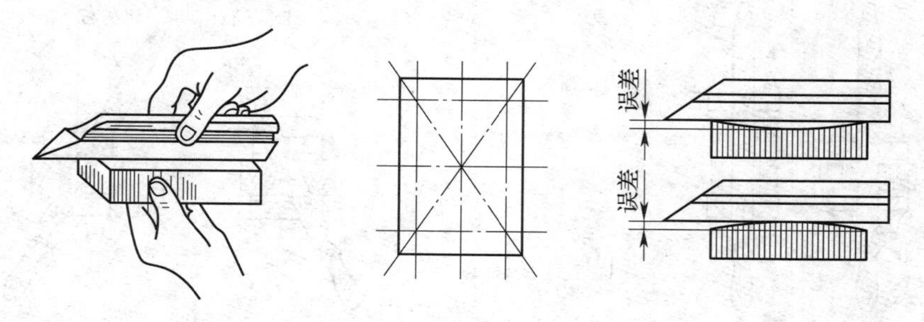

图7—35　平面度的检验

（5）锉削的废品分析

1）划线不准确或锉削过程中的检查测量有误，造成尺寸精度不合格。

2）一次锉削量过大而没有及时测量，造成锉过了尺寸界线。

3）锉削的技术要领掌握得不好，粗心大意，只顾锉削，不顾保护已加工好的面。

4）选用锉刀不当，造成加工面表面粗糙度超差。

5）没有及时清理加工面上和锉刀齿纹中的铁屑，造成加工表面划伤。

6）工件的装夹部位或夹持力不正确，造成工件变形。

（6）锉削的注意事项

1）锉刀柄要装牢，不要使用锉刀柄有裂纹的锉刀。

2）不准用嘴吹铁屑，也不准用手清理铁屑。

3）锉刀放置不得露出钳台边。

4）夹持已加工面时应使用保护片，较大工件要加木垫。

思　考　题

1. 什么是划线？

2. 常用的划线工具有哪些？

3. 经过划线确定的加工尺寸，在加工过程中可通过找正来保证尺寸的精度吗？

4. 划线是机械加工的重要工序，被广泛地应用于大批量生产吗？

5. 选择划线基准的基本原则是应尽可能使划线基准与定位基准重合吗？

6. 麻花钻由几部分构成？麻花钻的刃磨要求是什么？

7. 铰刀可分为哪几类？各有什么特点？

8. 什么是锉削？锉削时应注意哪些事项？

9. 锉削的方法有几种？分别是什么？

10. 锯削时，锯条折断的原因有几种？

第8章 电工基础知识

第1节 电气控制基础知识

一、电流和电压

1. 电流

（1）电流的形成

电荷的定向移动形成电流，移动的电荷又称载流子。载流子是多种多样的，例如，金属导体中的自由电子、电解液中的离子等（见图8—1）。

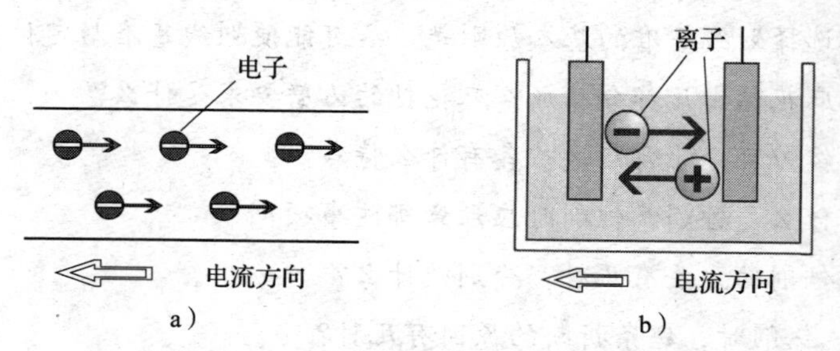

图8—1 电流的形成

a）金属中的电流 b）电解液中的电流

（2）电流的方向

习惯上规定正电荷移动的方向为电流的方向，因此电流的方向实际上与电子移动的方向相反。

若电流的方向和大小恒定不变，则称其为稳恒电流（见图8—2a），简称直流，用 DC 表示。若电流的大小和方向都随时间而变化，则为交变电流（见图 8—2b），简称交流，用 AC 表示。

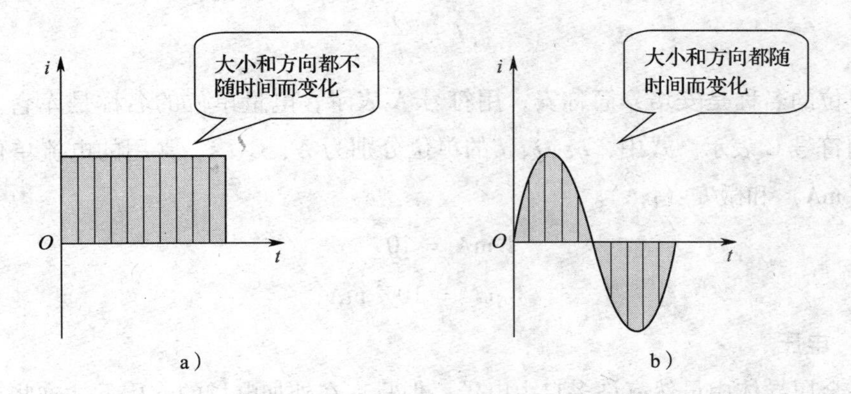

图 8—2　直流和交流

a）直流电流　b）交流电流

在分析和计算较为复杂的直流电路时，经常会遇到某一电流的实际方向难以确定的情况，这时可先任意假定一个电流的参考方向，然后根据电流的参考方向列方程求解。如果计算结果 $I>0$，表明电流的实际方向与参考方向相同（见图 8—3a）；如果计算结果 $I<0$，表明电流的实际方向与参考方向相反（见图 8—3b）。

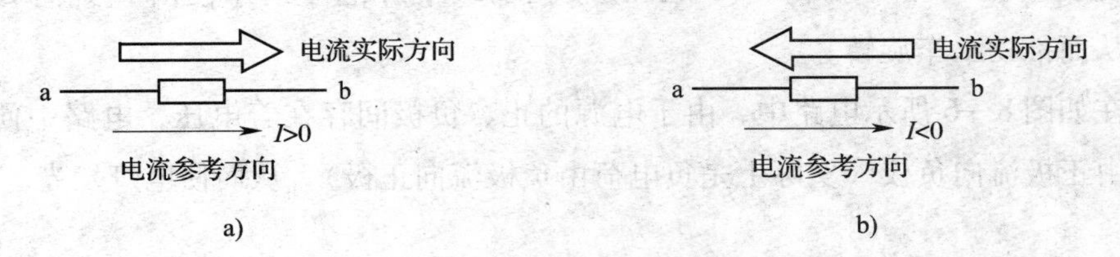

图 8—3　电流的参考方向和实际方向

例 8—1　如图 8—4 所示电路中，电流参考方向已选定，已知 $I_1=1$ A，$I_2=-3$ A，$I_3=-5$ A，试指出电流的实际方向。

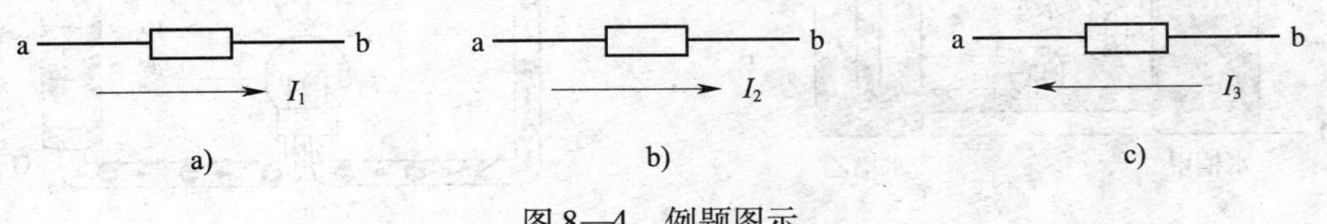

图 8—4　例题图示

解： I_1 的实际方向与参考方向相同，即电流由 a 流向 b，大小为 1 A；

I_2 的实际方向与参考方向相反，即电流由 b 流向 a，大小为 3 A；

I_3 的实际方向与参考方向相反，即电流由 a 流向 b，大小为 5 A。

（3）电流的大小

在单位时间内，通过导体横截面的电荷量越多，就表示流过该导体的电流越强。若在 t 时间内通过导体横截面的电荷量是 Q，则电流 I 可用下式表示：

$$I = \frac{Q}{t}$$

电流单位的名称是安培，简称安，用符号 A 表示；电量单位的名称是库仑，简称库，用符号 C 表示。式中，I、Q、t 的单位分别为 A、C、s。常用的电流单位还有毫安（mA）和微安（μA）。

$$1\ \text{mA} = 10^{-3}\ \text{A}$$

$$1\ \mu\text{A} = 10^{-3}\ \text{mA}$$

2. 电压

在金属导体中虽然有许多自由电子，但只有在外加电场的作用下，这些自由电子才能做有规则的定向移动而形成电流。电场力将单位正电荷从 a 点移到 b 点所做的功，称为 a、b 两点间的电压，用 U_{ab} 表示。电压单位的名称是伏特，简称伏，用 V 表示。

电压与电流的关系和水压与水流的关系有相似之处。

在如图 8—5 所示装置中，由于用水泵不断将水槽乙中的水抽送到水槽甲中，使 A 处比 B 处水位高，即 A、B 之间形成了水压，水管中的水便由 A 处向 B 处流动，从而推动水车旋转。

在如图 8—6 所示电路中，由于电源的正、负极间存在着电压，电路中便有正电荷由正极流向负极（实际上是负电荷由负极流向正极），从而使电灯发光。

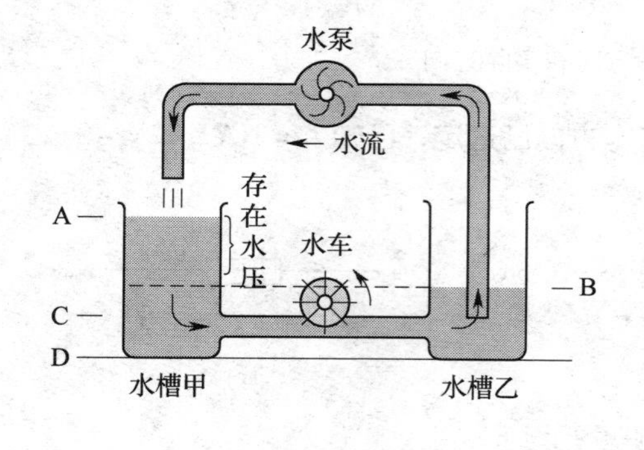

图 8—5　水压与水流

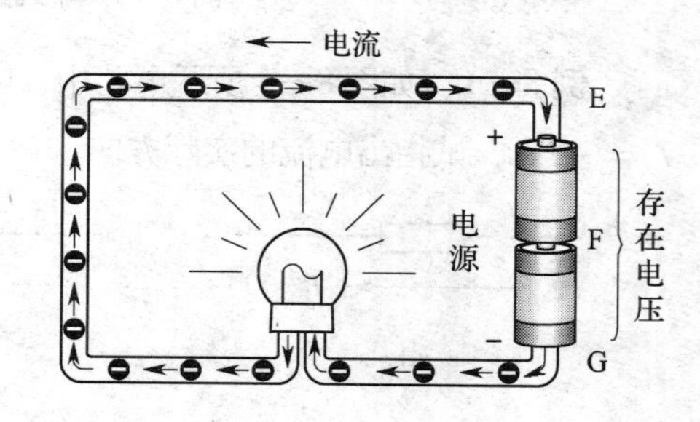

图 8—6　电压与电流

电压的实际方向即为正电荷在电场中的受力方向。在计算较复杂电路时，常常难以判断电压的实际方向，因此也要先设定电压的参考方向。原则上电压的参考方向可任意选取，但如果已知电流参考方向，则电压参考方向最好选择与电流参考方向一致，称为关联参考方向。当电压的实际方向与参考方向一致时，电压为正值；反之，为负值。

电压的参考方向有三种表示方法，如图 8—7 所示。

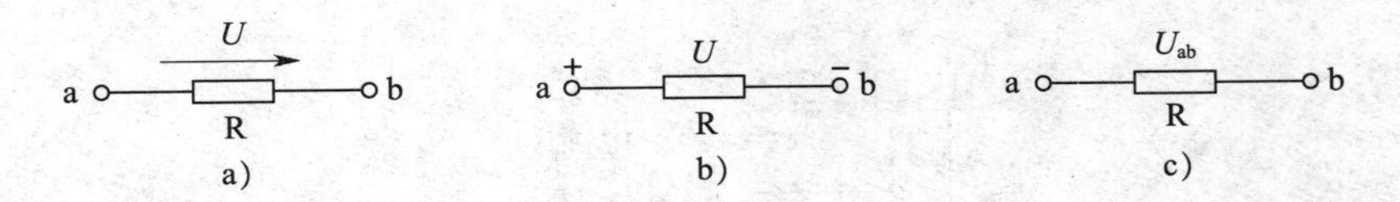

图 8—7　电压的参考方向

a）箭头表示　b）极性符号表示（参考方向由正指向负）

c）双下标表示（参考方向由 a 指向 b）

例 8—2　已知图 8—7a 中，$U=5$ V；图 8—7b 中，$U=-2$ V；图 8—7c 中，$U_{ab}=-4$ V。试指出电压的实际方向。

解：图 8—7a 中，$U=5$ V>0，说明电压的实际方向与参考方向相同，即由 a 指向 b；

图 8—7b 中，$U=-2$ V<0，说明电压的实际方向与参考方向相反，即由 b 指向 a；

图 8—7c 中，$U_{ab}=-4$ V<0，说明电压的实际方向与参考方向相反，即由 b 指向 a。

3．电位

如果在电路中选定一个参考点，则电路中某一点与参考点之间的电压即为该点的电位。

电位的单位也是 V。

二、常用控制电器的种类及作用

1．低压开关

低压开关主要用来隔离、转换及接通和分断电路，多数用做机床电路的电源开关和局部照明电路的控制开关，有时也可用来直接控制小容量电动机的启动、停止和正反转。低压开关一般为非自动切换电器，常用的主要类型有刀开关、组合开关和低压断路器。

（1）刀开关

刀开关的种类很多，在电力拖动控制线路中，最常用的是由刀开关和熔断器组合而成的负荷开关。负荷开关分为开启式负荷开关和封闭式负荷开关两种。

1）开启式负荷开关。开启式负荷开关又称瓷底胶盖刀开关，简称闸刀开关。生产中常用的是 HK 系列开启式负荷开关，适用于照明、电热设备及小容量电动机控制线路中，供手动不频繁地接通和分断电路，并起短路保护。

①型号及含义。

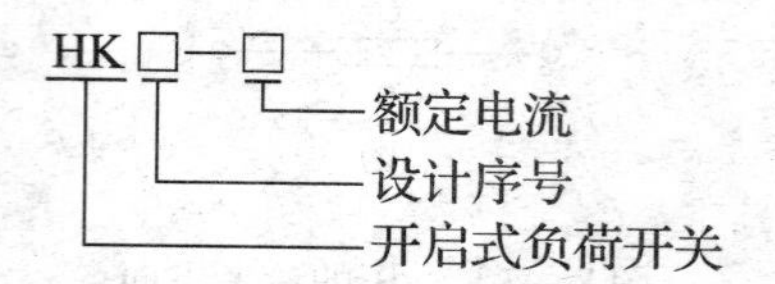

②结构。HK 系列负荷开关由刀开关和熔断器组合而成，其结构如图 8—8a 所示。开关的瓷底座上装有进线座、静触头、熔体、出线座和带瓷质手柄的刀式动触头，上面盖有胶盖以防止操作时触及带电体或分断时产生的电弧飞出伤人。

开启式负荷开关在电路图中的符号如图 8—8b 所示。

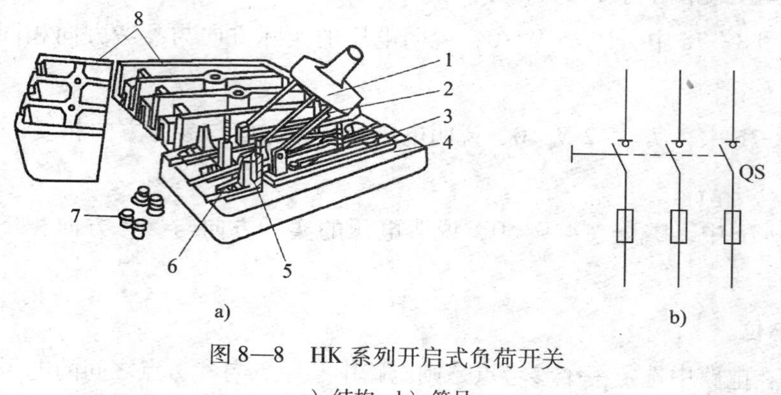

图 8—8　HK 系列开启式负荷开关

a）结构　b）符号

1—瓷质手柄　2—动触头　3—出线座　4—瓷底座　5—静触头

6—进线座　7—胶盖紧固螺钉　8—胶盖

2）封闭式负荷开关。封闭式负荷开关是在开启式负荷开关的基础上改进设计的一种开关，其灭弧性能、操作性能、通断能力和安全防护性能都优于开启式负荷开关。因其外壳多为铸铁或用薄钢板冲压而成，故俗称铁壳开关。封闭式负荷开关可用于手动不频繁地接通和断开带负载的电路以及作为线路末端的短路保护，也可用于控制 15 kW 以下的交流电动机不频繁的直接启动和停止。

①型号及含义。

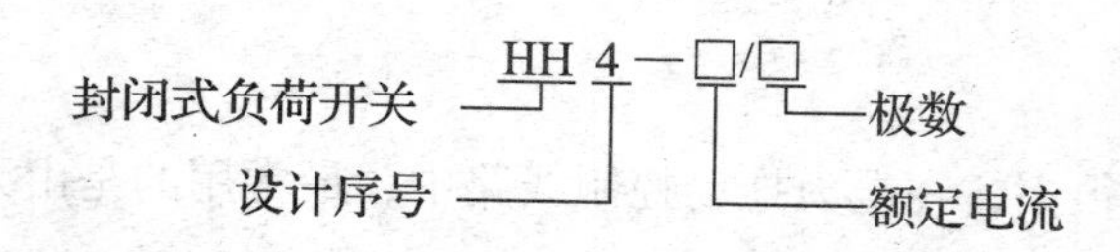

②结构。常用的封闭式负荷开关有 HH3、HH4 系列，其中 HH4 系列为全国统一设计产品，其结构如图 8—9 所示。它主要由刀开关、熔断器、操作机构和外壳组成。这种开关的操作机构具有以下两个特点：一是采用了储能分合闸方式，触头的分合速度与手柄操作速度无关，有利于迅速熄灭电弧，从而提高开关的通断能力，延长其使用寿命；二是设置了联锁装置，保证开关在合闸状态下开关盖不能开启，而当开关盖开启时又不能合闸，确保操作安全。

图 8—9　HH 系列封闭式负荷开关

1—动触头　2—静夹座　3—熔断器　4—进线孔　5—出线孔　6—速断弹簧　7—转轴　8—手柄　9—开关盖　10—开关盖锁紧螺钉

封闭式负荷开关在电路图中的符号与开启式负荷开关相同。

（2）组合开关

组合开关又称转换开关，它体积小，触头对数多，接线方式灵活，操作方便，常用于交流 50 Hz、380 V 以下及直流 220 V 以下的电气线路中，供手动不频繁的接通和断开电路、换接电源和负载，以及控制 5 kW 以下小容量异步电动机的启动、停止和正反转。

1）组合开关的型号及含义。

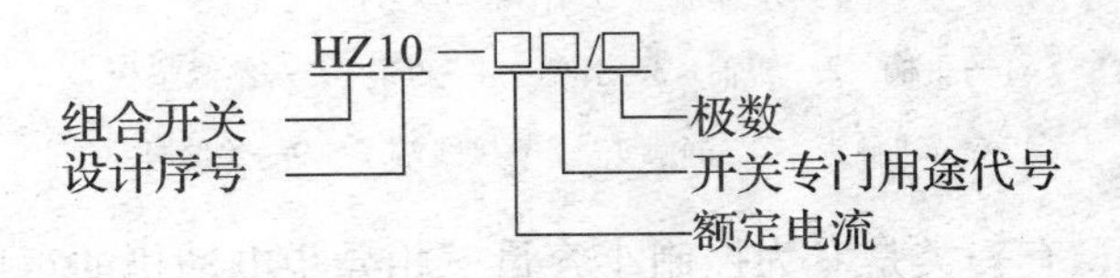

2）组合开关的结构。HZ 系列组合开关有 HZ1、HZ2、HZ3、HZ4、HZ5 以及 HZ10 等系列产品，其中 HZ10 系列是全国统一设计产品，具有性能可靠、结构简单、组合性强、寿命长等优点，目前在生产中得到广泛应用。

HZ10－10/3 型组合开关的外形与结构如图 8—10a、b 所示。开关的三对静触头分别装在三层绝缘垫板上，并附有接线柱，用于与电源及用电设备相连接。动触头是由磷铜片（或硬紫铜片）和具有良好灭弧性能的绝缘钢纸板铆合而成，并和绝缘垫板一起套在附有手柄的方形绝缘转轴上。手柄和转轴能在平行于安装面的平面内沿顺时针或逆时针方向每次转动 90°，带动三个动触头分别与三个静触头接触或分离，实现接通或分断电路的目的。开关的顶盖部分是由滑板、凸轮、扭簧和手柄等构成的操作机构，由于采用了扭簧储能，可使触头快速闭合或分断，从而提高了开关的通断能力。

组合开关的绝缘垫板可以一层层组合起来，最多可达六层。按不同方式配置动触头和静触头，可得到不同类型的组合开关，以满足不同的控制要求。

组合开关在电路图中的符号如图8—10c所示。

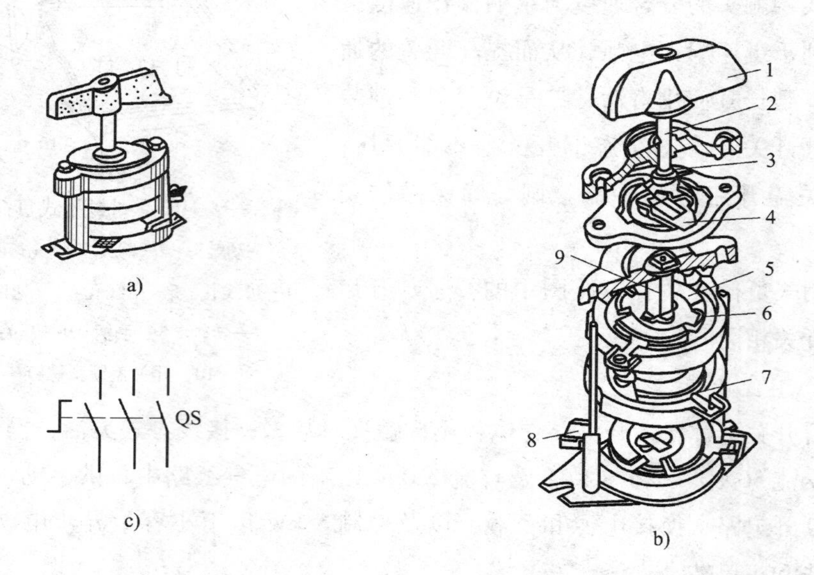

图8—10　HZ10－10/3型组合开关

a）外形　b）结构　c）符号

1—手柄　2—转轴　3—弹簧　4—凸轮　5—绝缘垫板

6—动触头　7—静触头　8—接线端子　9—绝缘杆

组合开关中，有一类是专为控制小容量三相异步电动机的正反转而设计生产的，如HZ3－132型组合开关，俗称倒顺开关或可逆转换开关，其结构如图8—11所示。开关的两边各装有三副静触头，右边标有符号L1、L2和W，左边标有符号U、V和L3。转轴上固定着六副不同形状的动触头，其中Ⅰ1、Ⅰ2、Ⅰ3和Ⅱ1是同一形状，而Ⅱ2、Ⅱ3为另一形状。六副动触头分成两组，Ⅰ1、Ⅰ2和Ⅰ3为一组，Ⅱ1、Ⅱ2和Ⅱ3为另一组。开关的手柄有“倒”“停”“顺”三个位置，手柄只能从“停”位置左转45°或右转45°。当手柄位于“停”位置时，两组动触头都不与静触头接触；手柄位于“顺”位置时，动触头Ⅰ1、Ⅰ2、Ⅰ3与静触头接通；而手柄处于“倒”位置时，动触头Ⅱ1、Ⅱ2、Ⅱ3与静触头接通，如8—11c所示。触头的通断情况见表8—1。表中“×”表示触头接通，空白处表示触头断开。

倒顺开关在电路图中的符号如图 8—11d 所示。

表 8—1　　　　**倒顺开关触头的通断情况**

触头	手柄位置		
	倒	停	顺
L1—U	×		×
L2—U	×		
L3—V	×		
L2—V			×
L3—W			×

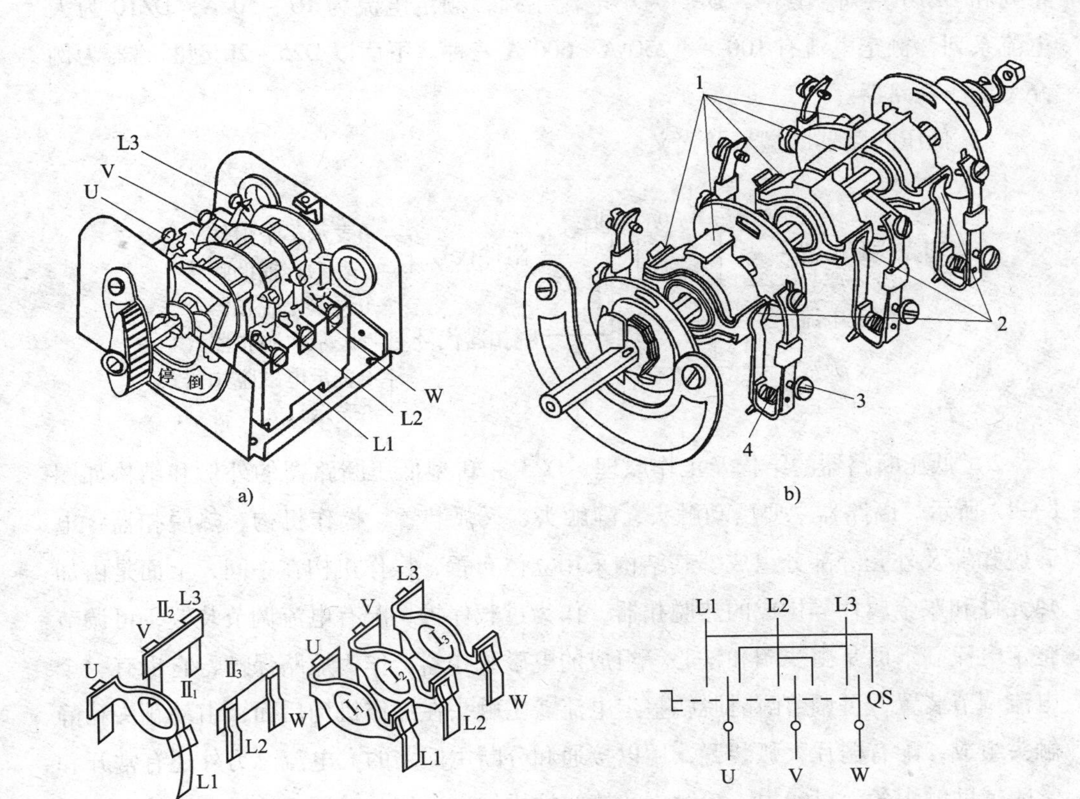

图 8—11　HZ3－132 型组合开关

a）外形　b）结构　c）触头　d）符号

1—动触头　2—静触头　3—调节螺钉　4—触头压力弹簧

（3）低压断路器

低压断路器又称自动空气开关或自动空气断路器，简称断路器，是低压配电网络和电力拖动系统中常用的一种配电电器。它集控制和多种保护功能于一体，在正常情况下可用于不频繁地接通和断开电路以及控制电动机的运行；当电路中发生短路、过载和失压等故障时，能自动切断故障电路，保护线路和电气设备。

低压断路器具有操作安全、安装使用方便、工作可靠、动作值可调、分断能力较强、兼顾多种保护、动作后不需要更换元件等优点，因此得到广泛应用。

低压断路器按结构形式可分为塑壳式（又称装置式）、框架式（又称万能式）、限流式、直流快速式、灭磁式和漏电保护式等六类。

在电力拖动控制系统中，常用的低压断路器是DZ系列塑壳式断路器，如D25系列和DZ10系列。其中，DZ5为小电流系列，额定电流为10～50 A；DZ10为大电流系列，额定电流有100 A、250 A、600 A三种。下面以D25－20型断路器为例介绍低压断路器。

1）低压断路器的型号及含义。

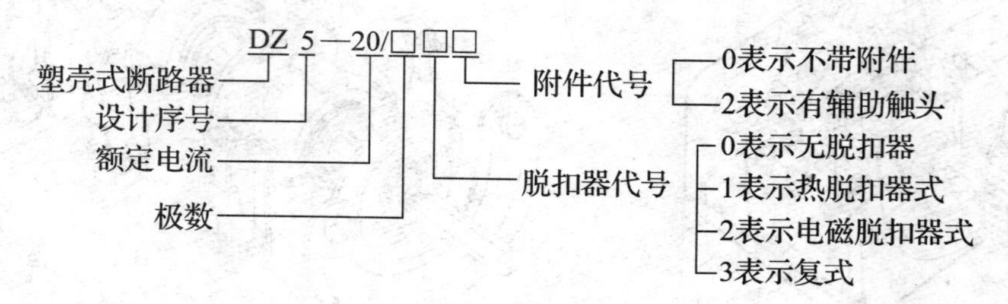

2）低压断路器的结构及工作原理。DZ5－20型低压断路器的外形和结构如图8—12所示。断路器主要由动触头、静触头、灭弧装置、操作机构、热脱扣器、电磁脱扣器及外壳等部分组成。其结构采用立体布置，操作机构在中间，上面是由加热元件和双金属片等构成的热脱扣器，作为过载保护，配有电流调节装置，可调节整定电流。下面是由线圈和铁心等组成的电磁脱扣器，作为短路保护，它也有一个电流调节装置，可调节瞬时脱扣整定电流。主触头在操作机构后面，由动触头和静触头组成，配有栅片灭弧装置，用以接通和分断主回路的大电流。另外还有常开和常闭辅助触头各一对。主、辅触头的接线柱均伸出壳外，以便于接线。在外壳顶部还伸出接通（绿色）和分断（红色）按钮，通过储能弹簧和杠杆机构实现断路器的手动接通和分断操作。

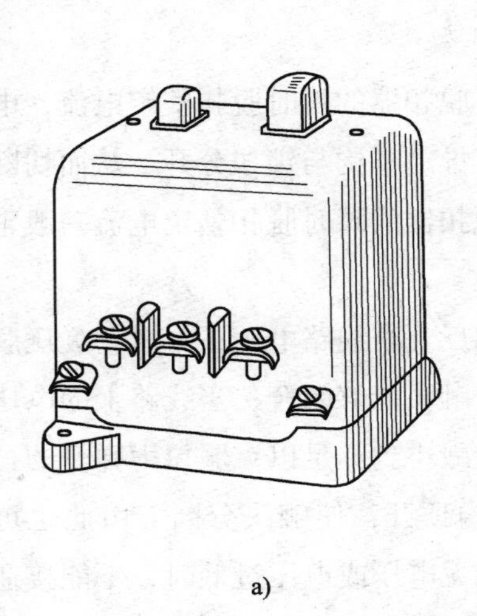

a)

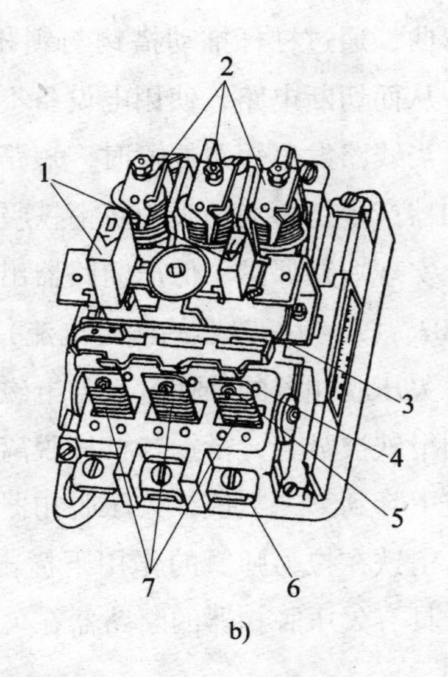

b)

图 8—12　DZ5－20 型低压断路器

a）外形　b）结构

1—按钮　2—电磁脱扣器　3—欠压脱扣器　4—动触头　5—静触头　6—接线柱　7—热脱扣器

断路器的工作原理如图 8—13 所示。使用时断路器的三副主触头串联在被控制的三相电路中，按下接通按钮时，外力使锁扣克服反作用弹簧的反力，将固定在锁扣上面的动触头与静触头闭合，并由锁扣锁住搭钩使动、静触头保持闭合，开关处于接通状态。

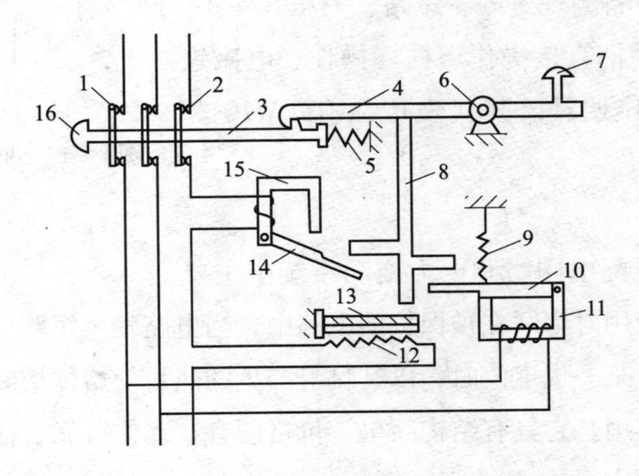

图 8—13　低压断路器工作原理示意图

1—动触头　2—静触头　3—锁扣　4—搭钩　5—反作用弹簧　6—转轴座　7—分断按钮　8—杠杆　9—拉力弹簧　10—欠压脱扣器衔铁　11—欠压脱扣器　12—热元件　13—双金属片　14—电磁脱扣器衔铁　15—电磁脱扣器　16—接通按钮

当线路发生过载时，过载电流流过热元件产生一定的热量，使双金属片受热向上弯曲，通过杠杆推动搭钩与锁扣脱开，在反作用弹簧的推动下，动、静触头分开，从而切断电路，使用电设备不致因过载而烧毁。

当线路发生短路故障时，短路电流超过电磁脱扣器的瞬时脱扣整定电流，电磁脱扣器产生足够大的吸力将衔铁吸合，通过杠杆推动搭钩与锁扣分开，从而切断电路，实现短路保护。低压断路器出厂时，电磁脱扣器的瞬时脱扣整定电流一般整定为 $10I_N$（I_N 为断路器的额定电流）。

欠压脱扣器的动作过程与电磁脱扣器恰好相反。当线路电压正常时，欠压脱扣器的衔铁被吸合，衔铁与杠杆脱离，断路器的主触头能够闭合；当线路上的电压消失或下降到某一数值，欠压脱扣器的吸力消失或减小到不足以克服拉力弹簧的拉力时，衔铁在拉力弹簧的作用下撞击杠杆，将搭钩顶开，使触头分断。由此也可看出，具有欠压脱扣器的断路器在欠压脱扣器两端无电压或电压过低时，不能接通电路。

需手动分断电路时，按下分断按钮即可。

低压断路器在电路图中的符号如图 8—14 所示。

在需要手动不频繁地接通和断开容量较大的低压网络或控制较大容量的电动机（40 ~ 100 kW）的场合，经常采用框架式低压断路器。这种断路器有一个钢制或压塑的框架，断路器的所有部件都装在框架内，导电部分加以绝缘。它具有过电流脱扣器和欠电压脱扣器，可对电路和设备实现过载、短路、失压等保护。它的操作方式有手柄直接操作、杠杆操作、电磁铁操作和电动机操作四种。其代表产品有 DW10 和 DW16 系列。

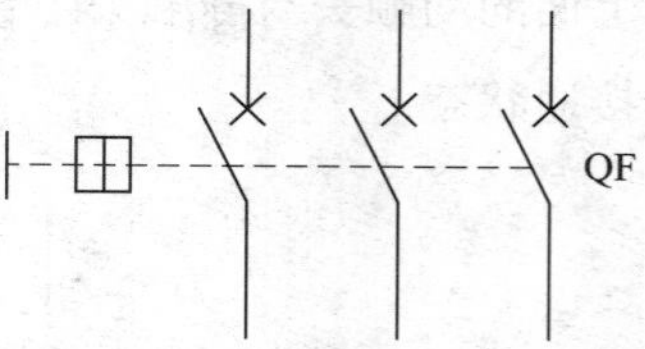

QF

图 8—14　低压断路器的符号

2. 熔断器

熔断器在低压配电网络和电力拖动系统中主要用于短路保护，使用时串联在被保护的电路中，当电路发生短路故障，通过熔断器的电流达到或超过某一规定值时，以其自身产生的热量使熔体熔断，从而自动分断电路，起到保护作用。它具有结构简单、价格便宜、动作可靠、使用维护方便等优点，因此得到广泛应用。

（1）熔断器的结构与主要技术参数

1）熔断器的结构。熔断器主要由熔体、安装熔体的熔管和熔座三部分组成。

熔体是熔断器的主要组成部分，常做成丝状、片状或栅状。熔体的材料通常有两种，一种是由铅、铅锡合金或锌等低熔点材料制成，多用于小电流电路；另一种是由银、铜等较高熔点的金属制成，多用于大电流电路。

熔管是熔体的保护外壳，用耐热绝缘材料制成，在熔体熔断时兼有灭弧作用。

熔座是熔断器的底座，其作用是固定熔管和外接引线。

2）熔断器的主要技术参数

①额定电压。熔断器的额定电压是指能保证熔断器长期正常工作的电压。若熔断器的实际工作电压大于其额定电压，熔体熔断时可能会发生电弧不能熄灭的危险。

②额定电流。熔断器的额定电流是指保证熔断器能长期正常工作的电流，是由熔断器各部分长期工作时的允许温升决定的。它与熔体的额定电流是两个不同的概念。熔体的额定电流是指在规定的工作条件下，长时间通过熔体而熔体不熔断的最大电流值。通常，一个额定电流等级的熔断器可以配用若干个额定电流等级的熔体，但熔体的额定电流值不能大于熔断器的额定电流值。

③分断能力。在规定的使用和性能条件下，熔断器在规定电压下能分断的预期分断电流值。常用极限分断电流值来表示。

④时间—电流特性。在规定工作条件下，表征流过熔体的电流与熔体熔断时间关系的函数曲线，也称保护特性或熔断特性，如图 8—15 所示。

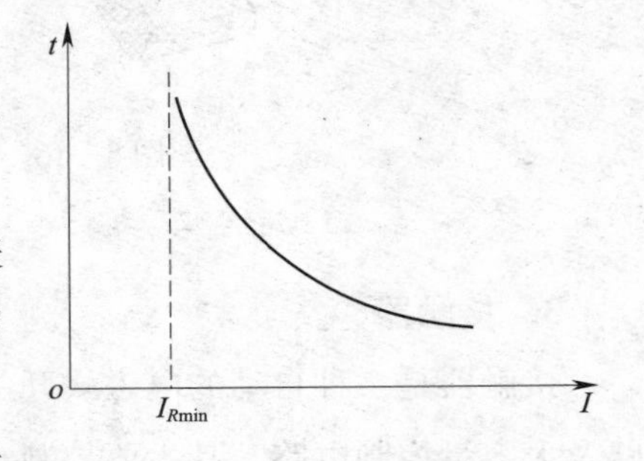

图 8—15　熔断器的时间—电流特性

从特性曲线上可以看出，熔断器的熔断时间随着电流的增大而减小，即熔断器通过的电流越大，熔断时间越短。一般熔断器的熔断时间与熔断电流的关系见表 8—2。

表 8—2　　熔断器的熔断时间与熔断电流的关系

熔断电流 I_s（A）	$1.25I_N$	$1.6\,I_N$	$2.0\,I_N$	$2.5\,I_N$	$3.0\,I_N$	$4.0\,I_N$	$8.0\,I_N$	$10.0\,I_N$
熔断时间 t（s）	—	3 600	40	8	4.5	2.5	1	0.4

可见，熔断器对过载反应是很不灵敏的，当电气设备发生轻度过载时，熔断器将持续很长时间才熔断，有时甚至不熔断。因此，除在照明电路中外，熔断器一般不宜用于过载保护，主要用于短路保护。

熔断器按结构形式分为半封闭插入式、无填料封闭管式、有填料封闭管式和自复式四类。

（2）RC1A 系列插入式熔断器（瓷插式熔断器）

1）型号及含义。

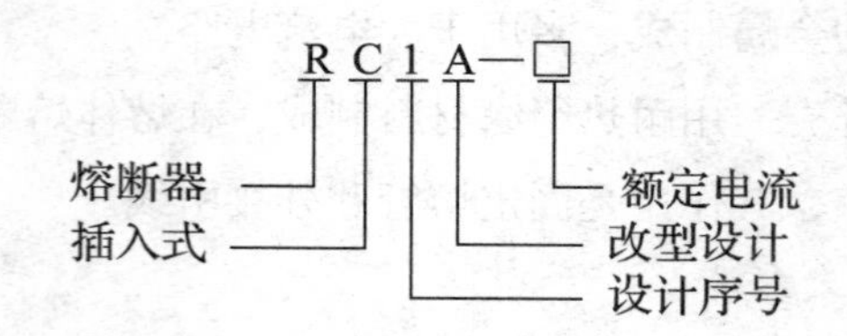

2）结构。RC1A 系列插入式熔断器是在 RC1 系列的基础上改进设计的，可取代 RC1 系列老产品，属半封闭插入式。它由瓷座、瓷盖、动触头、静触头及熔丝五部分组成，其结构如图 8—16 所示。

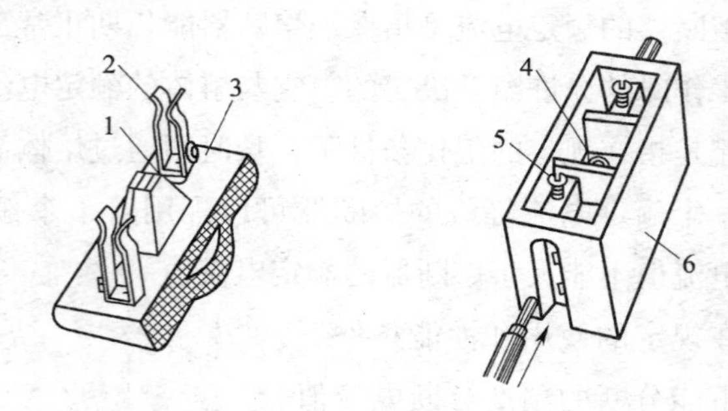

图 8—16　RC1A 系列插入式熔断器

1—熔丝　2—动触头　3—瓷盖　4—空腔　5—静触头　6—瓷座

3. 接触器

接触器是一种自动的电磁式开关，适用于远距离频繁地接通或断开交直流主电路及大容量控制电路。其主要控制对象是电动机，也可用于控制其他负载，如电热设备、电焊机以及电容器组等。它不仅能实现远距离自动操作和欠电压释放保护功能，而且具有控制容量大、工作可靠、操作频率高、使用寿命长等优点，因而在电力拖动系统中得到了广泛应用。

交流接触器的种类很多，目前常用的有我国自行设计生产的 CJ0、CJ10 和 CJ20 等系列以及引进国外先进技术生产的 B 系列、3TB 系列等。另外，各种新型接触器，如真空接触器、固体接触器等，在电力拖动系统中也逐步得到推广和应用。

（1）交流接触器的型号及含义

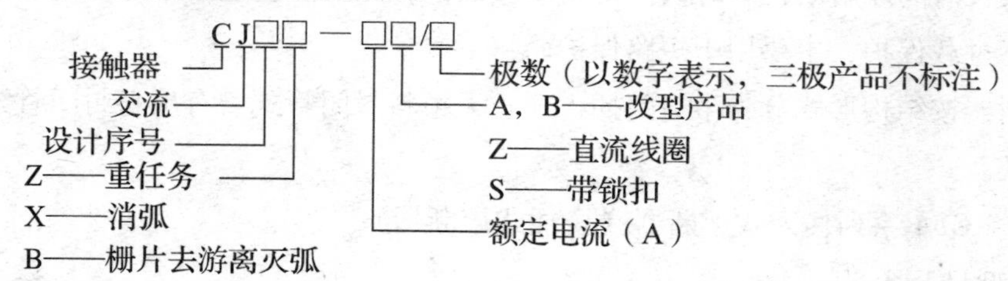

（2）交流接触器的结构

交流接触器主要由电磁系统、触头系统、灭弧装置及辅助部件等组成。CJ10－20 型交流接触器的结构如图 8—17a 所示。

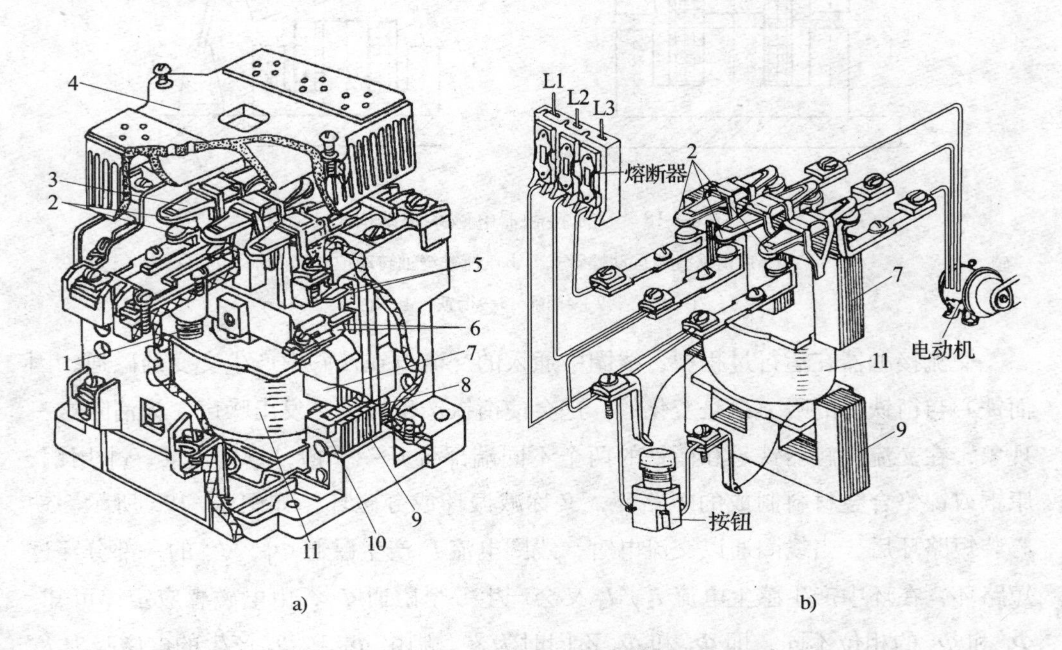

图 8—17　交流接触器的结构和工作原理

a）结构　b）工作原理

1—反作用弹簧　2—主触头　3—触头压力弹簧　4—灭弧罩　5—辅助常闭触头　6—辅助常开触头

7—动铁心　8—缓冲弹簧　9—静铁心　10—短路环　11—线圈

1）电磁系统。交流接触器的电磁系统主要由线圈、铁心（静铁心）和衔铁（动铁心）三部分组成，其作用是利用电磁线圈的通电或断电，使衔铁和铁心吸合或释放，从而带动动触头与静触头闭合或分断，实现接通或断开电路的目的。

CJ10 系列交流接触器的衔铁运动方式有两种，对于额定电流为 40 A 及以下的接触器，采用如图 8—18a 所示的衔铁直线运动的螺管式；对于额定电流为 60 A 及以上的接触器，采用如图 8—18b 所示的衔铁绕轴转动的拍合式。

为了减少工作过程中交变磁场在铁心中产生的涡流及磁滞损耗，避免铁心过热，交流接触器的铁心和衔铁一般用 E 形硅钢片叠压铆成。尽管如此，铁心仍是交流按触器发热的主要部件。为增大铁心的散热面积，同时避免线圈与铁心直接接触而受热烧毁，交流接触器的线圈一般做成粗而短的圆筒形，并且绕在绝缘骨架上，使铁心与线圈之间有一定间隙。另外，E 形铁心的中柱端面需留有 0.1～0.2 mm 的气隙，以减小剩磁影响，避免线圈断电后衔铁粘住不能释放。

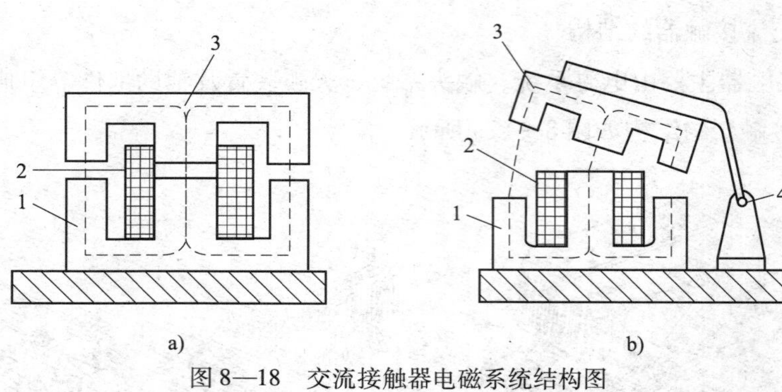

图8—18　交流接触器电磁系统结构图

a）衔铁直线运动螺管式　b）衔铁绕轴转动拍合式

1—铁心　2—线圈　3—衔铁　4—轴

交流接触器在运行过程中，线圈中通入的交流电在铁心中产生交变的磁通，因而铁心与衔铁间的吸力也是变化的，这会使衔铁产生振动，发出噪声。为消除这一现象，在交流接触器铁心和衔铁的两个不同端部各开一个槽，槽内嵌装一个用铜、康铜或镍铬合金材料制成的短路环，又称减振环或分磁环，如图8—19a所示。铁心装短路环后，当线圈通以交流电时，线圈电流 I_1 产生磁通 Φ_1，Φ_1 的一部分穿过短路环，在环中产生感生电流 I_2，I_2 又会产生一个磁通 Φ_2，由电磁感应定律可知，Φ_1 和 Φ_2 的相位不同，即 Φ_1 和 Φ_2 不同时为零，则由 Φ_1 和 Φ_2 产生的电磁吸力 F_1 和 F_2 不同时为零，如图8—19b所示。这就保证了铁心与衔铁在任何时刻都有吸力，衔铁将始终被吸住，振动和噪声会显著减小。

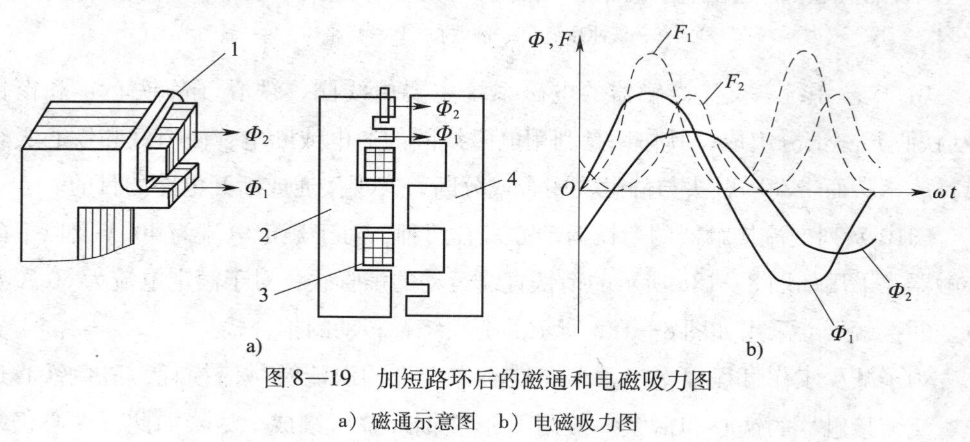

图8—19　加短路环后的磁通和电磁吸力图

a）磁通示意图　b）电磁吸力图

1—短路环　2—铁心　3—线圈　4—衔铁

2）触头系统。交流接触器的触头按接触情况可分为点接触式、线接触式和面接触式三种，如图8—20所示。按触头的结构形式，可分为桥式触头和指形触头两种，如图8—21所示。

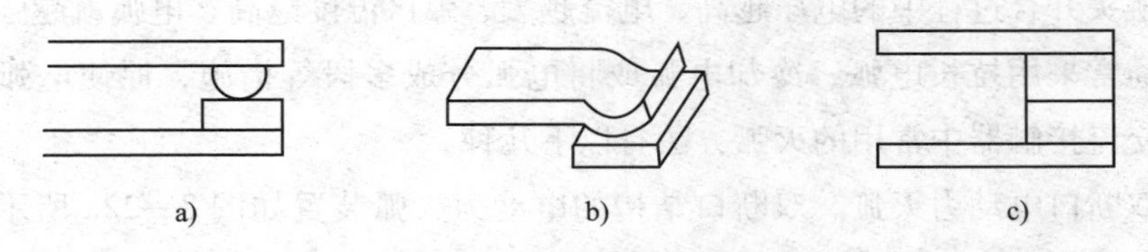

图 8—20　触头的三种接触形式

a）点接触　b）线接触　c）面接触

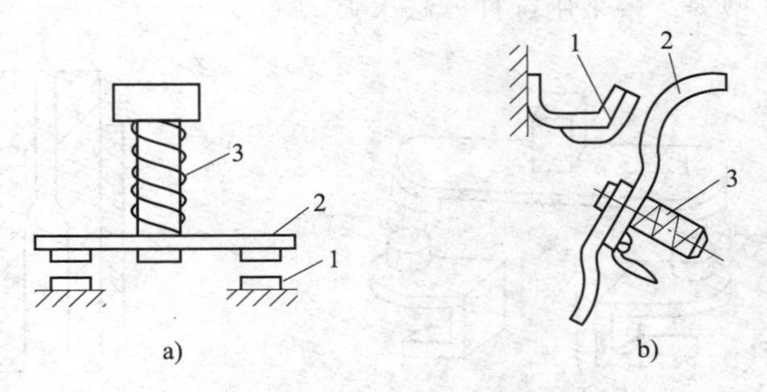

图 8—21　触头的结构形式

a）双断点桥式触头　b）指形触头

1—静触头　2—动触头　3—触头压力弹簧

CJ10 系列交流接触器的触头一般采用双断点桥式触头。其动触头桥用紫铜片冲压而成。由于铜的表面易氧化并形成一层导电性能很差的氧化铜，而银的接触电阻小且其黑色氧化物对接触电阻的影响不大，所以在触头桥的两端镶有银基合金制成的触头块。静触头一般用黄铜板冲压而成，一端镶焊触头块，另一端为接线座。在触头上装有压力弹簧以减小接触电阻，并消除开始接触时产生的有害振动。

按通断能力划分，交流接触器的触头分为主触头和辅助触头。主触头用以通断电流较大的主电路，一般由三对接触面较大的常开触头组成。辅助触头用以通断电流较小的控制电路，一般由两对常开和两对常闭触头组成。所谓触头的常开和常闭，是指电磁系统未通电动作时触头的状态。常开触头和常闭触头是联动的。当线圈通电时，常闭触头先断开，常开触头随后闭合；而当线圈断电时，常开触头先恢复断开，常闭触头随后恢复闭合。两种触头在改变工作状态时，先后有个时间差，尽管这个时间差很短，但对分析线路的控制原理却很重要。

3）灭弧装置。交流接触器在断开大电流或高电压电路时，在动、静触头之间会产生很强的电弧。电弧是触头间气体在强电场作用下产生的放电现象。电弧的产生，一方面会灼伤触头，减少触头的使用寿命；另一方面会使电路切断时间延长，甚至造成弧光短路或引起火灾事故。因此我们希望触头间的电弧能尽快熄灭。试验证明，触头开合过程中的电压越高、电流越大、弧区温度越高，电弧就越强。低压电器中通常采用拉长电弧、冷却电弧或将电弧分成多段等措施，促使电弧尽快熄灭。在交流接触器中常用的灭弧方法有以下几种。

①双断口电动力灭弧。双断口结构的电动力灭弧装置如图8—22a所示。这种灭弧方法是将整个电弧分割成两段，同时利用触头回路本身的电动力 F 把电弧向两侧拉长，使电弧在拉长的过程中热量散发、冷却而熄灭。容量较小的交流接触器，如CJ10－10型等，多采用这种方法灭弧。

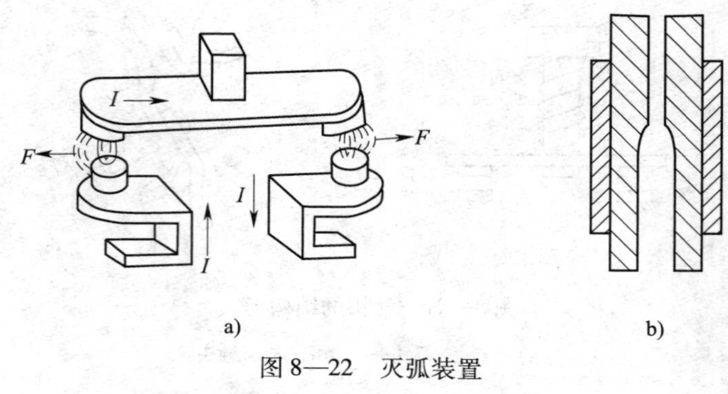

图8—22　灭弧装置

a）双断口电动力灭弧　b）纵缝灭弧

②纵缝灭弧。纵缝灭弧装置如图8—22b所示。由耐弧陶土、石棉、水泥等材料制成的灭弧罩内每相有一个或多个纵缝，缝的下部较宽以便放置触头；缝的上部较窄以便压缩电弧，使电弧与灭弧室壁有很好的接触。当触头分断时，电弧被外磁场或电动力吹入缝内，其热量传递给室壁，电弧被迅速冷却熄灭。CJ10系列交流接触器额定电流在20 A及以上的，均采用这种方法灭弧。

③栅片灭弧。栅片灭弧装置的结构及工作原理如图8—23所示。金属栅片由镀铜或镀锌铁片制成，形状一般为人字形，栅片插在灭弧罩内，各片之间相互绝缘。当动触头与静触头分断时，在触头间产生电弧，电弧电流在其周围产生磁场。由于金属栅片的磁阻远小于空气的磁阻，因此电弧上部的磁通容易通过金属栅片而形成闭合磁路，这就造成了电弧周围空气中的磁场上疏下密。这一磁场对电弧产生向上的作用力，将电弧拉到栅片间隙中，栅片将电弧分割成若干个串联的短电弧，每个栅片成为短电弧的电极，将总电弧压降分成几

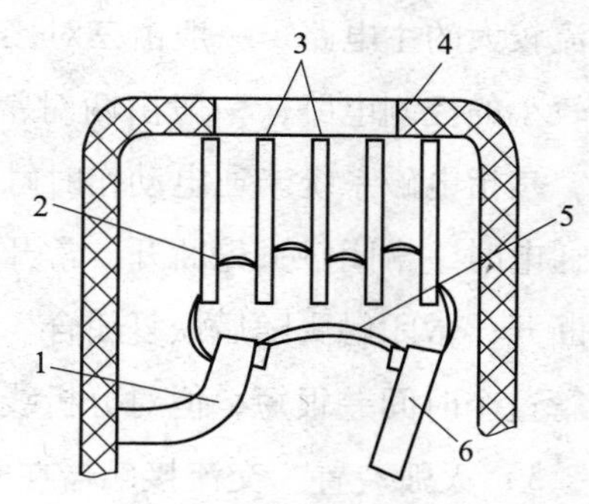

图8—23　栅片灭弧装置

1—静触头　2—短电弧　3—灭弧栅片

4—灭弧罩　5—电弧　6—动触头

段，栅片间的电弧电压都低于燃弧电压，同时栅片将电弧的热量吸收散发，使电弧迅速冷却，促使电弧尽快熄灭。容量较大的交流接触器多采用这种方法灭弧，如 CJ0－40 型交流接触器。

4）辅助部件。交流接触器的辅助部件有反作用弹簧、缓冲弹簧、触头压力弹簧、传动机构及底座、接线柱等。

反作用弹簧安装在动铁心和线圈之间，其作用是在线圈断电后推动衔铁释放，使各触头恢复原状态。缓冲弹簧安装在静铁心与线圈之间，其作用是缓冲衔铁在吸合时对静铁心和外壳的冲击力，保护外壳。触头压力弹簧安装在动触头上面，其作用是增加动、静触头间的压力，从而增大接触面积，以减小接触电阻，防止触头过热灼伤。传动机构的作用是在衔铁或反作用弹簧的作用下，带动动触头实现与静触头的接通或分断。

（3）交流接触器的工作原理

交流接触器的工作原理如图 8—17b 所示。当接触器的线圈通电后，线圈中流过的电流产生磁场，使铁心产生足够大的吸力，克服反作用弹簧的反作用力，将衔铁吸合，通过传动机构带动三对主触头和辅助常开触头闭合，辅助常闭触头断开。当接触器线圈断电或电压显著下降时，由于电磁吸力消失或过小，衔铁在反作用弹簧力的作用下复位，带动各触头恢复到原始状态。

常用的 CJ0、CJ10 等系列的交流接触器，在 0.85～1.05 倍额定电压下能保证可靠吸合。电压过高，磁路趋于饱和，线圈电流会显著增大；电压过低，电磁吸力不足，衔铁吸合不上，线圈电流会达到额定电流的十几倍。因此，电压过高或过低都会造成线圈过热而烧毁。

4. 继电器

继电器是一种根据输入信号（电量或非电量）的变化，接通或断开小电流电路，实现自动控制和保护电力拖动装置的电器。一般情况下，继电器不直接控制电流较大的主电路，而是通过接触器或其他电器对主电路进行控制。与接触器相比，继电器具有触头分断能力小、结构简单、体积小、质量轻、反应灵敏、动作准确、工作可靠等特点。

继电器主要由感测机构、中间机构和执行机构三部分组成。感测机构把感测到的电量或非电量传递给中间机构，并将它与预定值（整定值）相比较，当达到预定值（过量或欠量）时，中间机构便使执行机构动作，从而接通或断开电路。

继电器的分类方法有多种，按输入信号的性质可分为电压继电器、电流继电器、速度继电器、压力继电器等；按工作原理可分为电磁式继电器、电动式继电器、感应式继电器、晶体管式继电器和热继电器等；按输出方式可分为有触点式和无触点式。

热继电器是利用流过继电器的电流所产生的热效应而反时限动作的继电器。所谓反时限动作，是指电器的延时动作时间随通过电路电流的增加而缩短。热继电器主要用于电动机的过载保护、断相保护、电流不平衡运行的保护以及其他电气设备发热状态的控制。

热继电器的形式有多种，其中双金属片式应用最多。按极数分类，热继电器可分为单极、两极和三极三种，其中三极的热继电器又包括带断相保护装置和不带断相保护装置两种；按复位方式分类，有自动复位式（触头动作后能自动返回原来位置）和手动复位式。

（1）热继电器的型号及含义

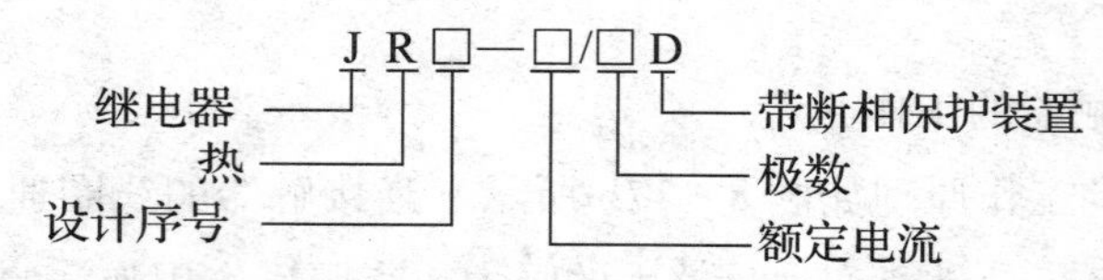

目前在生产中常用的热继电器有国产的 JR16、JR20 等系列以及引进的 T、3UA 等系列产品，均为双金属片式。下面以 JR16 系列为例，介绍热继电器的结构及工作原理。

（2）热继电器的结构

JR16 系列热继电器的外形和结构如图 8—24 所示。它主要由热元件、动作机构、触头系统、电流整定装置、复位机构和温度补偿元件等部分组成。

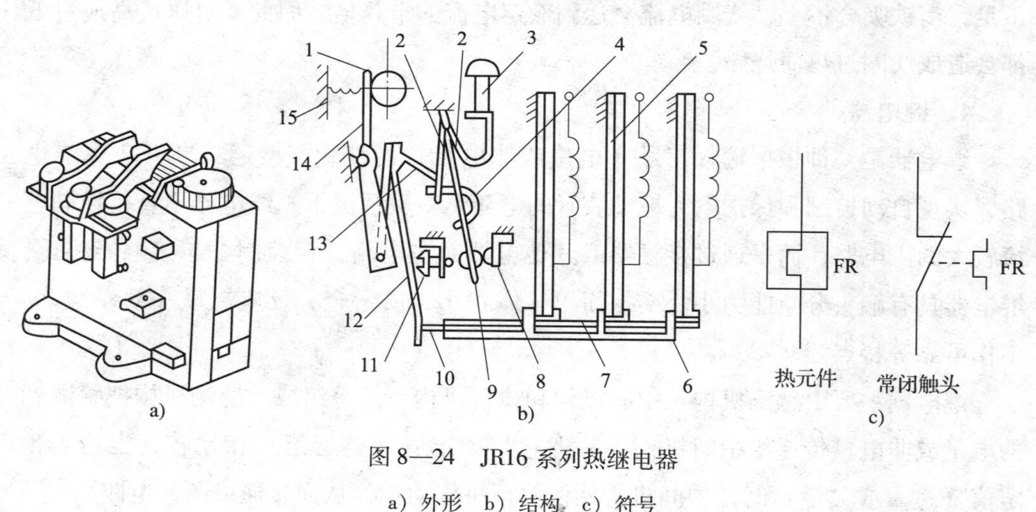

图 8—24　JR16 系列热继电器

a）外形　b）结构　c）符号

1—电流调节凸轮　2—片簧　3—手动复位按钮　4—弓簧　5—主双金属片　6—外导板　7—内导板　8—静触头　9—动触头　10—杠杆　11—复位调节螺钉　12—补偿双金属片　13—推杆　14—连杆　15—压簧

1）热元件。热元件是热继电器的主要组成部分，由主双金属片和绕在外面的电阻丝组成。主双金属片是由两种热膨胀系数不同的金属片复合而成，金属片的材料多为铁镍铬合金和铁镍合金。电阻丝一般用康铜或镍铬合金等材料制成。

2）动作机构和触头系统。动作机构利用杠杆传递及弓簧式瞬跳机构来保证触头动作的迅速、可靠。触头为单断点弓簧跳跃式动作，一般为一个常开触头、一个常闭触头。

3）电流整定装置。电流整定装置通过旋钮和电流调节凸轮调节推杆间隙，改变推杆移动距离，从而调节整定电流值。

4）温度补偿元件。温度补偿元件也是双金属片，其受热弯曲的方向与主双金属片一致，它能保证热继电器的动作特性在 -30 ~ +40℃的环境温度范围内基本上不受周围介质温度的影响。

5）复位机构。复位机构有手动和自动两种形式，可根据使用要求通过复位调节螺钉来自由调整选择。一般自动复位时间不大于 5 min，手动复位时间不大于 2 min。

（3）热继电器的工作原理

使用时，将热继电器的三相热元件分别串接在电动机的三相主电路中，常闭触头串接在控制电路的接触器线圈回路中。当电动机过载时，流过电阻丝的电流超过热继电器的整定电流，电阻丝发热，主双金属片向右弯曲，推动导板 6 和 7 向右移动，通过温度补偿双金属片 12 推动推杆 13 绕轴转动，从而推动触头系统动作，动触头 9 与常闭静触头 8 分开，使接触器线圈断电，接触器触头断开，将电源切除，起保护作用。电源切除后，主双金属片逐渐冷却恢复原位，于是动触头在失去作用力的情况下，靠弓簧 4 的弹性自动复位。

这种热继电器也可采用手动复位，以防止故障排除前设备带故障再次投入运行。将复位调节螺钉 11 向外调节到一定位置，使动触头弓簧的转动超过一定角度失去反弹性，此时即使主双金属片冷却复原，动触头也不能自动复位，必须采用手动复位。按下复位按钮 3，动触头弓簧恢复到具有弹性的角度，推动动触头与静触头恢复闭合。

当环境温度变化时，主双金属片会发生零点漂移，即热元件未通过电流时主双金属片即产生变形，使热继电器的动作性能受环境温度影响，导致热继电器的动作产生误差。为补偿这种影响，设置了温度补偿双金属片，其材料与主双金属片相同。当环境温度变化时，温度补偿双金属片与主双金属片产生同一方向上的附加变形，从而使热继电器的动作特性在一定温度范围内基本不受环境温度的影响。

热继电器整定电流的大小可通过旋转电流整定旋钮来调节，旋钮上刻有整定电流值标尺。所谓热继电器的整定电流，是指热继电器连续工作而不动作的最大电流，超过整定电流，热继电器将在负载未达到其允许的过载极限之前动作。

5. 变压器

变压器是一种应用电磁感应原理实现电能转换的电气设备，它可以把一种电压、电流的交流电能转换成相同频率的另一种电压、电流的交流电能。变压器的作用就是改变电压，既可以将发电站发出的电升为高压，以减少在输电中的损失，便于长途输送电力，也可以在用电的地方将高压电逐次降低电压，送给用户使用。因此，变压器在电网中处于极为重要的地位，是保证电网安全、可靠、经济运行和生产及生活用电的关键设备。

变压器几乎在所有的电子产品中都要用到。它的原理简单，但根据不同的使用场合（不同的用途），变压器的绕制工艺会有不同的要求。变压器的功能主要有电压变换、阻抗变换、隔离、稳压（磁饱和变压器）等。变压器常用的铁心形状一般有 E 型和 C 型。

变压器的最基本形式，包括两组绕有导线之线圈，并且彼此以电感方式耦合在一起。当一交流电流（具有某一已知频率）流于其中之一组线圈时，在另一组线圈中将感应出具有相同频率的交流电压，而感应的电压大小取决于两线圈耦合及磁交链之程度。

一般将连接交流电源的线圈称为一次线圈，而将跨于此线圈的电压称为一次电压。在二次线圈的感应电压可能大于或小于一次电压，这是由一次线圈与二次线圈间的匝数比所决定的。因此，变压器分为升压变压器和降压变压器两种。

大部分的变压器均有固定的铁心，其上绕有一次线圈和二次线圈。基于铁材的高导磁性，大部分磁通量局限在铁心里，因此，两组线圈可以获得相当高程度的磁耦合。在一些变压器中，线圈与铁心二者间紧密地结合，其一次电压与二次电压的比值几乎与二者之线圈匝数比相同。因此，变压器之匝数比，一般可作为变压器升压或降压的参考指标。由于此项升压与降压的功能，使得变压器已成为现代化电力系统之重要附属物。升压变压器用于提升输电电压，使得长途输送电力更为经济；至于降压变压器，它使得电力运用方面更加多元化。

三、车床电气控制线路

车床是一种应用极为广泛的金属切削机床，能够车削外圆、内圆、端面、螺纹以及车削成形表面等。

普通车床有两个主要的运动部分，一个是卡盘或顶尖带动工件的旋转运动，也就是车床的主运动；另外一个是溜板带动刀架的直线运动，称为进给运动。车床工作时，绝大部分功率消耗在主运动上。下面以 CA6140 型车床为例介绍车床电气控制线路。

1. 电力拖动特点及控制要求

（1）主拖动电动机一般选用三相笼型异步电动机，不进行电气调速。

（2）采用齿轮箱进行机械有级调速。为减小振动，主拖动电动机通过 V 带将动力传递到主轴箱。

（3）在车削螺纹时，要求主轴有正、反转，由主拖动电动机正反转或采用机械方法来实现。

（4）主拖动电动机的启动、停止采用按钮操作。

（5）刀架移动和主轴转动有固定的比例关系，以便满足对螺纹的加工需要。

（6）车削加工时，由于刀具及工件温度过高，有时需要冷却，因而应该配有冷却泵电动机，且要求在主拖动电动机启动后方可决定冷却泵启动与否，而当主拖动电动机停止时冷却泵应立即停止。

（7）必须有过载、短路、欠压、失压保护。

（8）具有安全的局部照明装置。

2. 电气控制线路分析

CA6140 型车床电路图如图 8—25 所示。

电源保护	电源开关	主轴电动机	短路保护	冷却泵电动机	刀架快速移动电动机	控制电源变压及保护	断电保护	主轴电动机控制	刀架快速移动	冷却泵控制	信号灯	照明灯

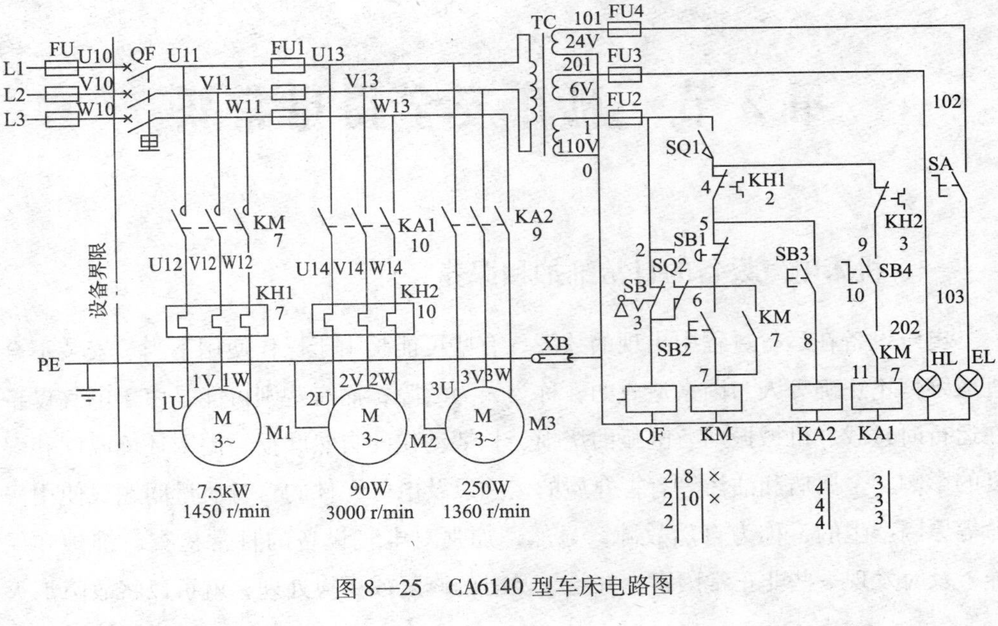

图 8—25　CA6140 型车床电路图

（1）主电路分析

主电路共有三台电动机：M1为主轴电动机，带动主轴旋转和刀架作进给运动；M2为冷却泵电动机，用以输送切削液；M3为刀架快速移动电动机。

将钥匙开关SB向右旋转，再扳动断路器QF将三相电源引入。主轴电动机M1由接触器KM控制，热继电器KH1（FR1）作过载保护，熔断器FU作短路保护，接触器KM作失压和欠压保护。冷却泵电动机M2由中间继电器KA1控制，热继电器KH2（FR2）作过载保护。刀架快速移动电动机M3由中间继电器KA2控制，由于是点动控制，故未设过载保护。FU1作为冷却泵电动机M2、快速移动电动机M3、控制变压器TC的短路保护。

（2）控制电路分析

控制电路的电源由控制变压器TC二次侧输出110 V电压提供。在正常工作时，位置开关SQ1的常开触头闭合。打开床头皮带罩后，SQ1断开，切断控制电路电源，以确保人身安全。钥匙开关SB和位置开关SQ2在正常工作时是断开的，QF线圈不通电，断路器QF能合闸。打开配电盘壁龛门时，SQ2闭合，QF线圈获电，断路器QF自动断开。

（3）照明、信号电路分析

控制变压器TC的二次侧分别输出24 V和6 V电压，作为车床低压照明灯和信号灯的电源。EL为车床的低压照明灯，由开关SA控制；HL为电源信号灯。它们分别由FU4和FU3作短路保护。

第2节　机床安全用电常识

一、机床电气设备的日常维护和保养

电气设备在运行过程中出现的故障，有些可能是由于操作使用不当、安装不合理或维修不正确等人为因素造成的，称为人为故障；而有些则可能是由于电气设备在运行时过载、机械振动、电弧的烧损、长期动作的自然磨损、周围环境温度和湿度的影响、金属屑和油污等有害介质的侵蚀以及电气元件的自身质量问题或使用寿命等原因产生的，称为自然故障。显然，加强对电气设备的日常检查、维护和保养，及时发现一些非正常因素，并给予及时的修复或更换处理，就可以将故障消灭

在萌芽状态，防患于未然，使电气设备少出甚至不出故障，以保证设备的正常运行。

电气设备的日常维护和保养包括电动机和电气控制设备的日常维护和保养。

1. 电动机的日常维护和保养

（1）电动机应保持表面清洁，进、出风口必须保持畅通无阻，不允许水滴、油污或金属屑等异物掉入电动机的内部。

（2）经常检查运行中的电动机负载电流是否正常，用钳形电流表查看三相电流是否平衡，三相电流中的任何一相电流与其三相电流平均值相差不允许超过10%。

（3）对工作在正常环境条件下的电动机，应定期用兆欧表检查其绝缘电阻；对工作在潮湿、多尘及含有腐蚀性气体等环境条件下的电动机，更应经常检查其绝缘电阻。三相380 V电动机及各种低压电动机，其绝缘电阻应大于0.5 MΩ方可使用。高压电动机定子绕组绝缘电阻为1 MΩ/kV，转子绝缘电阻应大于0.5 MΩ方可使用。若发现电动机的绝缘电阻达不到规定要求时，应采取相应措施处理，使其符合规定要求，方可继续使用。

（4）经常检查电动机的接地装置，使之保持牢固可靠。

（5）经常检查电源电压是否与铭牌相符，三相电源电压是否对称。

（6）经常检查电动机的温升是否正常。

（7）经常检查电动机的振动、噪声是否正常，有无异常气味、冒烟、启动困难等现象。一旦发现，应立即停车检修。

（8）经常检查电动机轴承是否有过热、润滑脂不足或磨损等现象，轴承的振动和轴向位移不得超过规定值。轴承应定期清洗检查，定期补充或更换轴承润滑脂（一般一年左右）。

（9）对绕线转子异步电动机，应检查电刷与滑环之间的接触压力、磨损及火花情况。当发现有不正常的火花时，需进一步检查电刷或清理滑环表面，并校正电刷弹簧压力。一般电刷与滑环的接触面积不应小于全面积的75%，电刷压强应为15 ~25 kPa，电刷与滑环间应有2 ~4 mm间隙，电刷与刷握内壁应保持0.1 ~0.2 mm游隙，对于磨损严重的电刷应及时更换。

（10）对直流电动机，应检查换向器表面是否光滑圆整，有无机械损伤或火花灼伤。若沾有碳粉、油污等杂物，要用干净柔软的白布蘸酒精擦去。换向器在负荷下长期运行后，其表面会产生一层均匀的深褐色的氧化膜，这层薄膜具有保护换向器的功效，切忌用砂布磨去。但当换向器表面出现明显的灼痕或因火花烧损出现凹凸不平的现象时，则需要对其表面用零号砂布进行细心的研磨或用车床重新车光，而后再将换向器片间的云母下刻 1～1.5 mm 深，并将表面的毛刺、杂物清理干净后，方能重新装配使用。

（11）检查机械传动装置是否正常，联轴器、带轮或传动齿轮是否有跳动。

（12）检查电动机的引出线是否绝缘良好、连接可靠。

2. 电气控制设备的日常维护和保养

（1）电气柜的门、盖、锁及门框周边的耐油密封垫均应完好，门、盖应关闭严密，柜内应保持清洁，不得有水滴、油污和金属屑等进入电气柜内，以免损坏电气元件造成事故。

（2）操纵台上的所有操纵按钮、主令开关的手柄、信号灯及仪表护罩都应保持清洁完好。

（3）检查接触器、继电器等的触头系统吸合是否良好，有无噪声、卡住或迟滞现象；触头接触面有无烧蚀、毛刺或穴坑；电磁线圈是否过热；各种弹簧弹力是否适当；灭弧装置是否完好无损等。

（4）试验位置开关能否起位置保护作用。

（5）检查各电气设备的操作机构是否灵活可靠，有关整定值是否符合要求。

（6）检查各线路接头与端子板的连接是否牢靠，各部件之间的连接导线、电缆或保护导线的软管不得被切削液、油污等腐蚀，管接头处不得产生脱落或散头等现象。

（7）检查电气柜及导线通道的散热情况是否良好。

（8）检查各类指示信号装置和照明装置是否完好。

（9）检查电气设备和床身上所有裸露导体件是否接到保护接地专用端子上，是否达到了保护电路连续性的要求。

二、安全用电的一般知识

1. 电流对人体的作用

生产工人天天要与用电设备接触，一定要遵守安全操作规程，防止触电事故的发生。触电事故是因为电流流过人体所造成的。人体被电流伤害，按其性质的不同可分为以下两类。

（1）电伤

电伤是指人体外部由于电弧灼伤，或与带电体接触后的皮肤红肿，以及在大电流下熔化而飞溅出的金属对皮肤的烧伤等。

（2）电击

电击是指电流流过人体内部器官（如心脏）而受伤。人体常因电击而死亡，所以它是最危险的触电事故。

电击伤人的程度，由流过人体电流的频率、大小、途径、通电时间、触电人体电阻等因素而定。

1）通过人体的电流频率。经验证明，50～160 Hz 的电流最危险，随着频率的增大危险性将减小。

2）通过人体的电流值。人体通过 1 mA 的工频电流时就会有不舒服的感觉，50 mA 的工频电流就会使人有生命危险，100 mA 的工频电流则足以致人死亡。

3）人体的电阻值。人体各部分的电阻是不同的，皮肤、脂肪、骨骼和神经的电阻较大，肌肉和血液的电阻较小。一般情况下，人体的电阻为 800 Ω 至几万欧姆不等。个别人的最低电阻为 600 Ω 左右，当皮肤出汗、有导电液或导电尘埃时，人体的电阻还要低。

4）电压值。通过人体的电流大小与触电电压有关。若人的手是潮湿的，36 V 以上的电压是危险的；若人的手是干燥的，65 V 以上的电压是危险的。因此规定 36 V 以下的电压为安全电压。

5）电流作用于人体的时间。电流在人体内作用的时间越长，人体的电阻也就随着电流的持续和增大而减小。大量的电流在人体内流过，人体内产生的危害性也就越加严重，人体获救的可能性就越小。因此，发现有人触电时，应当迅速地使触电者摆脱带电体。

6）电流在人体内的途径。电流在人体内流过的途径，与人体触电的严重性有密切的关系。根据试验，电流通过心脏和大脑时人体最容易死亡，所以头部触电及左手到右脚触电最危险。

2. 触电原因及触电方式

（1）触电原因

常见的触电原因有三种：一是违章冒险操作，如明知在某些情况下不准带电操作，而冒险在无必要保护措施下带电操作，结果触电受伤甚至死亡；二是缺乏必要的电气知识，如发现有人触电时不是及时切断电源或用绝缘物使触电者脱离电源，而是用手去拉触电者；三是输电线或用电设备的绝缘损坏，当人体无意触摸绝缘损坏的通电导体或带电金属体时，就会触电。

（2）触电方式

常见的触电方式有两线触电和单线触电。

1）两线触电。人的身体同时接触两根火线，电流从一根火线流经人的身体到另一根火线，这种触电方式称为两线触电。这时的触电是最危险的。

2）单线触电。这种情况也是很危险的。

3. 安全用电措施

因人体接触或接近带电体所引起的局部受伤或死亡的现象称为触电。为避免触电，做到安全用电，在用电过程中必须采取一系列措施。常用的安全用电措施如下。

（1）火线必须进开关

火线进开关后，当开关处于分断状态时，用电设备上就不带电，这样不但利于维修，而且可以减少触电机会。另外，火线进开关还可以减少不必要的烦恼。如3 W荧光灯在关灯后仍会隐隐发光，就是因为火线未进开关引起的。此时应改成火线进开关的电路。

（2）照明电压的合理选择

一般工厂和家庭的照明灯具多采用悬挂式，人体接触机会较少，可选用220 V电压供电；与人体接触机会较多的机床照明灯则应选用36 V供电，决不允许采用220 V灯具作为机床照明；在潮湿、有导电灰尘、有腐蚀性气体的情况下，则应选用24 V、12 V甚至6 V电压来供照明灯具使用。

（3）导线和熔丝的选择

导线通过电流时，不允许过热，所以导线的额定电流应比实际输送的电流大些。而熔丝是保护用的，要求电路发生短路时能迅速熔断，不能选额定电流很大的熔丝来保护小电流电路。导线和熔丝的额定电流值可通过查相关手册获得。

（4）电气设备要有一定的绝缘电阻

电气设备的金属外壳和导电线圈间应有一定的绝缘电阻，否则当人触及正在工作的电气设备（如电动机、电风扇等）的金属外壳，就会触电。通常，要求固定电气设备的绝缘电阻不低于500 kΩ，可移动的电气设备，如冲击钻的绝缘电阻还应高一些。一般电气设备在出厂前都测量过绝缘电阻，以确保使用者的安全。在使用电气设备的过程中，应注意保护绝缘材料，预防绝缘材料受伤和老化。

（5）电气设备的安装要正确

电气设备要根据安装说明进行安装，不可马虎行事。带电部分应有防护罩，必要时应用联锁装置以防触电。

（6）采用各种保护用具

保护用具是保证工作人员安全操作的工具，主要有绝缘手套、鞋，绝缘钳、棒等。

（7）电气设备的保护接地和保护接零

正常情况下，电气设备的金属外壳是不带电的。但在绝缘损坏而漏电时，外壳就会带电。为保证人触及漏电设备的金属外壳时不会触电，通常采用保护接地或保护接零的安全措施。

1）保护接地。将电气设备在正常情况下不带电的金属外壳或构架与大地之间进行良好的金属连接称为保护接地。通常采用深埋在地下的角铁、钢管做接地体。家庭中也可用自来水管做接地体，但应将水管接头的两端用导线联通。接地电阻应小于 4 Ω。

采用保护接地后，即使人触及漏电电气设备的金属外壳也不会触电。因为这时金属外壳已与大地可靠金属连接，而且接地电阻很小，而人体电阻要比接地电阻大数百至数万倍，所以漏电电流几乎全部经接地体流入大地，从而保证了人身安全。

2）保护接零。将电气设备在正常情况下不带电的金属外壳或构架与供电系统中的零线连接称为保护接零。接零后，若设备绝缘损坏而漏电，则漏电电流将熔丝熔断或其他保护电器动作而切断电源，从而消除了触电危险。

必须指出，在同一供电线路中，不允许一部分电气设备采用保护接零，而另一部分电气设备采用保护接地的方法，因为这样会使与零线相连接的所有电气设备的外壳带上可能使人触电的危险电压。

4. 触电急救和电火警处理

（1）触电解救

凡遇有人触电，必须用最快的方法使触电者脱离电源。若救护人离控制电源的开关或插座较近，则应立即切断电源，否则应采用竹竿或木棒等绝缘物强迫触电者脱离电源，也可用绝缘钳切断电线，或戴上绝缘手套、穿上绝缘鞋将触电者拉离电源。千万不能赤手空拳去拉还未脱离电源的触电者。在切断电源时，应一根线一根线地剪，不能两根线一起剪。另外，在触电解救过程中，还应注意防止高处的触电者坠落受伤。

（2）紧急救护

在触电者脱离电源后，应立即进行现场紧急救护并及时报告医院。当触电者还未失去知觉时，应将触电者抬到空气流通、温度适宜的地方休息，不要让触电者乱走动。当触电者出现心脏停跳、无呼吸等假死现象时，不应慌乱而应争分夺秒地在现场进行人工呼吸或胸外挤压，就是在送往医院的救护车上也不可中断救护，更不可盲目给假死者注射强心针。

人工呼吸法适用于有心跳但无呼吸的触电者。其中口对口（鼻）人工呼吸法的口诀是：病人仰卧平地上，鼻孔朝天颈后仰；首先清理口鼻腔，然后松扣解衣裳；捏鼻吹气要适量，排气应让口鼻畅；吹两秒来停三秒，五秒一次最恰当。

胸外挤压法适用于有呼吸但无心跳的触电者。其口诀是：病人仰卧硬地上，松开领扣解衣裳；当胸放掌不鲁莽，中指应当对凹堂；掌根用力向下按，压下一寸至寸半；压力轻重要适当，过分用力会压伤；慢慢压下突然放，一秒一次最恰当。

当触电者既无呼吸又无心跳时，可同时采用人工呼吸法和胸外挤压进行急救。其中单人操作时，应先口对口（鼻）吹气2 s（约5 s内完成），再做胸外挤压15次（约10 s内完成），以后交替进行。双人操作时，按前述口诀进行。

（3）电火警的紧急处理

1）发生火警时，必须首先切断电源然后救火，并及时报警。

2）应选用二氧化碳灭火器、1211灭火器或黄沙灭火。但应注意，不要使二氧化碳喷射到人的皮肤或脸部，以防冻伤和窒息。在未确知电源已被切断时，决不允许用水或普通灭火器灭火。因为万一电源未被完全切断，就会有触电的危险。

3）救火时不要随便与电线或电气设备接触，特别要留心地上的电线。

5. 其他用电安全知识

（1）任何电气设备在未确认无电以前，应一律认为有电，因此不要随便接触电气设备。

（2）不盲目信赖开关或控制装置，只有拔下用电器的插头才是最安全的。

（3）不损伤电线，也不乱拉电线。若发现电线、插头、插座有损坏，必须及时更换。

（4）拆开或断裂裸露的带电接头，必须及时用绝缘物包好并放置到人身不易碰到的地方。

（5）尽量避免带电操作，手湿时更应避免带电操作。在进行必要的带电操作时，应尽量用一只手工作，另一只手可放在口袋中或背后，同时要有人监护。

（6）当有数人进行电工作业，需要接通电源时，必须预先通知他人。

（7）不要依赖绝缘来防范触电，因为绝缘代替不了小心。

思　考　题

1. 电流是怎样形成的？
2. 低压开关有几种？分别是什么？有何作用？
3. 什么是电压？
4. 电流对人体有什么作用？
5. 安全用电的措施有哪些？

第9章

液（气）压基础知识

第1节　液　压　传　动

一、液压传动的工作原理和组成

1. 液压传动的工作原理

如图9—1所示为常见的液压千斤顶工作原理图。大、小油腔的内部分别装有

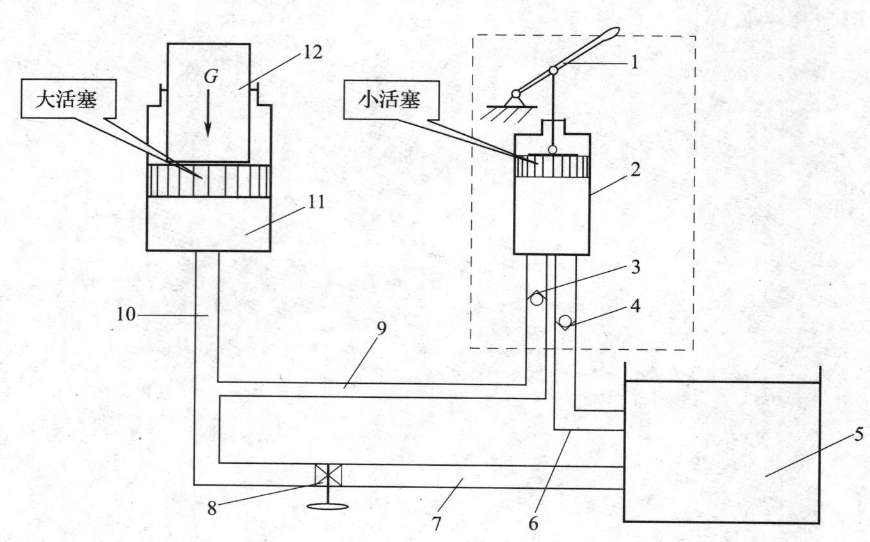

图9—1　液压千斤顶工作原理图

1—杠杆手柄　2—泵体（油腔）　3—排油单向阀　4—吸油单向阀　5—油箱
6、7、9、10—油管　8—放油阀　11—液压缸（油腔）　12—重物

大活塞和小活塞，活塞与缸体之间保持一种良好的配合关系，不仅活塞能在缸体内滑动，而且配合面之间也能实现可靠的密封。

（1）泵吸油过程

当用手向上提起杠杆手柄 1 时，小活塞被带动上行，泵体 2 中的密封工作容积增大。这时，由于排油单向阀 3 和放油阀 8 分别关闭了它们各自所在的油路，所以在泵体 2 中的工作容积扩大形成了部分真空。在大气压的作用下，油箱中的油液经油管打开吸油单向阀 4 并流入泵体 2 中，完成一次吸油动作，如图 9—2 所示。

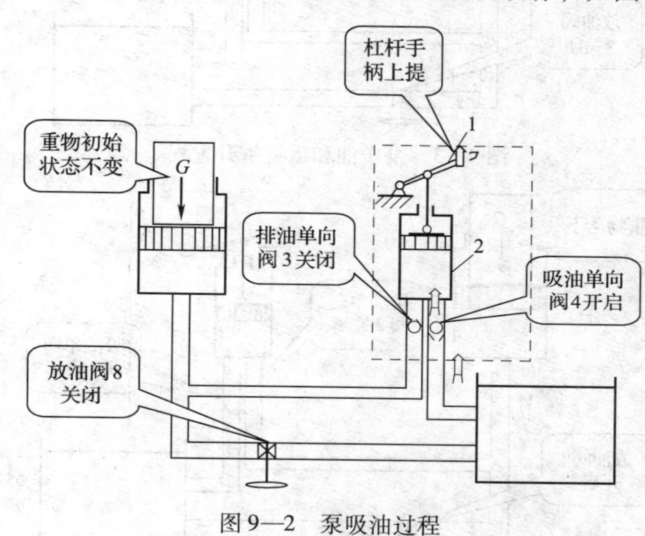

图 9—2　泵吸油过程

（2）泵压油和重物举升过程

当压下杠杆手柄 1 时，带动小活塞下移，泵体 2 中的小油腔工作容积减小，便把其中的油液挤出，推开排油单向阀 3（此时吸油单向阀 4 自动关闭了通往油箱的油路），油液便经油管进入液压缸（油腔）11，由于液压缸（油腔）11 也是一个密封的工作容积，所以进入的油液因受挤压而产生的作用力就会推动大活塞上升，并将重物顶起做功，如图 9—3 所示。

反复提、压杠杆手柄，就可以使重物不断上升，达到起重的目的。

（3）重物落下过程

需要大活塞向下返回时，将放油阀 8 开启（旋转 90°），则在重物自重的作用下，液压缸（油腔）11 中的油液流回油箱 5，大活塞下降到原位，如图 9—4 所示。

2．液压传动系统的组成

液压传动系统一般由动力部分、执行部分、控制部分和辅助部分组成。

（1）动力部分。将原动机输出的机械能转换为油液的压力能（液压能）。动力

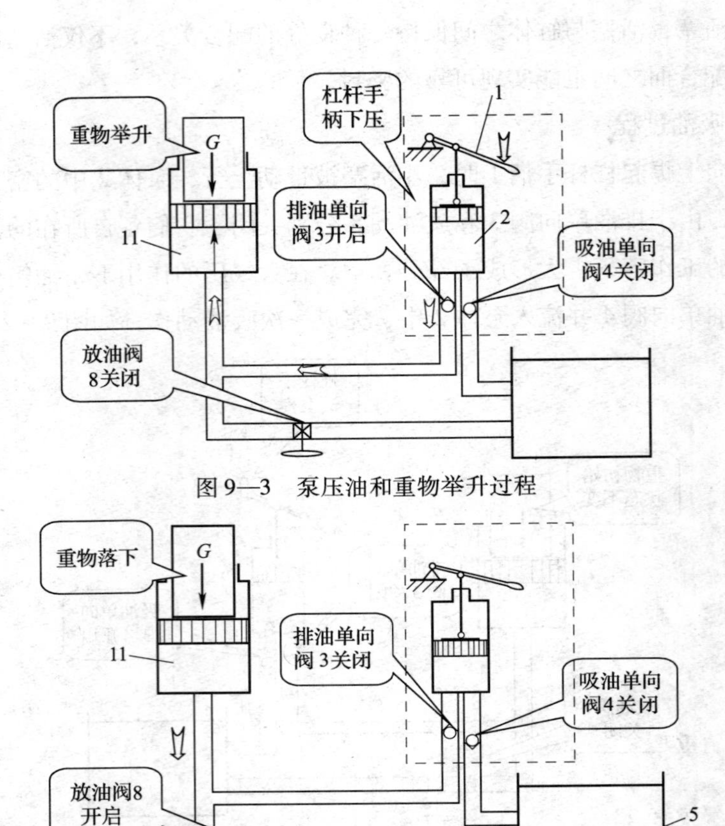

图9—3　泵压油和重物举升过程

图9—4　重物落下过程

元件一般为液压泵，在液压千斤顶中为手动柱塞泵。

（2）执行部分。将液压泵输入的油液压力能转换为带动工作机构的机械能。执行元件有液压缸和液压马达，在液压千斤顶中为液压缸。

（3）控制部分。用来控制和调节油液的压力、流量和流动方向。控制元件有各种压力控制阀、流量控制阀和方向控制阀等，在液压千斤顶中为放油阀等。

（4）辅助部分。将前面三部分连接在一起，组成一个系统，起储油、过滤、测量和密封等作用，保证系统正常工作。辅助元件有管路和接头、油箱、过滤器、蓄能器、密封件和控制仪表等，在液压千斤顶中为油管、油箱等。

3. 液压传动的特点

液压传动与机械传动、电气传动相比，其特点有：

（1）易于获得很大的力和力矩。

（2）调速范围大，易实现无级调速。

（3）质量轻，体积小，动作灵敏。

（4）传动平稳，易于频繁换向。

（5）易于实现过载保护。

（6）便于采用电液联合控制以实现自动化。

（7）液压元件能够自动润滑，元件的使用寿命长。

（8）液压元件易于实现系列化、标准化、通用化。

（9）泄漏会引起能量损失（称为容积损失），这是液压传动中的主要损失。此外，还有管道阻力及机械摩擦所造成的能量损失（称为机械损失），所以液压传动的效率较低。

（10）液压系统产生故障时，不易找到原因，维修困难。

（11）为减少泄漏，液压元件制造精度要求较高。

二、液压阀（油压阀）

在液压传动系统中，为了控制和调节液流的方向、压力和流量，以满足工作机械的各种要求，就要用到控制阀。控制阀又称液压阀，简称阀。控制阀是液压系统中不可缺少的重要元件。

根据用途和工作特点的不同，控制阀分为以下三大类：方向控制阀、压力控制阀、流量控制阀。

1．方向控制阀

控制油液流动方向的阀称为方向控制阀。按用途分为单向阀和换向阀，如图 9—5 所示。

a)

b)

图 9—5　方向控制阀

a）单向阀　b）换向阀

（1）单向阀

单向阀的作用是保证通过阀的液流只向一个方向流动而不能反方向流动。单向阀一般由阀体、阀芯和弹簧等零件构成。单向阀的连接方式有管式和板式两种。如

图 9—6 所示，图 a 为直通式结构，通常将其进、出油口制成连接螺纹，直接与油管接头连接，成为管式单向阀；图 b 为直角式结构，通常将其进、出油口开在同一平面内，成为板式单向阀。安装时，可将阀对着底板用螺钉固定，底板与阀口之间用 O 形密封圈密封，底板与油管接头采用螺纹连接。

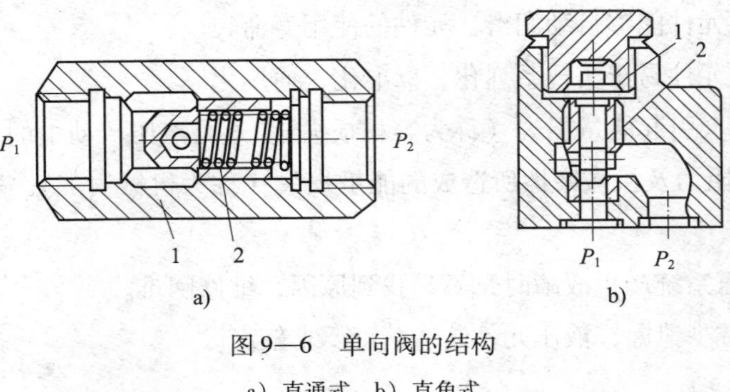

图 9—6　单向阀的结构

a）直通式　b）直角式

1—阀体　2—阀芯

（2）换向阀

换向阀的作用是利用阀芯在阀体内做轴向移动，改变阀芯和阀体间的相对位置，来变换油液流动的方向及接通或关闭油路，从而控制执行元件的换向、启动和停止。

图 9—7 所示的二位四通电磁换向阀由阀体 1、复位弹簧 2、阀芯 3、电磁铁 4 和衔铁 5 组成。阀芯能在阀体孔内自由滑动，阀芯和阀体孔都开有若干段环形槽，阀体孔内的每段环形槽都有孔道与外部的相应阀口相通。

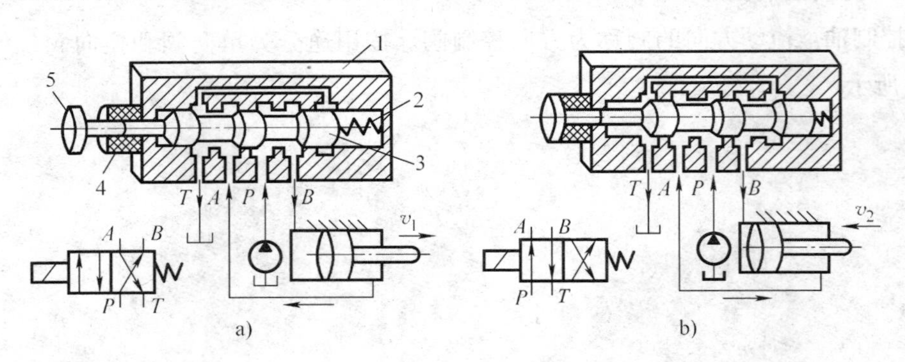

图 9—7　换向阀的结构和工作原理

a）电磁铁断电状态　b）电磁铁通电状态

1—阀体　2—复位弹簧　3—阀芯　4—电磁铁　5—衔铁

2. 压力控制阀

压力控制阀的作用是控制液压系统中的压力，或利用系统中压力的变化来控制其他液压元件的动作，简称压力阀。

按照用途不同，压力阀可分为溢流阀、减压阀、顺序阀和压力继电器等。

压力阀是利用作用于阀芯上的液压力与弹簧力相平衡的原理来进行工作的。

（1）溢流阀

溢流阀在液压系统中的主要作用，一是起溢流和调压稳压作用，保持液压系统的压力恒定；二是起限压保护作用，防止液压系统过载（又称安全阀）。溢流阀通常接在液压泵出口处的油路上。

根据结构和工作原理的不同，溢流阀可分为直动型溢流阀和先导型溢流阀两种，如图9—8所示。

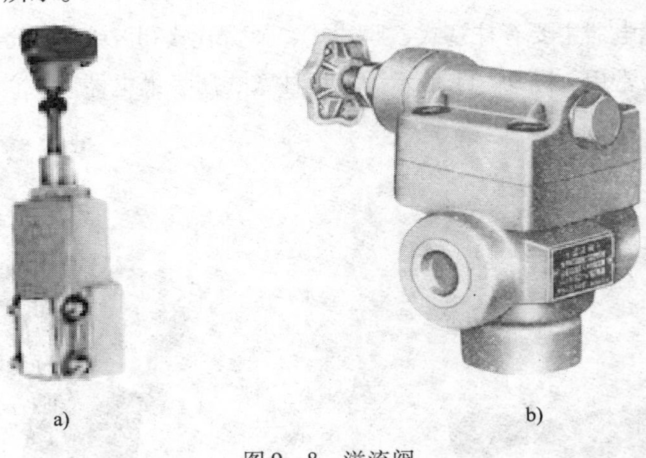

a)　　b)

图9—8　溢流阀

a）直动型溢流阀　b）先导型溢流阀

（2）减压阀

减压阀在液压系统中的主要作用是降低系统某一支路的油液压力，使同一系统有两个或多个不同压力。

减压原理：利用压力油通过缝隙（液阻）降压，使出口压力低于进口压力，并保持出口压力为一定值。缝隙越小，压力损失越大，减压作用就越强。

根据结构和工作原理的不同，减压阀可分为直动型减压阀和先导型减压阀两种。一般采用先导型减压阀，如图9—9所示。

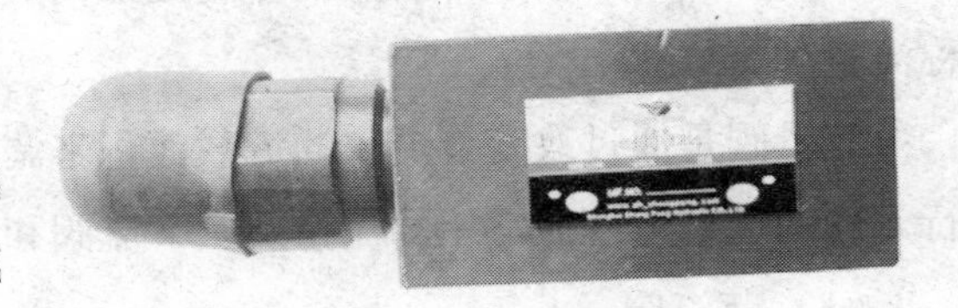

图9—9　先导型减压阀

（3）顺序阀

顺序阀在液压系统中的主要作用是利用液压系统中的压力变化来控制油路的通断，从而实现某些液压元件按一定的顺序动作。

根据结构和工作原理的不同，顺序阀可分为直动型顺序阀和先导型顺序阀两种，一般多使用直动型顺序阀。此外，根据所用控制油路连接方式的不同，顺序阀又可以分为内控式和外控式两种。顺序阀如图9—10所示。

（4）压力继电器

压力继电器是一种将液压信号转变为电信号的转换元件。当控制流体压力达到调定值时，它能自动接通或断开有关电路，使相应的电气元件（如电磁铁、中间继电器等）动作，以实现系统的预定程序及安全保护。

一般的压力继电器都是通过压力和位移的转换使微动开关动作，借以实现其控制功能。压力继电器主要有柱塞式、膜片式、弹簧管式和波纹管式等结构形式，其中以柱塞式最为常用。图9—11所示为液压柱塞式压力继电器。

图9—10　顺序阀

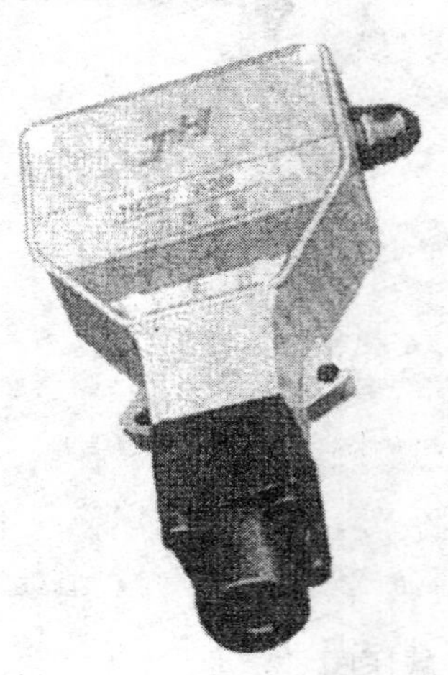

图9—11　压力继电器

3. 流量控制阀

流量控制阀在液压系统中的作用是控制液压系统中液体的流量。流量控制阀简称流量阀。

流量阀是通过改变节流口通流截面积来调节通过阀口的液体流量，从而控制执行元件的运动速度。常用的流量阀有节流阀和调速阀等。流量阀如图9—12所示。

（1）节流阀

油液在经过节流口时会产生较大的液阻，通流截面积越小，油液受到的液阻就越大，通过阀口的流量就越小。所以，改变节流口的通流截面积，使液阻发生变化，就可以调节流量的大小，这就是流量控制阀的工作原理。

（2）调速阀

图9—12　流量阀

调速阀是由减压阀和节流阀串联组合而成的组合阀。这里介绍的减压阀是一种直动型减压阀，称为定差减压阀。用这种减压阀和节流阀串联在油路里，可以使节流阀前后的压力差保持不变，从而使通过节流阀的流量亦保持不变，因此，执行元件的运动速度就保持稳定。

三、液压缸（油缸）

液压缸是液压系统中的执行元件，它能将液压能转换为直线运动形式的机械能，输出运动速度和力，且结构简单、工作可靠。

1. 双作用双活塞杆式液压缸

双作用双活塞杆式液压缸主要由缸体、活塞和两根直径相同的活塞杆组成。这种液压缸的安装方式有两种：缸体固定（如图9—13所示，活塞杆带动工作台移动）和活塞杆固定（如图9—14所示，缸体带动工作台移动）。

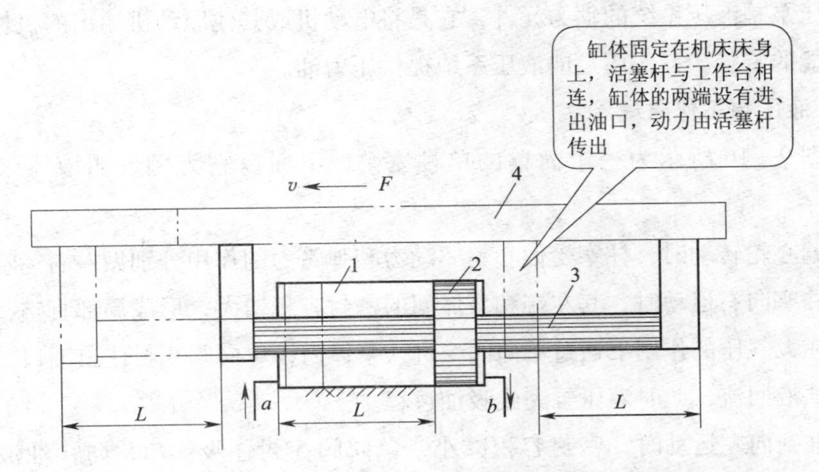

图9—13　缸体固定的双作用双活塞杆式液压缸

1—缸体　2—活塞　3—活塞杆　4—工作台

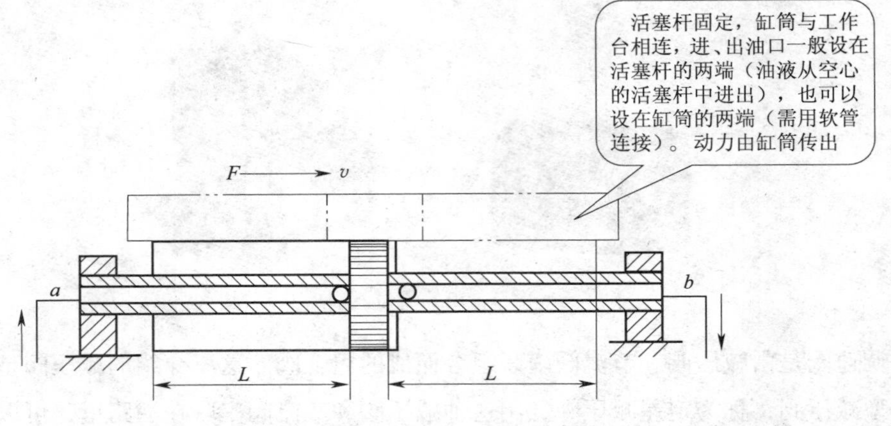

图 9—14　活塞杆固定的双作用双活塞杆式液压缸

2．双作用单活塞杆式液压缸

双作用单活塞杆式液压缸（见图 9—15）的结构特点是活塞的一端有杆，而另一端无杆，活塞两端的有效作用面积不等。这种液压缸常用于实现机床的较大负载、慢速工作进给和空载时的快速退回。

图 9—15　双作用单活塞杆式液压缸

四、液压泵（油压泵）

液压泵是液压系统的动力元件，它是将电动机或其他原动机输出的机械能转换为液压能的装置。其作用是向液压系统提供压力油。

1．液压泵工作原理

如图 9—16 所示为一个简单的单柱塞泵，下面以它为例说明液压泵的工作原理。

当偏心轮转动时，柱塞受偏心轮驱动力和弹簧力的作用分别做左右运动。

当柱塞向右运动时，其左端和泵体间的密封容积增大，形成局部真空，油箱中的油液在大气压的作用下通过单向阀 5 进入泵体内，单向阀 6 封住出油口，防止系统中的油液回流，此时液压泵完成吸油过程。

当柱塞向左运动时，密封容积减小，单向阀 5 封住吸油口，防止油液流回油箱，于是泵体内的油液受到挤压，便经单向阀 6 进入系统，此时液压泵完成压油过程。若偏心轮不停地转动，液压泵就不断地吸油和压油。

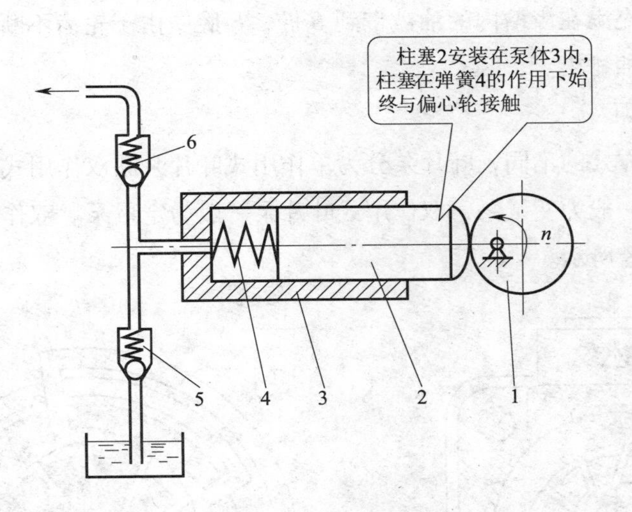

图 9—16　液压泵工作原理

1—偏心轮　2—柱塞　3—泵体　4—弹簧　5、6—单向阀

由上述可知，液压泵是通过密封容积的变化来进行吸油和压油的。利用这种原理做成的液压泵称为容积式泵。机械设备中一般均采用这种泵。

2. 液压泵的类型

液压泵的种类很多，按照结构的不同，常用的液压泵有齿轮泵、叶片泵、柱塞泵和螺杆泵等；按其输油方向能否改变，分为单向泵和双向泵；按其输出的流量能否调节，分为定量泵和变量泵；按其额定压力的高低，分为低压泵、中压泵和高压泵等。

3. 常用液压泵

（1）齿轮泵

齿轮泵有外啮合齿轮泵和内啮合齿轮泵两种结构形式。外啮合齿轮泵结构简单，成本低，抗污及自吸性好，因此广泛应用于低压系统。外啮合齿轮泵工作原理图如图 9—17 所示。

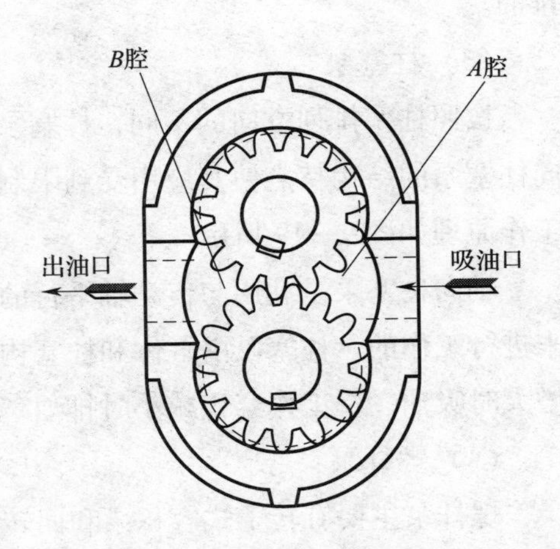

图 9—17　外啮合齿轮泵工作原理

齿轮泵是一种容积式回转泵。当一对啮合齿轮中的主动齿轮由电动机带动旋转时，从动齿轮与主动齿轮啮合而转动。在 *A* 腔，由于轮齿不断脱开啮合使容积逐渐增大，形成局部真空，从油箱吸油。随着

齿轮的旋转，充满在齿槽内的油被带到 B 腔，B 腔中由于轮齿不断进入啮合，容积逐渐减小，把油排出。

（2）叶片泵

根据工作方式的不同，叶片泵分为单作用式叶片泵和双作用式叶片泵两种。单作用式叶片泵一般为变量泵，双作用式叶片泵一般为定量泵。双作用式叶片泵工作原理如图 9—18 所示。

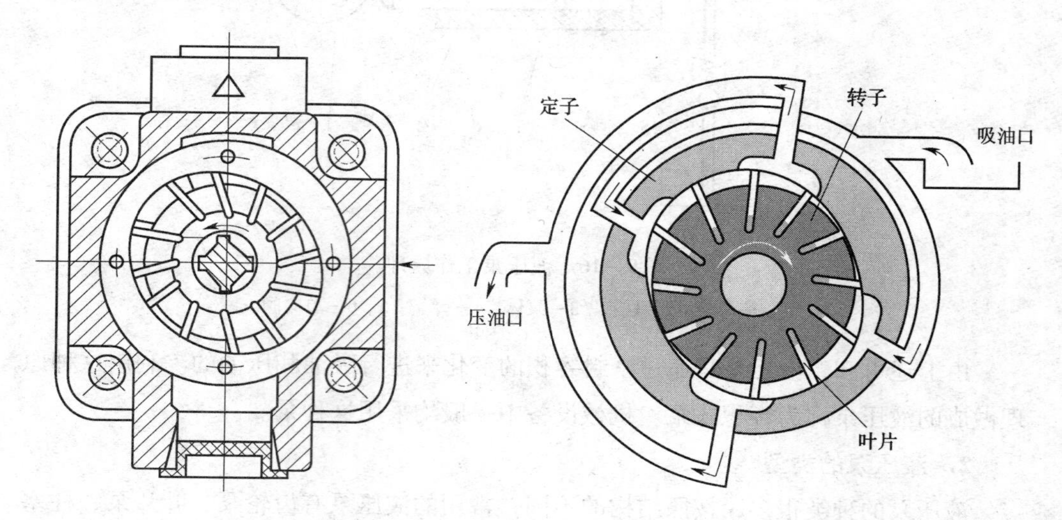

图 9—18　双作用式叶片泵工作原理

双作用式叶片泵的工作原理：转子旋转时，叶片在离心力和压力油的作用下，尖部紧贴在定子内表面上。这样，两个叶片与转子和定子内表面所构成的工作容积，先由小到大吸油，再由大到小排油，叶片旋转一周时，完成两次吸油和两次排油。

（3）柱塞泵

按照柱塞排列方向的不同，柱塞泵分为径向柱塞泵和轴向柱塞泵两种。由于径向柱塞泵的结构特点使其应用受到限制，已逐渐被轴向柱塞泵所代替。轴向柱塞泵工作原理如图 9—19 所示。

轴向柱塞泵是利用与传动轴平行的柱塞在柱塞孔内往复运动所产生的容积变化来进行工作的。柱塞泵由缸体和柱塞构成，柱塞在缸体内做往复运动，在工作容积增大时吸油，在工作容积减小时排油。

（4）螺杆泵

螺杆泵主要有转子式容积泵和回转式容积泵两种。按螺杆数不同，又有单螺杆泵、双螺杆泵和三螺杆泵之分。单螺杆泵的结构如图 9—20 所示。

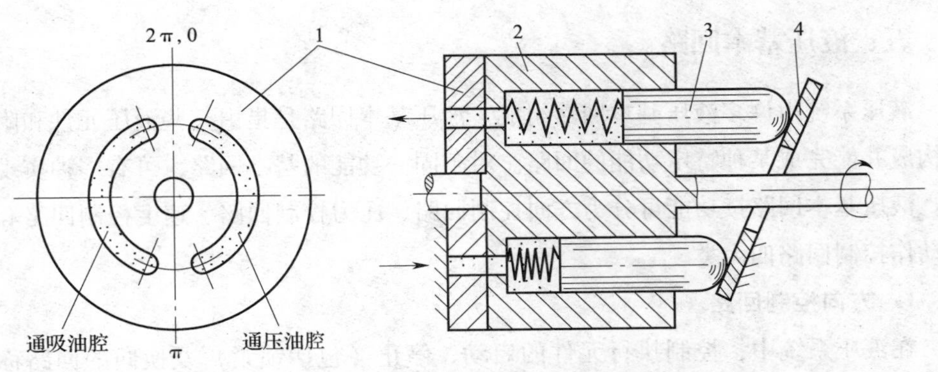

图 9—19　轴向柱塞泵工作原理

1—配流盘　2—缸体　3—柱塞　4—斜盘

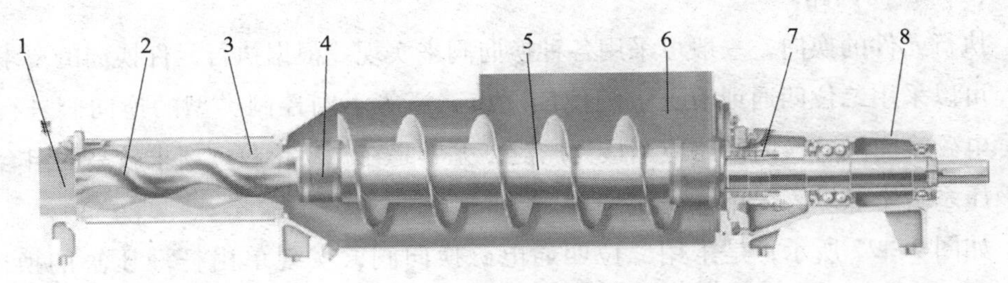

图 9—20　单螺杆泵的结构

1—排出体　2—转子　3—定子　4—联轴器　5—中间轴　6—吸入室　7—轴密封　8—轴承座

螺杆泵的主要工作部件是偏心螺旋体的螺杆（称转子）和内表面呈双线螺旋面的螺杆衬套（称定子），其工作原理如图 9—21 所示。当电动机带动泵轴转动时，螺杆一方面绕本身的轴线旋转，另一方面又沿衬套内表面滚动，于是形成泵的密封腔室。螺杆每转一周，密封腔内的液体向前推进一个螺距。随着螺杆的连续转动，液体以螺旋形方式从一个密封腔压向另一个密封腔，最后挤出泵体。

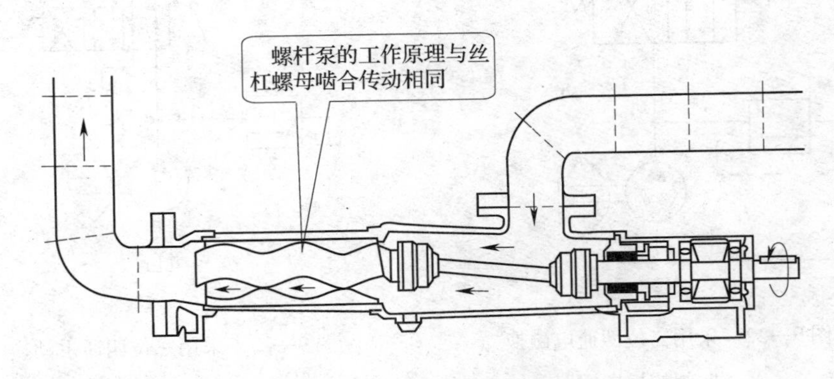

图 9—21　螺旋泵的工作原理

五、液压基本回路

液压系统由许多液压基本回路组成。液压基本回路是指由某些液压元件和附件所构成并能完成某种特定功能的回路。对于同一功能的基本回路，可有多种实现方法。液压基本回路按功能可分为方向控制回路、压力控制回路、速度控制回路和顺序动作控制回路四大类。

1．方向控制回路

在液压系统中，控制执行元件的启动、停止（包括锁紧）及换向的回路称为方向控制回路。方向控制回路有换向回路和锁紧回路。

（1）换向回路

执行元件的换向，一般可采用各种换向阀来实现。根据执行元件换向的要求不同，可以采用二位四通或五通、三位四通或五通等不同控制类型的换向阀进行换向。电磁换向阀的换向回路应用最为广泛，尤其是在自动化程度要求较高的组合机床液压系统中被广泛采用。

如图9—22所示，是采用二位四通电磁换向阀，实现单出杆液压缸的换向。电磁铁通电时，换向阀左位工作，压力油进入液压缸左腔，推动活塞杆向右移动；电磁铁断电时，换向阀右位工作，压力油进入液压缸右腔，推动活塞杆向左移动。

如图9—23所示，是采用三位四通手动换向阀，实现双出杆液压缸的换向。

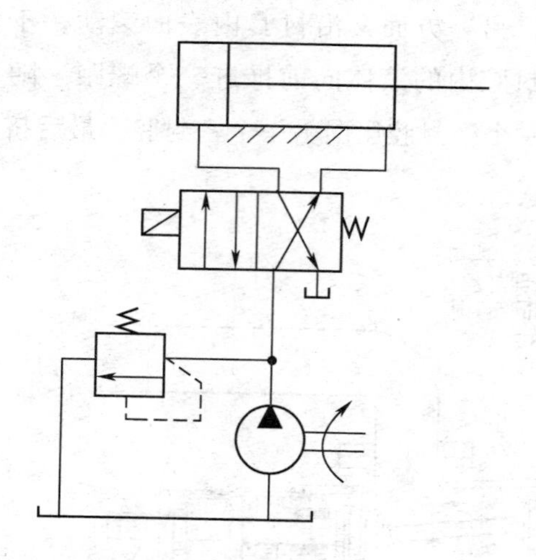

图9—22　采用二位四通电磁换向阀的换向回路

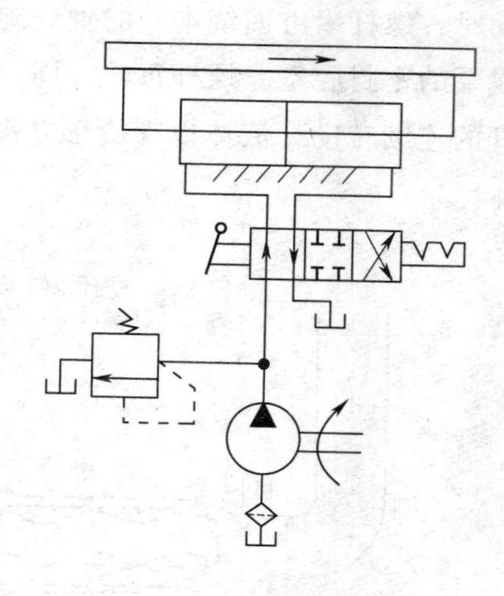

图9—23　采用三位四通手动换向阀的换向回路

（2）锁紧回路

为了使执行元件能在任意位置上停留以及在停止工作时防止在受力的情况下发生移动，可以采用锁紧回路。

如图 9—24 所示为采用 O 型或 M 型机能的三位四通电磁换向阀的锁紧回路。当阀芯处于中位时，液压缸的进、出口都被封闭，可以将液压缸锁紧。这种锁紧回路由于受到滑阀泄漏的影响，锁紧效果较差。

如图 9—25 所示为采用液控单向阀的锁紧回路。在液压缸的进、回油路中串接液控单向阀 1、2（又称液压锁），活塞可以在行程的任何位置锁紧，其锁紧精度只受液压缸内少量的内泄漏影响，因此，锁紧精度较高。采用液控单向阀的锁紧回路，三位四通电磁换向阀的中位机能应使液控单向阀的控制油液卸压（换向阀采用 H 型或 Y 型），此时液控单向阀便立即关闭，活塞停止运动。

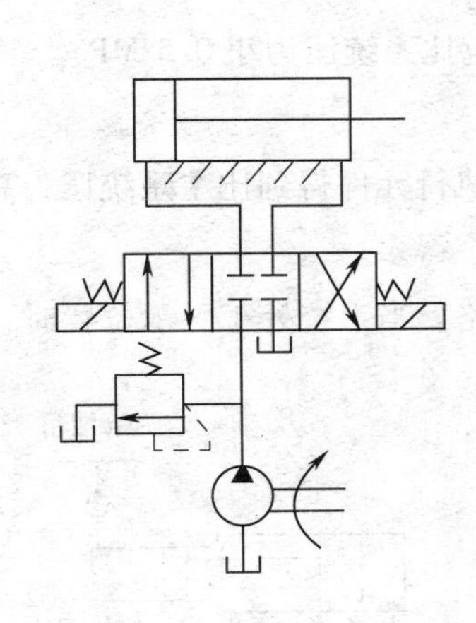

图 9—24　采用 O 型中位机能的三位四通电磁换向阀的锁紧回路

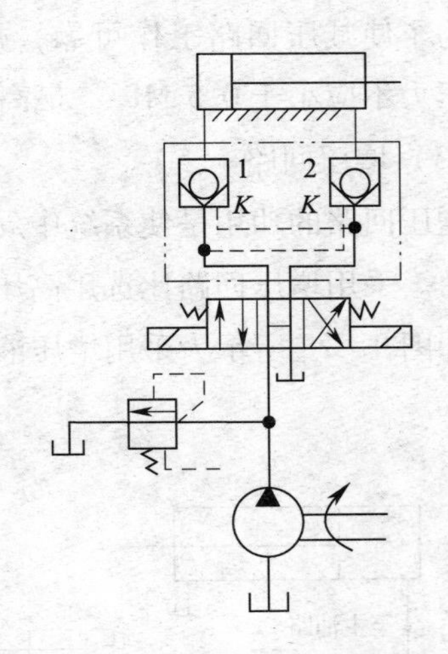

图 9—25　采用液控单向阀的锁紧回路
1、2—液控单向阀

2. 压力控制回路

利用压力控制阀来调节系统或某一部分压力的回路，称为压力控制回路。压力控制回路可以实现调压、减压、增压及卸荷等功能。

（1）调压回路

很多液压传动机械在工作时，要求系统的压力能够调节，以便与负载相适应，这样才能降低动力损耗，减少系统发热。调压回路的功用是使液压系统或某一部分的压力保持恒定或不超过某个数值。调压功能主要由溢流阀完成。

如图9—26所示为采用溢流阀的调压回路。

（2）减压回路

在定量泵供油的液压系统中，溢流阀按主系统的工作压力进行调定。若系统中某个执行元件或某条支路所需要的工作压力低于溢流阀所调定的主系统压力时，就要采用减压回路。减压回路的功用是使系统中某一部分油路具有较低的稳定压力。减压功能主要由减压阀完成。

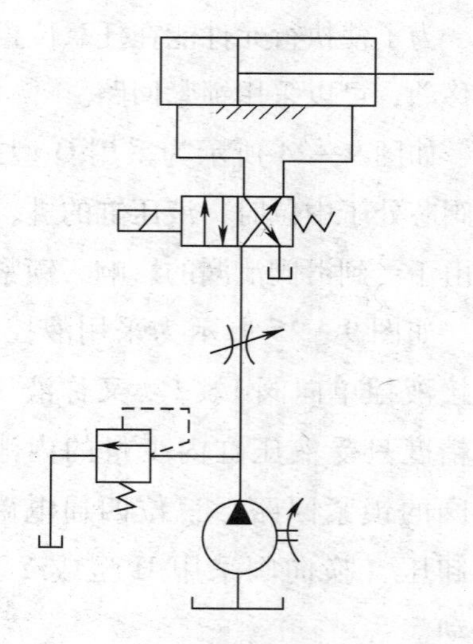

图9—26　采用溢流阀的调压回路

如图9—27所示为采用减压阀的减压回路。回路中的单向阀3供主油路压力降低（低于减压阀2的调整压力）时防止油液倒流，起短时保压作用。

为了使减压回路工作可靠，减压阀的最低调整压力不应小于0.5 MPa，最高调整压力至少应比系统压力小0.5 MPa。

（3）增压回路

增压回路的功用是使系统中局部油路或某个执行元件得到比主系统压力高得多的压力。采用增压回路比选用高压大流量泵要经济得多。

如图9—28所示为采用增压液压缸的增压回路。当系统处于图示位置时，压力

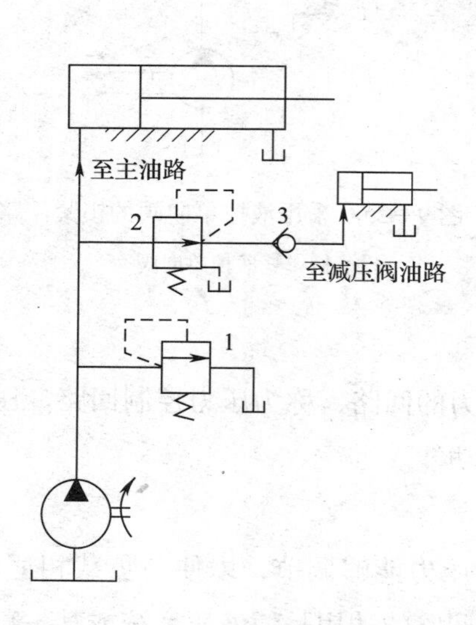

图9—27　采用减压阀的减压回路

1—溢流阀　2—减压阀　3—单向阀

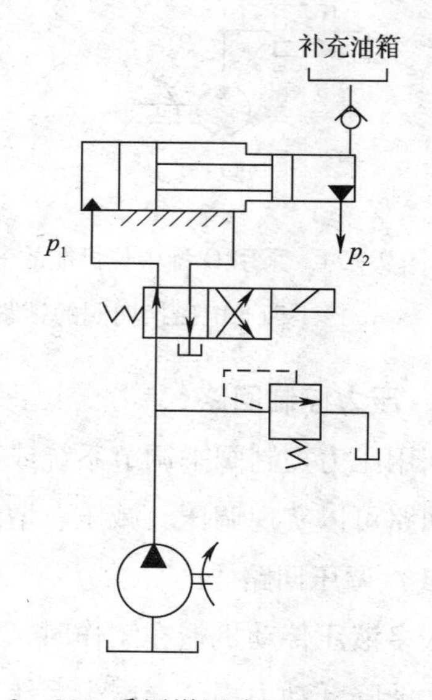

图9—28　采用增压液压缸的增压回路

为 p_1 的油液进入增压器的大活塞腔，此时在小活塞腔即可得到压力为 p_2 的高压油液，增压的倍数等于增压器大小活塞的工作面积之比。当二位四通电磁换向阀右位接入系统时，增压器的活塞返回，补充油箱中的油液经单向阀补入小活塞腔。这种回路只能间断增压。

（4）卸荷回路

当液压系统中的执行元件停止工作时，应使液压泵卸荷。卸荷回路的功用是使液压泵驱动电动机不频繁启闭，让液压泵在接近零压的情况下运转，以减少功率损失和系统发热，延长泵和电动机的使用寿命。

卸荷回路有许多种。利用二位二通换向阀构成的卸荷回路如图 9—29 所示，利用三位四通换向阀的 M（或 H）型中位机能构成的卸荷回路如图 9—30 所示。

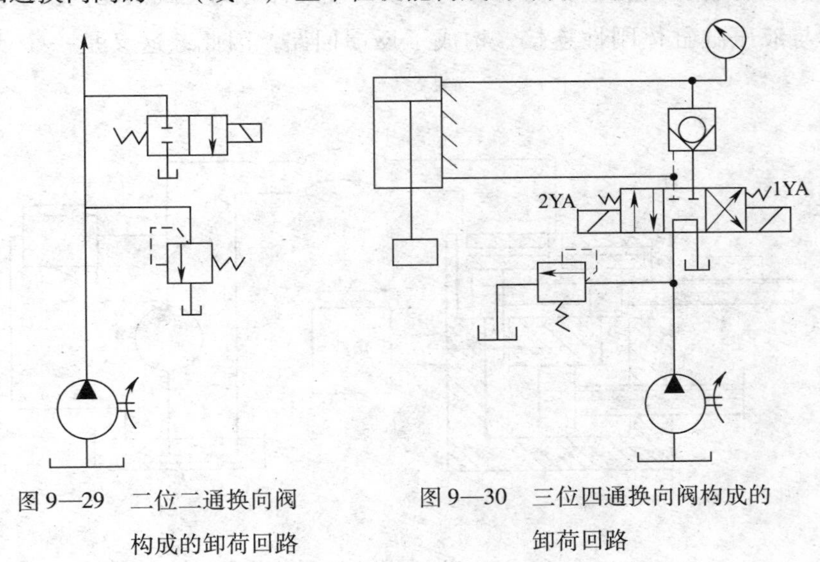

图 9—29　二位二通换向阀构成的卸荷回路

图 9—30　三位四通换向阀构成的卸荷回路

第 2 节　机械手液压系统、液压系统控制

一、液压伺服系统

液压伺服系统是在液压传动和自动控制理论基础上建立起来的，以液压能为能源来控制位移、速度、力等机械量的一种液压自动控制系统，又称液压随动系统。它除了具有液压传动的所有优点外，还具有响应速度快、系统刚度大、控制精度高等优点。因此，在冶金、机械、化工、船舶、航天和军事等领域得到

了广泛应用。

液压伺服系统是以液压动力元件作为驱动装置所组成的自反馈闭环控制系统。在这种系统中，输出量（位移、速度、加速度或力）能自动、快速、准确地按照输入信号的变化规律运动。同时，它还能起到信号放大和能量转换的作用。因此，液压伺服系统也是一种功率放大装置。

1. 液压伺服系统的结构

如图9—31所示为液压伺服控制系统工作原理图，图中液压泵4输出的液压油，通过溢流阀3调定压力后供给系统，通过伺服阀1控制液压缸2推动负载运动。伺服阀1是控制元件，液压缸2是执行元件。伺服阀按节流原理控制流入执行元件的液流的流量、压力和方向，该系统又称为阀控式液压伺服系统。伺服阀阀体与液压缸缸体刚性连接，构成了反馈回路，因此，这又是一个闭环控制系统。

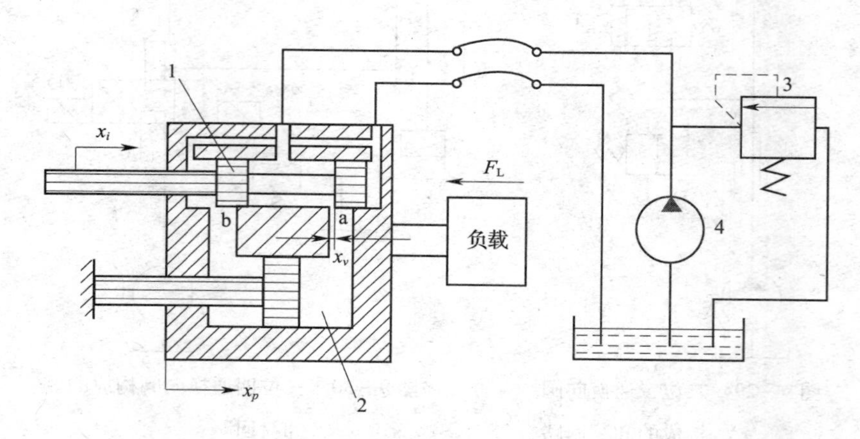

图9—31　液压伺服系统工作原理

1—液压阀　2—液压缸　3—溢流阀　4—液压泵

2. 液压伺服系统的工作原理

若给伺服阀阀芯一个向右的输入位移x_i时，则滑阀移动某一开口量x_v，此时，压力油进入液压缸右腔，液压缸左腔回油，在压力油的作用下缸体向右运动，输出位移x_p。由于阀体和缸体做成一体，构成了机械反馈连接，其反馈控制过程为：当阀芯处于零位（即$x_i=0$）时，阀芯凸肩恰好遮住通往液压缸的两个油口，阀没有流量输出，缸体不动，系统的输出量$x_p=0$，系统处于静止平衡状态。若给滑阀一个向右的输入位移x_i，则阀芯将偏离其中间位置，使节流阀口a、b有一个相应的开口量$x_v=x_i$，压力油经a口进入液压缸右腔，左腔油液经b口回油，缸体右移

x_p，由于缸体和阀体是一体的，因此阀体也右移 x_p，而阀芯受输入端制约，使阀口的开口量减小，即 $x_v = x_i - x_p$，直至 $x_v = 0$，阀的输出流量等于零，缸体停止运动，处于一个新的平衡位置，完成了液压缸输出位移对伺服阀阀芯输入位移的随动运动。若伺服阀阀芯反向运动，则液压缸也做反向跟随运动。

二、机械手液压系统和液压系统控制卡盘

1. 机械手液压系统

在自动化机械或生产线中，机械手常用来夹紧、传输工件或刀具等，如图9—32所示为机械手液压传动系统。机械手的夹紧与松开、升降、回转运动，分别由执行元件夹紧液压缸4、升降液压缸5和液压马达6运动实现。液压系统中的换

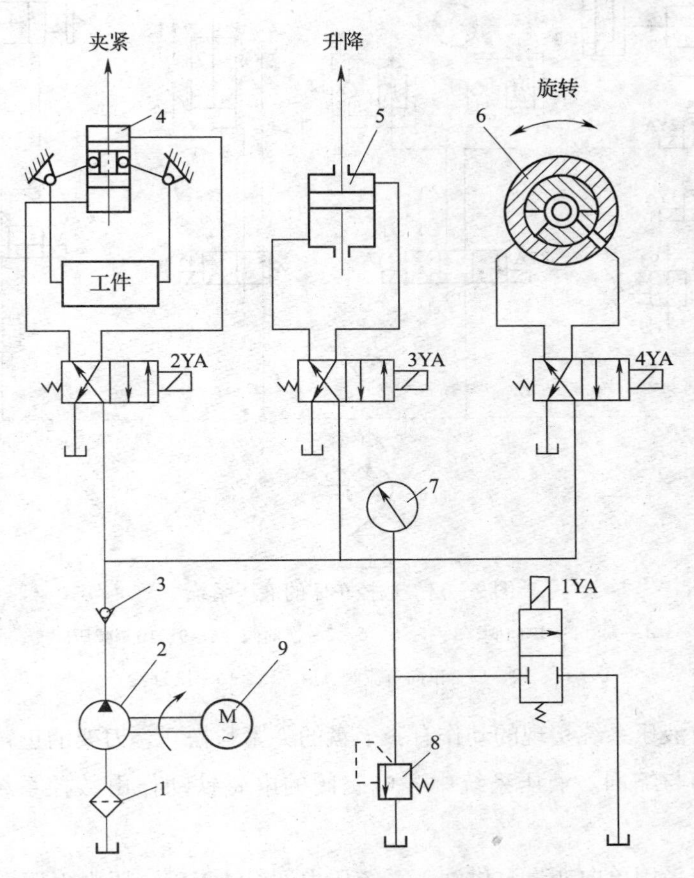

图9—32　机械手液压传动系统

1—过滤器　2—液压泵　3—单向阀　4—夹紧液压缸　5—升降液压缸　6—液压马达　7—压力表　8—溢流阀　9—电动机

向和顺序动作由三个换向阀实现。电磁铁2YA控制二位四通电磁换向阀，实现机械手夹紧工件；电磁铁3YA控制二位四通电磁换向阀，使升降液压缸5能够完成手臂的上升和下降动作；电磁铁4YA控制二位四通电磁换向阀，使液压马达6能够完成手臂的回转动作。溢流阀8用来保持液压系统的压力为一定值，压力值可由压力表7观察。1YA控制的二位二通电磁换向阀用来控制液压系统的开、关，当1YA通电时，液压系统卸荷，机械手停止工作。

2. 液压系统控制卡盘

目前，数控车床上大多应用了液压传动技术。下面介绍某数控车床的液压系统，如图9—33所示。

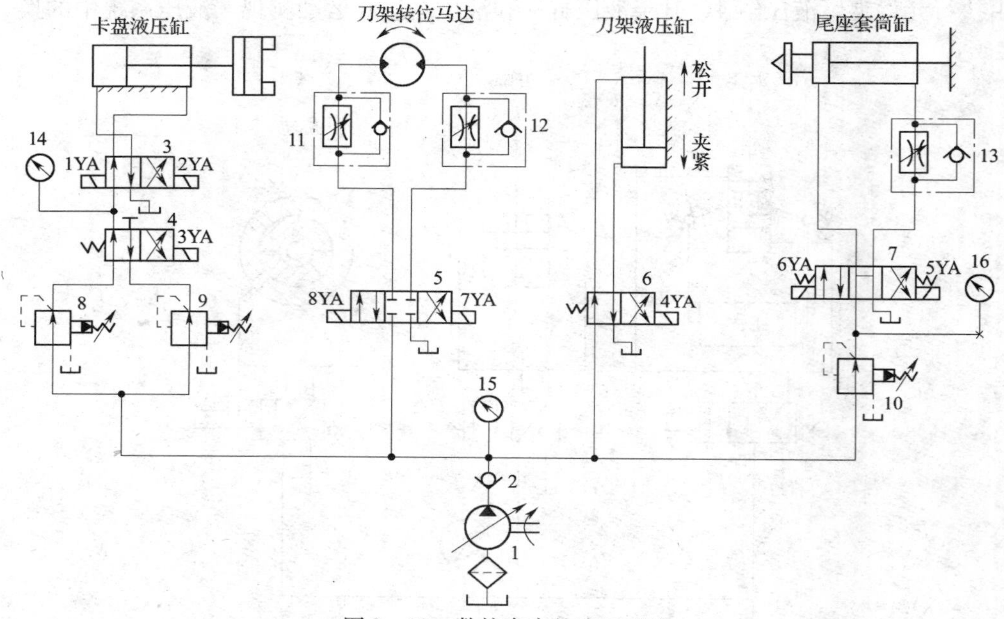

图9—33　数控车床的液压系统

1—泵　2—单向阀　3、4、5、6、7—换向阀　8、9、10—减压阀

11、12、13—单向节流阀　14、15、16—压力表

机床中由液压系统实现的动作有：卡盘的夹紧与松开、刀架的正转与反转、尾座套筒的伸出与缩回。液压系统中各电磁阀的电磁铁动作由数控系统的PC控制实现。

液压系统采用单向变量泵供油，系统压力调至4 MPa，压力由压力表15显示。液压泵输出的压力油经单向阀进入系统，其工作原理如下：

当卡盘处于正卡（或称外卡）且在高压夹紧状态下，夹紧力的大小由减压阀8来调整，夹紧压力由压力表14显示。当1YA通电时，阀3左位工作，系统压力油经阀8、阀4、阀3到液压缸右腔，液压缸左腔的油液经阀3直接回油箱。这时，活塞杆左移，卡盘夹紧。反之，当2YA通电时，阀3右位工作，系统压力油经阀8、阀4、阀3到液压缸左腔，液压缸右腔的油液经阀3直接回油箱。这时，活塞杆右移，卡盘松开。

当卡盘处于正卡且在低压夹紧状态下，夹紧力的大小由减压阀9来调整。这时，3YA通电，阀4右位工作。阀3的工作情况与高压夹紧相同。卡盘反卡（或称内卡）时的工作情况与正卡相似。

第3节　气压传动

一、气压传动的工作原理

如图9—34所示为一个简单的使机罩（工作件）升、降的气动系统。工作时，来自气源的压缩空气经过节流阀3和手动换向阀4后，进入气缸2的下腔，推动活塞上升并通过活塞杆将机罩1托起：当换向阀换位后，气缸下腔的气体经换向阀排入大气，机罩在自重作用下降回原位，就此完成机罩升、降的一次工作循环。

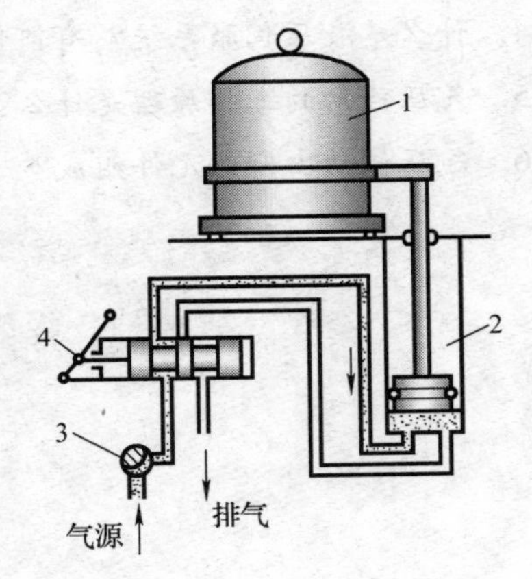

图9—34　气动系统图

1—机罩（工作件）　2—气缸

3—节流阀　4—手动换向阀

由上述传动系统的工作过程可以看出，气动系统工作时要经过压力能与机械能之间的转换，其工作原理是利用空气压缩机使空气介质产生压力能，并在控制元件的控制下，把气体压力能传输给执行元件，从而使执行元件（气缸或气马达）完成直线运动或旋转运动。

二、气压传动系统的组成

气压传动系统是以压缩空气为工作介质来传递动力和控制信号的系统。它由四部分组成：气源装置、执行元件、控制元件和辅助元件。简单的气压传动系统如图9—35所示。

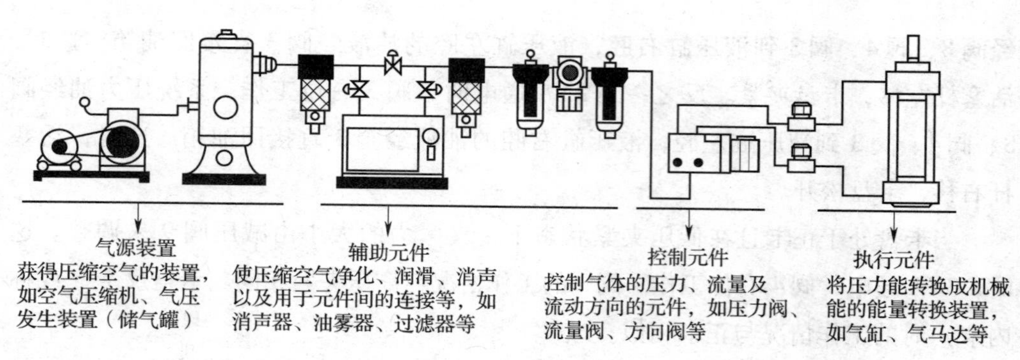

图 9—35　气压传动系统

思　考　题

1. 液压传动的工作原理是什么？
2. 液压传动的元件有哪些？分别是什么？
3. 液压泵的作用是什么？有哪几种？
4. 什么是液压伺服系统？有何作用？
5. 气压传动的工作原理是什么？
6. 气压传动由哪些元件组成？

第10章

安全文明生产、环境保护与相关法律法规知识

第1节　劳动保护和安全生产

劳动保护是指采用立法和技术管理措施，保护劳动者在生产劳动过程中的安全健康与劳动能力，促进社会主义现代化建设和发展。它指明了搞好劳动保护必须将立法、技术和管理三者结合。这就要求国家要制定劳动保护法的方针和法规，监督企业贯彻执行；企业要实现生产过程的机械化、自动化，采用各种防护保险装置等技术措施，建立劳动保护工作的领导体系，健全组织机构，制定安全制度，开展安全教育并加强管理。

一、安全文明生产

1. 安全文明生产的意义

（1）安全文明生产是国家的一项重要国策

生产劳动过程中存在着各种不安全、不卫生的因素，如工厂可能发生机械伤害和电击伤害等，还可能存有着气体粉尘、高频微波、紫外线、噪声、振动、高温等危害人体健康的因素，如不及时防止和消除，就有可能发生工伤事故和职业病的危害。

（2）安全文明生产是现代化建设的重要条件

在现代化建设中，人是决定性的因素，只有不断改善劳动条件，才能激发劳动

者的劳动热情和生产积极性，促进经济和社会的发展。值得注意的是，随着现代化生产的不断发展，还可能出现新的不安全因素，如不及时引起注意和加强管理，也会影响和破坏生产力的发展。

2. 做好安全生产管理工作

（1）抓好安全生产教育，贯彻预防为主的方针。

安全教育是安全管理的重要内容，必须加强安全生产思想教育、安全技术教育、三级安全教育和事故后教育。安全操作技术教育要从基本功入手，做到操作动作熟练、并能在复杂情况下判断和避免事故的发生。对于新工人，要进行厂、车间、班组三级安全教育。对于特殊工种的工人，要进行岗前培训，经考核合格后才能上岗。

（2）建立和完善安全生产的规章制度。

把生产活动约束在科学、合理、安全的范围内，必须健全法制。此外还必须在工厂、车间和班组中建立和健全一些行之有效的规章制度，如定期学习制度、安全活动日制度、安全生产查体制度和安全检查制度等。其中安全生产责任制度是企业安全制度中的一个核心制度。

（3）不断改善劳动条件，积极采取安全技术措施。

这是消除生产中不安全、不卫生因素，保证安全生产的根本方法。除了不断采用新技术、新设备，逐步实现生产过程的机械化、自动化和电子化外，还要加强安全技术措施，改变现行生产中不安全、不卫生的条件，如安装各种机械设备的防护和控制，向个人提供各种防护用具等。

二、环境保护管理

1. 环境保护管理的含义

环境保护对象包括大气、水体、矿产、森林、野生动物、自然保护区和风景游览区等，这些都是国家的自然资源，人民的基本生活条件。环境保护管理是指人们利用经济、法律、技术、行政、教育等手段，限制人类损害环境质量的活动，并通过全面现代化科学的管理使经济发展与环境保护相协调，达到既发展经济、满足人类的需要，又不超出环境容许范围。也就是说，人类在满足不断增长的物质和文明需要的同时，要正确的处理经济规律和生态规律的关系，要运用现代科学的理论和方法，对人类损害自然环境质量的活动施加影响，在更好地利用自然环境的同时，促进人类与环境系统协调发展。

2. 环境保护工作在国民经济中的地位

保护和改善环境是关系到经济和社会发展的重要问题，是进行社会主义物质文明和精神文明建设的重要组成部分。

环境是人类生存发展的物质基础，自然环境不仅为人类的生存提供场所，也为农业生产提供各种原料和基础。但是由于人类不合理利用环境资源，乱排“三废”（废水、废气、废渣）滥砍滥伐和环境的污染日益严重，不仅破坏了生态环境，甚至危害人的生命。工业生产同样以环境资源为基础，从环境取得资源并向环境排出废物，组成循环系统。因此，环境保护工作的目的是为人类保护良好的生活工作环境，这是人类生存发展的需要，是劳动者进行生产的必要条件，同时也是保护人类所需要的物质资源，使经济和社会得到发展的要求。由此可见，经济建设和环境之间的关系是否协调，是经济建设中的重要战略问题。农、轻、重三行业的比例失调，花几年的工夫便可以调整。经济发展与环境的经济失调，若生态环境被破坏，那将是用几十年的时间也难以扭转的。要使经济可持续发展，就必须使其与环境保护相协调，把环境保护作为经济发展的一个战略目标，放到重要的位置。

3. 环境保护管理的任务

环境保护管理是工业、企业的一个重要内容。通过生产过程，在生产出产品的同时，也产生一定数量的废物，特别是污染物，这是生产过程一个整体的两个方面，他们互相依存，是对立的统一。

工业企业环境保护管理的基本任务，就是在区域环境质量的要求下，最大限度地减少污染的排放，避免对环境的损害。通过控制污染物的排放和科学管理，促进企业减少原料、燃料、水资源的消耗，降低生产成本，提高科学技术水平，促进消除污染、改善环境，保障职工安全健康，减轻或消除社会经济损失，从而获得最佳的综合社会效益。为实现上述任务，企业工业环境管理应着重做好以下几个方面的工作：

（1）结合技术改造最大限度地把“三废”消除在生产过程中，这是企业防止工业污染，搞好环境保护管理的根本途径。

（2）贯彻预防为主、防治结合、综合治理的方针，大搞综合利用、变废为宝，实现“三废”资源化，这是防止工业污染的必经之路。

（3）进行净化处理，使“三废”达到国家规定的排放标准，不污染或少污染环境。

（4）把环保工作引入经济责任制，这是搞好环境管理的重要保证。

（5）对热处理、电镀、铸锻等排污比较严重的生产厂家，环保部门要会同有关部门对其治理“三废”的情况和措施进行检查、验收和审核，采取必备条件和评分相结合的考核办法，全部符合条件才发给许可证，不符合要求的不能发证，或限期整顿，未经批准不得擅自生产或扩大生产规模。

（6）贯彻“三同时”原则。新建、扩建和改建的企业，在建设过程中，对存在污染的项目，环境保护设施必须与主体工程同时设计、同时施工、同时投产，各种有害物质的排放必须遵守国家标准。

第2节　劳动保护与安全操作知识

一、劳动保护

劳动保护是社会主义制度下一件根本性的大事，是社会主义企业为保护职工健康采取的重要措施。做好劳动保护工作有着极其重要的意义。

1. 劳动保护的意义

（1）搞好劳动保护，是实现安全生产，保障生产能够顺利进行的重要保证。生产必须安全，安全为了生产。对生产中的不确定因素采取必要的管理措施和技术措施加以防止和消除，才能保证生产的顺利进行。

（2）搞好劳动保护，有利于调动劳动者的积极性和创造性。在生产过程中切实保证劳动者的安全和健康，不断改善劳动条件，就能进一步激发他们的劳动积极性，从而促进生产的发展。

2. 劳动保护的任务

劳动保护的任务就是保障劳动者在生产中的安全与健康，促进社会主义生产建设的顺利发展，并在发展生产的同时积极改善劳动条件，变危险为安全，变有害为无害，变沉重劳动为轻便劳动，变肮脏杂乱为卫生整洁，做到安全生产、文明生产。

（1）积极采用各种综合性的安全技术措施，控制和消除生产中容易造成职工伤害的各种不安全因素，保证安全生产。

（2）合理确定工作时间和休息时间，严格控制加班加点，实现劳逸结合。保证劳动者有适当的工余休息时间，经常保持充沛精力，实现安全生产。

（3）根据妇女的生理特征，对女职工实行特殊的劳动保护。

二、安全操作知识

安全操作、文明生产是工厂、企业管理的一项十分重要的内容，它直接影响产品质量的好坏，影响设备和工、夹、量具的使用寿命，影响操作者技能的发挥。所以作为一名技术操作人员，从学习基本操作技能开始就要重视培养文明生产的良好习惯，在实际生产过程中必须遵守安全操作规程。

1. 车床安全操作规程

（1）开车前，应检查车床各部分机构是否完好，各传动手柄、变速手柄位置是否正确，以防开车时因突然撞击而损坏机床。启动后，应使主轴低速空转1～2 min，使润滑油散布到各需要之处（冬天更为重要），等车床运转正常后才能工作。

（2）工作中需要变速时，必须先停车。变换进给箱手柄位置要在低速时进行。使用电气开关的车床不准用正、反车来紧急停车，以免打坏齿轮。

（3）不允许在卡盘及床身导轨上敲击或校直工件，床面上不准放置工具或工件。

（4）装夹较重的工件时，应该用木板保护床面；下班时如工件不卸下，应用千斤顶支撑。

（5）车刀磨损后要及时刃磨。用磨钝的车刀继续切削，会增加车床负荷，甚至损坏机床。

（6）车削铸铁、气割下料的工件时，导轨上的润滑油要擦去，工件上的型砂等杂质应清除干净，以免磨坏床身导轨。

（7）使用切削液时，要在车床导轨上涂上润滑油。冷却泵中的切削液应定期更换。

（8）下班前，应清除车床上及车床周围的切屑及切削液，擦净后按规定在加油部位加上润滑油。

（9）下班后将床鞍摇至床尾一端，各转动手柄放到空挡位置，关闭电源。

（10）工具应放在固定位置，不可随便乱放。应当根据工具自身的用途来使用，例如不能用扳手代替锤子，用钢直尺代替一字旋具等。

（11）爱护量具，经常保持清洁，用后擦净、涂油，放入盒内并及时归还工具室。

（12）操作时必须穿工作服，戴套袖。女同志应戴工作帽，头发或辫子应塞入帽内。戴防护眼镜，注意头部与工件不能靠得太近。

（13）工作时所使用的工、夹、量具以及工件，应尽可能靠近和集中在操作者的周围。布置物件时，右手拿的放在右面，左手拿的放在左边；常用的放得近些，不常用的放得远些。物件放置应有固定的位置，使用后要放回原处。

（14）工具箱的布置要分类，并保持清洁、整齐。要求小心使用的物体放置稳妥，重的东西放在下面，轻的放在上面。

（15）图纸、操作卡片应放在便于阅读的部位，并注意保持清洁和完整。

（16）毛坯、半成品和成品应分开，并按次序整齐排列，以便安放或拿取。

（17）工作位置周围应经常保持整齐清洁。

2. 砂轮机安全操作规程

（1）使用砂轮前，要对砂轮机的防护设施进行检查。如防护罩壳是否齐全；有拖架的砂轮，其托架与砂轮的间隙是否恰当等。

（2）使用砂轮时，应打开电源待砂轮正常运转后方可使用。

（3）刃磨刀具时要戴防护眼镜。

（4）刃磨时，操作者应站在砂轮侧面，以防砂轮碎裂时碎片飞出伤人。

（5）车刀刃磨时，不能用力过大，以防打滑伤手。

（6）车刀高低必须控制在砂轮水平中心，刀头略向上翘，否则会出现后角过大或负角等弊端。

（7）车刀刃磨时应做水平的左右移动，以免砂轮表面出现凹坑。

（8）在平行砂轮上磨刀时，尽可能避免使用砂轮侧面。

（9）砂轮磨削表面必须经常修整，使砂轮没有明显的跳动。对平形砂轮，一般可用砂轮刀在砂轮上来回修整。

（10）刃磨硬质合金车刀时，不可把刀头放在水中冷却，以防刀片突然冷却而碎裂。刃磨高速车刀时，应随时用冷水冷却，以防车刀过热退火而降低硬度。

（11）重新安装砂轮时，要进行检查，经试转后才可使用。

（12）刃磨结束后，应随手关闭砂轮机电源。

第 3 节　相关法律、法规知识

一、《中华人民共和国劳动法》相关知识

《中华人民共和国劳动法》（以下简称《劳动法》）是国家为了保护劳动者的合

法权益，调整劳动关系，建立和维护适应社会主义市场经济的劳动制度，促进经济发展和社会进步，根据宪法而制定颁布的法律。从狭义上讲，《劳动法》是指1994年7月5日八届人大通过，1995年1月1日起施行的《中华人民共和国劳动法》；从广义上讲，《劳动法》是调整劳动关系的法律法规，以及调整与劳动关系密切相关的其他社会关系的法律规范的总称。

以下对《劳动法》中的劳动合同、工作时间和休息休假、工资、劳动安全卫生、女职工和未成年工特殊保护等进行了简单解析和说明，并配有部分案例以供学习参考。

1. 劳动合同

（1）劳动合同的订立

劳动合同是劳动关系建立、变更、解除和终止的一种法律形式，劳动合同法律制度是劳动法的重要组成部分。劳动合同的订立必须遵循以下原则：平等自愿原则；协商一致原则；合法原则。

劳动合同的必备条款涉及以下七项：劳动合同期限；工作内容；劳动保护和劳动条件；劳动报酬；劳动纪律；劳动合同终止的条件；违反劳动合同的责任。

（2）劳动合同的变更

劳动合同的变更是指劳动合同依法订立后，在合同尚未履行或者尚未履行完毕以前，双方当事人依法对劳动合同约定的内容进行修改或者补充的法律行为。

1）只要用人单位和劳动者协商一致，即可变更劳动合同的内容。劳动合同是双方当事人协商一致而订立的，当然经协商一致可以予以变更。一方当事人未经对方当事人同意擅自更改合同内容的，变更后的内容对另一方没有约束力。

2）劳动者患病或者非因公负伤，在规定的医疗期满后不能从事原工作，用人单位可以与劳动者协商变更劳动合同，调整劳动者的工作岗位。

3）劳动者不能胜任工作，用人单位可以与劳动者协商变更劳动合同，调整劳动者的工作岗位。

4）劳动合同订立时所依据的客观情况发生重大变化，致使劳动合同无法履行，用人单位可以与劳动者协商变更劳动合同。

5）劳动者患职业病或者因工负伤并被确认丧失或者部分丧失劳动能力的；劳动者患病或者负伤，在规定的医疗期内的；女职工在孕期、产假、哺乳期内的；法律、行政法规规定的其他情形。这四种情形下，用人单位不得依据《劳动法》解除劳动合同。

【案例】　王某与A公司签订了5年的劳动合同。合同执行到第3年时，王某提出涨薪要求，A公司以“乙方的要求超出合同约定及公司支付能力”为由拒绝。王某在接到拒绝通知的第二天即跳槽到B公司，获得比原来高的薪酬。王某在跳槽前未向A公司提出解除劳动合同申请。

问题：王某这么做是否合法？

【分析】 王某与A公司签订的劳动合同为有效合同。A公司没有出现违反《劳动法》的行为。《劳动法》中规定，用人单位与劳动者协商一致，可以解除劳动合同；劳动者提前三十日以书面形式通知用人单位，可以解除劳动合同。

王某在未与合同甲方协商一致、未提前30天书面通知甲方的情况下，单方终止劳动合同，属违法行为。王某应按照合同约定向甲方赔偿相应的损失。

2. 工作时间和休息休假

（1）工作时间

工作时间是指劳动者根据国家的法律规定，在1个昼夜或1周之内从事本职工作的时间。《劳动法》规定的劳动者每日工作时间不超过8小时，平均每周工作时间不超过44小时。

（2）休息、休假时间

休息时间指劳动者工作日内的休息时间、工作日间的休息时间和工作周之间的休息时间，法定节假日休息时间、探亲假休息时间和年休假休息时间则称为休假。《劳动法》规定用人单位在元旦、春节、国家劳动节、国庆节以及法律法规规定的其他休假节日中进行休假。用人单位应当保证劳动者每周至少休息一日。

（3）延长工作时间

延长工作时间是指根据法律的规定，在标准工作时间之外延长劳动者的工作时间，一般分为加班和加点。《劳动法》对于延长工作时间的劳动者范围、延长工作时间的长度、延长工作时间的条件都有具体的限制。延长工作时间的劳动者有权获得相应的报酬。

3. 工资

（1）工资分配的原则

工资分配必须遵循以下原则：按劳分配、同工同酬的原则；工资水平在经济发展的基础上逐步提高的原则；工资总量宏观调控的原则；用人单位自主决定工资分配方式和工资水平的原则。

（2）最低工资

最低工资是指劳动者在法定工作时间或依法签订的劳动合同约定的工作时间内提供了正常工作的前提下，用人单位依法应支付的最低劳动报酬。在劳动合同中，双方当事人约定的劳动者在未完成劳动定额或承包任务的情况下，用人单位可低于最低工资标准支付劳动者工资的条款不具有法律效力。

【案例】　孙某为河北省某县农民，在某市打工。2000 年 12 月经人介绍，孙某到某搬家公司当搬运工人，公司每月支付孙某工资 300 元，并安排孙某在公司的集体宿舍居住。2001 年 2 月份，某市在公共场所宣传劳动法，孙某听到宣传，得知当地的最低工资标准为每月 412 元，遂找到公司徐经理，要求增加工资。徐经理不同意，说：公司给孙某提供住处不是免费的，而是每月从工资中扣除 100 元，发到孙某手里 300 元，而且公司为工人提供免费午餐，并给工人统一购买服装，遇到加班加点还按法律规定付给加班加点费，这些费用加起来孙某的每月收入早已超过 412 元，公司没有违反当地最低工资的规定。如果孙某不愿意在这儿干，可以到别处去干。

问题：

（1）徐经理对公司没有违反最低工资标准规定的表述是否正确？为什么？

（2）若公司的行为不符合法律规定，应承担哪些法律责任？

【分析】

（1）徐经理对公司没有违反最低工资标准规定的表述不正确。最低工资，是指用人单位对单位时间劳动必须按法定最低标准支付的工资。对最低工资应正确计算，根据《企业最低工资规定》，加班加点工资、劳动保护待遇、福利待遇等不得作为最低工资组成部分。徐经理将工作午餐、劳动保护费用、福利待遇计算在最低工资范畴内是错误的。本案中孙某每月只得到 300 元工资，没有达到当地月工资 412 元的最低工资标准，搬家公司的行为已违反了法律规定。

（2）用人单位应承担的责任有：用人单位支付劳动者的工资报酬低于当地最低工资标准的，要在补足标准部分的同时另外支付相当于低于部分 25% 的经济补偿。

4．劳动安全卫生

劳动安全卫生主要是指劳动保护，是指规定劳动者的生产条件和工作环境状况，保护劳动者在劳动中的生命安全和身体健康的各项法律规范。劳动安全卫生有利于保护劳动者的生命权和健康权，有利于促进生产力的发展和劳动生产率的不断提高。

劳动者的权利包括：获得各项保护条件和保护待遇的权利；知情权；提出批评、检举、控告的权利；拒绝执行的权利；获得工伤保险和民事赔偿的权利。劳动者的义务包括：在劳动过程中必须严格遵守安全操作规程；接受安全生产教育和培训；报告义务。

5. 女职工和未成年工特殊保护

（1）女职工特殊保护

由于女性的身体结构和生理机能与男性不同，有些工作会给女性的身体健康带来危害。从保护女职工生命安全、身体健康的角度出发，法律规定了女职工禁止从事的劳动范围，这不属于对女职工的性别歧视，而是对女职工的保护。同时，对女职工特殊生理期间（经期、孕期、产期、哺乳期）的保护，也称为女职工的“四期”保护。

（2）未成年工特殊保护

未成年工指年满十六周岁未满十八周岁的劳动者。未成年工劳动过程中的保护包括：用人单位不得安排未成年工从事的劳动范围；未成年工患有某种疾病或具有某种生理缺陷（非残疾型），用人单位不得安排其从事的劳动范围；用人单位应对未成年工定期进行健康检查；用人单位招收使用未成年工登记制度；未成年工上岗前的安全卫生教育。

【案例】 李某与某宾馆签订了为期5年的劳动合同，其中有一条款：“鉴于宾馆服务行业本身的特殊要求，凡在本宾馆工作的女性服务员，合同期内不得怀孕。否则企业有权解除劳动合同。”合同履行约1年后，李某的男友单位筹建家属楼，为能分到住房，李某与男友结婚，不久怀孕。宾馆得知后，以李某违反合同条款为由作出与李某解除劳动合同的决定。

问题：某宾馆能否单方解除劳动合同？

【分析】 某宾馆不能单方解除与李某的劳动合同。为保护女职工的合法权益。我国《劳动法》明确规定女职工在孕期、产期、哺乳期内的，用人单位不得解除劳动合同。合同应继续履行。

除以上内容之外，《劳动法》还对促进就业、集体合同、职业培训、社会保险和福利、劳动争议监督检查、法律责任等都做了具体规定。该法律的发布和施行，对于保护劳动者的合法权益，调整劳动关系，建立和维护适应社会主义市场经济的劳动制度意义重大。

二、《中华人民共和国劳动合同法》相关知识

1.《中华人民共和国劳动合同法》（以下简称《劳动合同法》）简介

（1）《劳动合同法》概述

自1998年劳动和社会保障部成立后，便将劳动合同立法列入21世纪头十年中

期的劳动保障立法规划。在 2005 年 10 月 28 日，国务院原则通过了《劳动合同法（草案）》，并于 2005 年 11 月 26 日正式提请全国人大常委会审议。经过为期两年的讨论修改，《劳动合同法》于 2007 年 6 月 29 日，第十届全国人民代表大会常务委员会第二十八次会议四审通过，自 2008 年 1 月 1 日起施行。

《劳动合同法》共包括八章，九十八项条款，涉及劳动合同的订立、劳动合同的履行和变更、劳动合同的解除和终止等内容。

（2）《劳动合同法》的立法目的

《劳动合同法》的制定充分考虑了我国劳动关系双方当事人的情况，针对“强资本、弱劳工”的现实，内容侧重于对劳动者权益的维护，使劳动者的地位能够与用人单位达到一个相对平衡的水平。与此同时，《劳动合同法》也并没有忽视对用人单位权益的维护，它既规定了劳动者的权利义务，也规定了用人单位的权利义务；既规定了用人单位的违法责任，也规定了劳动者违法应承担的法律责任。通过这种权利义务的对应性，构建和发展和谐稳定的劳动关系。

2.《劳动合同法》要点解析

（1）劳动合同要用书面形式

劳动合同不仅是明确双方权利和义务的法律文书，也是今后双方产生劳动争议时主张权利的重要依据。员工进单位工作，首先应该考虑与单位签订书面劳动合同。

《劳动合同法》中将劳动合同分为固定期限、无固定期限和以完成一定工作任务为期限的劳动合同，还规定了劳务派遣和非全日制用工两种用工形式。其中，除了非全日制用工外，其他用工形式均需订立书面合同。

针对未订立书面劳动合同的情况，《劳动合同法》做出了相应的罚则，规定用人单位自用工之日起超过一个月不满一年未与劳动者签订劳动合同的，应当向劳动者每月支付两倍工资作为赔偿；当应签订而未签订劳动合同的情况满一年后，将视为“用人单位与该劳动者间已订立无固定期限劳动合同”。

（2）用人单位不得向员工收取押金

酒店、餐饮等服务行业普遍存在这样一种现象，员工一般都要统一着装上岗，而单位却以此为由向员工收取几百元不等的服装押金。《劳动合同法》对用人单位的这种行为做出明确规定：用人单位招用劳动者，不得要求劳动者提供担保或以其他名义向劳动者收取财物。

在用工过程中，如果工作服是必须穿着的，应当视为企业给员工提供的劳动条件之一，用人单位没有理由向员工收取押金。对于用人单位违法收取押金的行为，

《劳动合同法》做了明确规定：用人单位违反本法规定，以担保或其他名义向劳动者收取财物的，由劳动保障行政部门责令限期退还劳动者本人，并以每人五百元以上两千元以下的标准处以罚款；给劳动者造成损害的，应当承担赔偿责任。

（3）试用期

有的用人单位通过与员工约定较长的试用期或者多次约定试用期，来规避对员工应尽的法律责任。《劳动合同法》对劳动者试用期限和工资都做了详细的规定，对企业滥用试用期的行为进行有效遏制。

《劳动合同法》规定，同一用人单位与同一劳动者只能约定一次试用期，试用期包含在劳动合同期限内。其中劳动合同期限三个月以上不满一年的，试用期不得超过一个月；劳动合同期限一年以上不满三年的，试用期不得超过两个月；三年以上固定期限和无固定期限的劳动合同，试用期不得超过六个月。用人单位违法约定试用期的，将由劳动保障行政部门责令改正。如果违法约定的试用期已经履行，劳动者还可以按规定要求用人单位支付赔偿金。

除了试用期有明确规定外，《劳动合同法》对试用期间工资也给出了明确标准，即不得低于本单位相同岗位最低档工资或者劳动合同约定工资的80%，并不得低于用人单位所在地的最低工资标准。

【案例】 1997年12月，王某经体检、考核合格，与某单位签订了两年期的劳动合同。合同规定试用期为6个月。1998年1月，王某患急性肺炎住院两个月，共花费医疗费5 000余元。出院后，单位以王某在试用期内患病，不符合录用条件为由，作出了解除劳动合同的决定。王某遂向当地的劳动争议仲裁委员会提出申诉。

【分析】 这是一宗违反劳动合同法规的案件，用人单位的违法行为具有一定的隐蔽性。本案中的单位以王某患病、不符合录用条件为由，在试用期内解除了与王某所签订的劳动合同，从表面上看是对的，但实际上是不正确的。首先，单位约定的试用期违反规定；其次，王某在签订劳动合同时，是经体检合格的，其所患疾病不是原来就有的，而是由于感冒等原因导致的急性肺炎；最后，急性肺炎是可以治愈的，且本案中的王某已治愈，治愈后对其所从事的工作没有影响。因此，单位不应该以试用期内患病为由而解除其劳动合同。

（4）劳动合同必备条款

《劳动合同法》规定了劳动合同必须具备的条款，与《劳动法》相比，增加了工作地点、工作时间和休息休假、社会保险、职业危害防护等重要内容，更加有利于维护劳动者的合法权益。

（5）违约金

以前，一些用人单位与员工签订劳动合同，往往以设定高额的违约金来限制员工流动，现《劳动合同法》对违约金的设定有了新规定，除两种特殊情况外，用人单位不得与劳动者约定由劳动者承担违约金。这两种情况分别是：第一，用人单位为劳动者提供专项培训费用，对其进行专业技术培训并约定了服务期后，员工违反服务期约定的，应当按照约定向用人单位支付违约金；第二，负有保密义务的劳动者违反竞业限制责任或保密协议时，员工也应承担违约责任。

【案例】　小刘是某建筑公司的农民工，与建筑公司签订了为期10年的合同，合同虽然仅几十条，却规定了10多项违约金条款，有一项是如果小刘跳槽，需一次性支付10万元违约金。工作半年后，小刘发现了另一家建筑公司招人，开出的条件和待遇都比现在的单位好很多。他想跳槽，但面对巨额违约金，又陷入了深深的苦恼之中。

【分析】　为防止劳动者跳槽，不少用人单位都规定了高额违约金。按照《劳动合同法》对违约金的相关规定。除两种特殊情况外，其余一切情况包括劳动者跳槽都不再需要向用人单位支付高额违约金。不过，劳动者跳槽仍需支付一定代价，因为《劳动合同法》第九十条规定，劳动者违反法律规定解除劳动合同，给用人单位造成损失的，应当承担赔偿责任。因此，依据《劳动合同法》的规定，该建筑公司约定的高额跳槽违约金是无效的，小刘只要在赔偿对该公司造成的损失后就可跳槽去另一家建筑公司。

（6）无固定期限劳动合同

一些劳动者认为签了无固定期限劳动合同就等于捧上了“铁饭碗”，一些企业则认为与员工签订无固定期限劳动合同就不能与员工解除劳动合同了，其实这些都是对“无固定期限劳动合同”的误解。

实际上，在解除条件上，无固定期限劳动合同除了不能以合同到期为由解除外，与固定期限劳动合同无其他区别，同样可以通过双方协商或依法律规定而解除。根据《劳动合同法》规定，若员工出现严重违反用人单位的规章制度等情况时，用人单位仍可解除劳动合同。

（7）劳务派遣用工成本提高

劳务派遣近年来因其成本低、用工灵活、便于管理的优势在我国迅速发展。劳务派遣用工形式非常普遍，但长期以来劳务派遣工的权益得不到保护，被随意克扣工资、同工不同酬等现象屡屡发生。

为了让劳务派遣工享受与正式员工的同等待遇，《劳动合同法》对规范劳务派遣用工做了一系列的规定，大大提高了劳务派遣的成本，值得用工单位和被劳务派遣者注意。第一，在选择劳务派遣单位时，应与具有合法资质，注册资本不少于50万元的公司进行合作；第二，劳务派遣单位与派遣员工签订的劳动合同，期限不能少于2年，派遣员工没有工作时，派遣单位也要以所在地最低工资标准按月支付报酬；第三，派遣员工不用向劳务派遣单位、实际用工单位支付任何派遣费用；第四，被跨地区派遣的员工，其劳动报酬和劳动条件，按用工单位所在地标准执行；第五，本着同工同酬的原则，实际用工单位应当向派遣员工支付加班费、绩效奖金，提供与工作岗位相关的福利待遇；第六，派遣员工在实际用工单位连续工作的，同样适用该单位的工资调整机制；第七，实际用工单位不得使用派遣员工向本单位，或者所属单位进行再次派遣。

此外，《劳动合同法》实施后，很多用人单位为了逃避新法实施带来的高用工成本而青睐使用劳务派遣工，其实，随着国家对劳务派遣用工的不断规范，劳务派遣成本已经大大上升了。

3. 工作中应注意的问题

（1）不签订劳动合同，对劳动者不利的地方很少，但对企业来说却有许多不利。

（2）用人单位最好使用劳动保障行政部门提供的劳动合同范本，如未使用劳动合同范本，则需注意自行设计劳动合同文本也应具备《劳动合同法》规定的必备条款，否则将由劳动保障行政部门责令改正，给劳动者造成损害的，还要承担赔偿责任。

（3）员工手册、企业制度最好要通过企业工会确认。

思　考　题

1. 安全文明生产的意义是什么？
2. 如何做好安全生产的管理工作？
3. 环境保护管理的含义是什么？
4. 请叙述车床安全操作规程和砂轮机安全操作规程。
5. 什么是《劳动法》？
6. 什么是《劳动合同法》？